照片中人物名序为(从左到右)：

前排：海江波、王朝辉、Steven G. Whisenant、赵忠、王进鑫、张青峰

后排：张胜利、李凯荣、刘增文

受损自然生境修复学

〔美〕Steven G. Whisenant 著

赵 忠等 译

科 学 出 版 社

北 京

图字：01-2007-5360 号

内 容 简 介

从改善受损生境的生态条件、增加生物多样性和提高生产力的角度来讲，这本书所描述的独到生态修复方法与措施对人们有着非同寻常的吸引力。本书作者基于生态学理论和立足于自然生态过程的修复，而并非依靠昂贵的经济投入，提出了如何使受损生态系统趋于稳定的措施。确定了现实可行的管理目标。这种强调从修复水分和养分循环过程开始，增强系统对能量固持能力的思路，必将使受损生境通过自身的主动反馈，不断和自发地走向恢复。因此，本书所提出的修复策略，更适合于人们一贯所追求的低成本而又可持续的土地利用和植被管理模式，以实现增加生物多样性、促进畜牧业和木材生产、适于野生动物栖息、提高流域水分有效管理、增强和优化生态系统服务功能的目标。到目前为止，还没有其他书籍能够提供如此全面的受损生境修复策略，这使得本书成为在生态修复、生物保护、草地与牧场管理等领域的一本极具价值的著作。

本书可供各类学校生态学专业选作教材。同时，也可供有关专业科研人员参考。

图书在版编目(CIP)数据

受损自然生境修复学/〔美〕惠森特（Steven G. Whisenant）；赵忠等译. —北京：科学出版社，2008
ISBN 978-7-03-020187-4

Ⅰ. 受… Ⅱ. ①惠…②赵… Ⅲ. 生境-恢复-高等学校-教材 Ⅳ. Q14

中国版本图书馆 CIP 数据核字(2007)第 173353 号

责任编辑：甄文全 刘 晶/责任校对：包志虹
责任印制：徐晓晨/封面设计：耕者设计工作室

科学出版社出版
北京东黄城根北街16号
邮政编码：100717
http://www.sciencep.com

北京凌奇印刷有限责任公司印刷
科学出版社发行 各地新华书店经销

*

2008年1月第 一 版 开本：B5（720×1000）
2021年1月第四次印刷 印张：14 3/4
字数：350 000

定价：59.80 元

（如有印装质量问题，我社负责调换）

中文版序言

自从20世纪90年代后期着手写这本书开始，生态修复日益引起了世界不同国家和地区的人们愈来愈广泛的关注。迄今为止，我曾有幸到过30多个国家访问和工作，这些经历使我深深地感受到人们对改善生态环境服务功能、提高生活质量的迫切需求。政府组织、非政府组织和个体农户也已认识到健康的自然生境生态系统在提高区域生物多样性、发展农业生产和改善人居环境质量方面的重要意义。这种情况在中国更为突出。1991年以来我曾先后15次来到中国，严重的环境问题和那些改善环境的巨大工程给我留下了深刻的印象。也正是人们的努力工作和改善环境的决心与信心一直激励着我和我的中国新老朋友坚持不懈地致力于生态修复事业。

现在这本著作被翻译成中文，使得更多的人可以阅读和使用，这让我深感荣幸，也非常激动，因为没有西北农林科技大学的朋友们热情和真诚的帮助，这几乎是不可能的。对此，赵忠副校长给予了高度评价，认为这是一项具有重要意义的工作。王朝辉、刘增文、廖允成、海江波、李凯荣、王进鑫、张胜利、张青峰、赵淳和李轶冰等学者参与了本书的翻译和编辑，对他们努力和富有创意的工作，我表示深深的谢意！同时，我也非常感谢剑桥大学出版社许可这本书以中文再版以及科学出版社为出版此书而做出的努力！

祝愿中国的生态修复工作取得更大的成就！

Steven G. Whisenant
College Station，Texas，USA
May 2007

中文版序言

[illegible]

[illegible]

[illegible]

Steven G. Whisenant

College Station, Texas, USA

May 2007

中文版前言

人为和非人为因素造成的自然生境破坏、生物多样性退化、人与环境的关系恶化等问题已引起了人们的广泛关注。特别是随着世界与我国人口的不断增长，所产生的环境与资源压力与日俱增，给人类的生存带来前所未有的威胁。认识生态过程、保持生态系统的功能和修复受损或退化的自然生态系统已成为人类生存亟待解决的问题。本书结合我们对生态或自然生境修复的认识，翻译了美国得克萨斯农工大学草地生态与管理系 Steven G. Whisenant 教授的著作 *Repairing Damaged Wildlands*。

这本书汇集了 Whisenant 教授在生态修复与自然资源管理方面 25 年来丰富的教学、科研、技术推广实践经验和重要理论成果。作者基于生态学理论，着眼于自然恢复过程，以改善受损自然生境的生态过程、增加生物多样性和提高生产力为目标，从修复水分和养分循环开始，增强系统的能量固持能力，强调通过自身主动反馈，促使受损生境不断和自然地走向恢复。同时，从提高生物多样性、促进养殖和木材生产、创造有利于野生动物栖息条件、有效管理流域水分、实现自然生境人文服务功能的角度出发，提出了如何使受损生态系统趋于稳定的措施，确定了现实而又可持续的土地利用和植被管理模式。本书共 8 章：第 1 章介绍自然生境的退化与修复；第 2 章介绍自然生境主要生态过程受损评价；第 3 章介绍自然生境主要生态过程修复；第 4 章介绍植被变化调控；第 5 章介绍修复植物筛选；第 6 章介绍整地与种植地管理；第 7 章介绍修复植物种植技术；第 8 章介绍自然景观修复规划。

本书第 1 章由赵忠、王朝辉和赵淳，第 2 章由张青峰、海江波和刘增文，第 3 章由廖允成、李铁冰和海江波，第 4 章由刘增文、李凯荣和张青峰，第 5 章由海江波、王进鑫和廖允成，第 6 章由李凯荣、刘增文和张胜利，第 7 章由王进鑫、张胜利和赵忠，第 8 章由张胜利、王进鑫和张青峰，负责完成编译工作。在初稿完成后，由刘增文和海江波两位老师对所有章节反复进行统一、阅改，并经各位老师认真校改。成稿后，请李生秀教授对全部书稿进行审阅，并根据审稿意见进行了最后修订。研究生赵淳为本书的文字编辑、图表绘制做了大量工作。为了使文字内容的翻译准确到位，本书原作者 Whisenant 教授利用到中国访问的机会，专门对编译工作进行了有益的指导。科学出版社的甄文全博士作为本书的责任编辑，对工作非常负责，字斟句酌、严格要求、一丝不苟，他这种精益求精的敬业精神使我们深受感动。

在此，对各位专家为本书编译、出版付出的辛勤劳动，表示最衷心的感谢！

赵　忠

2007 年 5 月　杨凌

原版前言

人类对自然生境生态系统需求的日益增加导致了基础资源的退化、物种多样性的降低以及可利用的物质产品和服务功能的减少。由于受到现实社会经济因素和对该问题认识程度的限制，人们对自然生境退化所做出的反应还不是非常积极和有效的。为了修复受损的自然生境，我们已付出了艰辛的努力，也有很多成功的案例，但还是有越来越多的自然生境已经或正在受到更为严重的破坏。高昂的费用、较少的利润和彻底的失败，使得对受损或低生产力的自然生境的修复工作陷入了困境。这些问题主要是由于对本应该有效的农艺技术和措施的错误应用而导致的严重后果。

残酷的现实告诫我们，对于退化生境的修复要保持谨慎的乐观态度。目前全世界很多学科领域的科学家和工作者都提出了大量改善和修复受损生境的有效措施。尽管国际间信息的传播已经很畅通，但是学科之间的交流仍显不足。关于受损自然生境修复的大量概念和研究报道出现在农林业、作物间作学、土壤微生物学、水文学、生态工程、养分循环、矿区复垦、保护生物学、景观生态学和其他生态及应用学科领域的文献中。随着各个学科的发展，在新观点、新概念、不同的修复思路和实践日益增多的同时，也增加了学科之间交流的难度。

本书对于有兴趣致力于改善生态环境、增加生物多样性和提高受损生境生产力的各界人士具有重要的参考价值。这本书所关注的是设法降低受损自然生境修复中的昂贵投入，因此，这里提出的方法是要修复主要生态过程和启动生态系统的自发修复机制，而不是要设法替代日益耗竭的自然资源。这里虽然不强调取代自然资源，但并不是说补充养分或者其他物质因素不重要。相反，我们的目的是想寻求一种修复策略，通过自发的生态过程和最少的人为干预，实现对受损自然生境的有效修复和管理。这种方法特别适用于要求低投入和以保持生物多样性为目标的可持续植被管理，并维持一定的畜牧与木材生产、野生动物栖息地和有效流域管理等生态系统服务功能的土地利用情况。

本书没有列举出所有可能的修复方法，而且这些方法的组合也是无穷的。我们的目的是为针对具体的受损自然生境设计综合修复措施提供一个方法基础。尽管我们可以改善或修复受损的自然生境，但并不能排除人为的或其他因素对生境的进一步破坏。而且，经过修复的自然生境在很多方面都不能与未受损时的状态相比。因此，最好的方法就是防止对自然生境的损害。

本书吸收了许多前人和相关著作的研究成果。因为受损自然生境的修复方法一直都在发展，因此本书一个很重要的目的就是整合相关学科的理论观点和实际的修复方法，形成一个生态过程调控的概念性框架，促进生态修复学科的发展。生态系统并不像一本书那样是由一些独立的单元或章节组成的，因此，本书在各个章节的整合中将会增加相关概念的一致性和连续性，突显自然生境修复措施的整体性特征，而且没有哪一个章节可以独立形成一项有效的修复方法。也正是由于本书的综合性特征，使其对于专业培训、研究生，或者具备一定生态学和土壤学专业知识的高年级本科生等，具有重要的参考价值。

Steven G. Whisenant

1999 年

目　录

中文版序言

中文版前言

原版前言

第1章　自然生境的退化与修复 …… 1

1.1　自然生境的退化 …… 3

1.2　确定可实现的目标 …… 7

1.3　受损生境的修复 …… 11

1.3.1　传统措施 …… 11

1.3.2　推荐的修复措施 …… 13

第2章　自然生境主要生态过程受损评价 …… 17

2.1　什么是生态系统正常与受损的功能？ …… 17

2.1.1　资源的保护 …… 18

2.1.2　正常的水文功能 …… 23

2.1.3　土壤侵蚀 …… 27

2.2　自然生境的生态机制评价 …… 29

2.2.1　土壤稳定性和水文功能 …… 32

2.2.2　养分循环 …… 41

2.2.3　养分循环的直观评价 …… 43

第3章　自然生境的主要生态过程修复 …… 44

3.1　改善表层土壤状况 …… 46

3.1.1　增加地表粗糙度 …… 46

3.1.2　提高地表粗糙度，控制风蚀 …… 47

3.1.3　地面障碍物 …… 49

3.1.4　土壤调节剂 …… 55

3.1.5　诱发微生物结皮的形成 …… 55

3.2　提高土壤对资源的保持能力 …… 56

3.2.1　选择适应土壤养分状况的植被 …… 56

3.2.2　修复或者取代土壤中的生物过程 …… 61

3.2.3　增施有机物质 …… 63

3.3　其他水文问题 …… 65

3.3.1　干旱区土壤盐渍化 …… 65

3.3.2　沟道侵蚀 …… 66
3.3.3　压实土壤 …… 67
第4章　植被变化调控 …… 69
4.1　认识植被变化 …… 69
4.1.1　生态过程与环境 …… 70
4.1.2　不确定性和稀少的偶发事件 …… 70
4.1.3　时间和空间变化 …… 71
4.1.4　植被变化机制 …… 71
4.1.5　植被稳定态和转变临界点 …… 73
4.2　确定目标 …… 74
4.3　调控植被变化 …… 74
4.3.1　物种特性的分化 …… 75
4.3.2　生境有效性的分化 …… 81
4.3.3　物种有效性的分化 …… 84
第5章　修复植物筛选 …… 89
5.1　植物种及其种间搭配 …… 90
5.1.1　本土物种 …… 91
5.1.2　物种多样性 …… 95
5.1.3　遗传多样性 …… 95
5.1.4　功能多样性 …… 97
5.1.5　整合规则 …… 104
5.1.6　自我调节 …… 106
5.2　植物繁殖器官的选择 …… 107
5.2.1　种子 …… 107
5.2.2　整株植物 …… 112
5.2.3　其他繁殖器官 …… 117
第6章　整地与种植地管理 …… 119
6.1　自然恢复 …… 119
6.2　辅助自然恢复 …… 120
6.3　人工恢复 …… 121
6.3.1　播种失败的原因 …… 121
6.3.2　整地与种植地管理 …… 123
6.4　特殊生境的整地与种植地管理 …… 133
6.4.1　缺水生境 …… 133
6.4.2　盐渍化土壤 …… 134
6.4.3　活动沙丘 …… 136
6.4.4　覆盖 …… 137

第7章　修复植物种植技术 …… 139
7.1　直播 …… 139
7.1.1　种子准备 …… 139
7.1.2　播种时间 …… 140
7.1.3　播种量 …… 142
7.1.4　播种深度 …… 144
7.1.5　条播 …… 146
7.1.6　撒播 …… 149
7.2　移植 …… 154
7.2.1　乔灌木树种的栽植密度 …… 156
7.2.2　野生苗 …… 157
7.2.3　草皮 …… 157
7.2.4　裸根苗 …… 157
7.2.5　容器苗 …… 158
7.2.6　插条 …… 159
7.3　修复生境种植后的维护管理 …… 159
7.3.1　草地 …… 160
7.3.2　林地 …… 161
7.3.3　乔灌木幼苗的保护 …… 161
第8章　自然景观修复规划 …… 164
8.1　对景观的认识 …… 164
8.1.1　景观结构 …… 164
8.1.2　景观功能 …… 165
8.2　景观设计的原则 …… 165
8.2.1　治本胜于治表 …… 168
8.2.2　生态过程修复优于结构重置 …… 168
8.2.3　修复措施的适宜尺度 …… 169
8.2.4　提高对有限资源的保持能力 …… 169
8.2.5　设计景观空间变化 …… 171
8.2.6　维持景观主要生态过程的整合性 …… 171
8.2.7　设置景观间的关联性 …… 171
8.2.8　设置种源斑块 …… 172
8.2.9　增强种子的动物传播 …… 173
8.2.10　增强种子的风力传播 …… 174
8.2.11　增强动物的积极作用 …… 174
8.2.12　改善微环境 …… 174
8.3　决策程序 …… 175
8.3.1　环境关系分析 …… 176

8.3.2 风险和不确定性 …… 178
8.3.3 管理干预 …… 180
8.3.4 监测与评估 …… 180
参考文献 …… 183

第1章　自然生境的退化与修复

自然生境（wildland）包括森林、草地、稀树草原、沙漠、湿地、灌丛、沼泽及其他一些人类粗放经营管理的土地。在这些地方，维持具有较强自我调节能力的多年生植被的长期生存是生态系统管理的主要目的。尽管自然生境通常保持着相对较低的生产力水平，或者所生产的产品具有相对较低的市场价值，但是，自然生境覆盖了地球大部分陆地，不仅为人类提供了食物、纤维及休闲娱乐资源，而且对于实现生物多样性、调控水资源质量和数量以满足多种农业及非农业的用途，都具有非常重要的作用。

尽管这些自然生境生态系统的最初退化已改变了物种的组成，但它们仍然具有调控土壤、水分、养分及有机物质等组成系统本身的一些必要资源的能力。当这些自然生境生态系统失去对资源调控能力时（Chapin et al.，1997），就意味着退化已经很严重了。不仅如此，严重受损的自然生境还将失去自我修复能力，不再能够抵御接踵而来的退化过程，即它将不具有抗逆性，而且还要失去它的环境服务功能（Myers，1996）。随着退化进一步加剧，超过临界值时，这些区域将永远不能再恢复，这就是所谓的荒漠化。它一旦开始，就是一个动态的、难以逆转的过程（Tivy，1990；Thurow，1991）。

自然生境的退化包括社会经济和生理功能两个方面。也正是由于这两方面的原因，人们感到难于对退化的程度进行评价。社会及一些个体经营者对于这些生态系统的物质产品和服务功能的需求，影响了人们对退化过程的理解和认识。物种组成的变化降低了自然生境的社会经济价值，但并不会影响它对于那些必要资源的制约能力。作为本书所关注的重点——生理功能的退化，在自然生境失去了对那些必要资源制约能力的时候，必将会发生。由于生理功能退化对生态系统的社会经济价值的不利影响，因此常常用作评价自然生境退化的主要指标。当然，有些评价以生态系统的社会经济价值退化为指标，但多数情况下不仅如此，而且要两者兼顾。

由于一些不准确的信息或者信息缺乏，以及众多对于退化类型的不合理定义，人们很难去描述和估计这些区域或全球性退化的影响。因此，建立在各种划分标准基础上的、对于退化的全球性评价也只能是粗略的。尽管定义不同，但是大家都明确承认在大部分地区都存在着严重的退化问题。例如，1945～1990年，世界上大约有17%的植被覆盖地区（2000万平方公里）发生了退化（WRI，1992）；到1984年，全球大约有61%的高产农田都出现了中度荒漠化，在发展中国家至少有80%的牧场发生了荒漠化（Mabutt，1984）；到1992年，大约有超过1200万平方公里的退化土地仅依靠农民个人的力量已无法修复，其中300万平方公里的土地需要大量的工程措施才能修复，1万平方公里的土地已经无法修复（Mabutt，1984；Tivy，1990；Harrison，1992）。此外，每年还有6万平方公里的土地发生不可逆转的退化（UNEP，1984）。自然生境生态系统的退化与破坏可以有很多种定义，都很难准确量化，但作为一个主要的全球问题，自然生境的退化必须得到足够的重视。

即使对目前全世界土地退化或荒漠化进行最乐观的估计，就目前我们的改良技术和方法而言，对于生态修复的需要远远超过了我们的修复能力。幸运的是，即使在退化最严重的地区，也可以通过自然的、由植物本身驱动的自发修复过程来达到生态修复的目的，而不需要人类进一步的管理和投入。对受损生态系统的修复能力是我们改善与管理世界环境的重要因素之一（Dobson et al.，1997）。但从经济学的观点出发，这种自发修复过程的启动应该要求最少的管理和最低的投入。修复严重受损的生境，需要消除生境地表物理条件的限制，以达到保水、保土、保肥和保种的目的。尽管这种地表情况的改善只是暂时的，但它可以促进植被的建立与恢复，提高其改善环境条件的潜力。从功能上来讲，只有当抗干扰的能量获取速率得到恢复，养分流失量减少，水分利用效率的控制得以实现的时候，才能说是完成了修复工作（Breedlow et al.，1988）。从实惠的角度出发，我们可以从修复的生态系统获得一定的物质产品和服务功能。

实现受损生境的修复需要考虑生态系统的损坏程度、系统的生态潜力、土地利用的目标以及社会经济的限制等因素。自然生境是动态的、不断变化的，而不是静止的、可以预测的，所以提前制定物种组成目标是不现实的。相反，调控生态系统使其向着有利的方向发展才是修复受损生境的有效方法。

考虑到各种修复目标、方法、限制因素和土地类型之间组合的多种可能性，推荐按部就班的修复方法是没用的。因此，本书目的在于为修复受损生境提供一个工作框架：①以生态过程调控为主；②诱导生态系统的自发修复；③考虑生境景观间的相互作用。我们提出的方法从评价水文学特征、能量获得和养分循环等一些主要的生态过程，以及强化诱导自发修复过程的正反馈（positive feedback）机制开始，以达到自发修复的目的。正反馈会导致和加速生态系统发生变化，这种变化可能是改善系统功能和环境条件的有利变化，也可能是不利变化。相反，负反馈（negative feedback）则通过抵御变化以维持现状。也就是说，如果这种反馈抵御生境退化，维持其功能，那么它就是有利的和我们所期望的；如果这种反馈维持退化现状，抵御改进，那么它就是不利的和我们不希望发生的。本书的主要目的之一，就是认识并适当地利用这些反馈机制，提高我们修复受损自然生境的能力。

与本书所描述的自然生境修复方法不同，目前多数修复工程所使用的方法主要有以下 3 个特点：①过分强调养分及物种（species）的还原，而忽视水文学过程，以及养分循环、能量获得等基本过程；②过分注重具体的生境，而忽略整个景观环境；③将修复视为一项工作的结束，而不是自发修复过程的开始。事实上，对于那些功能受损的生态系统，只注重修复其组成结构的方法是不能真正达到实现生态系统自我修复的目标的。

1.1　自然生境的退化

健康的生态系统具有内在的自发修复机制，但损坏过程可能超过了这种自身的修复能力（图 1.1）。一旦如此，自然修复机制将不能修复所有的损害。消除这些阻碍自然修复的关键因素需要主动的干预措施。我们的目标是以最少的干预来实现自然修复障碍因素的消除。这种方法并不能达到立竿见影的效果，但能启动自然生境的自我修复过程，并使之向着能正常发挥系统功能的方向发展。就我们的目的而言，正常发挥系统功能的自然生境可以保护自然资源、恢复自我修复能力，并为生态和社会经济的可持续发展提供物质产品和服务。

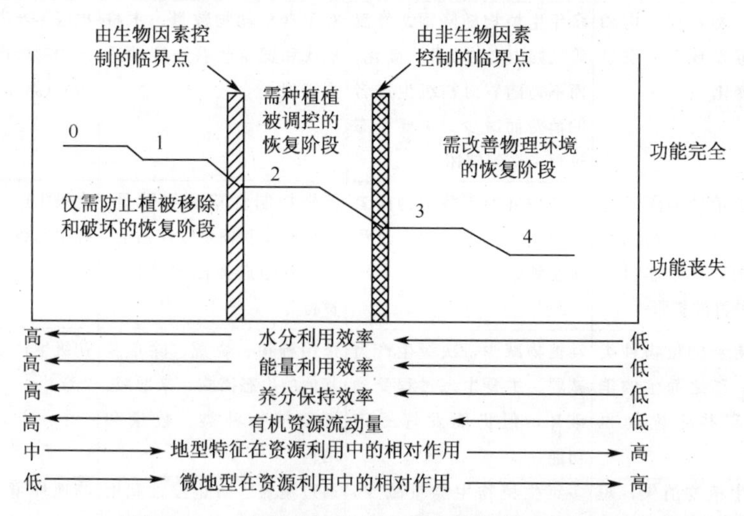

图 1.1　一个假设的自然生境中植被的退化过程

其中两个临界状态将此过程分为三个阶段。主要是依据它们功能的完整性及修复时的限制因素而划分的。当自然生境仍由生物因素控制时，只需通过引入和移除某些品种的植被管理即可达到修复的目的；而一旦自然生境被非生物因素控制，则需要通过增加渗透、减少径流、增加有机成分及改善极端微环境条件等物理措施，才能达到修复的目的

任何间断的、对植被或土壤的破坏和移除行为必将损坏生态系统的功能。生物量的移除和各种物理干扰都会导致自然生境退化。生物量的移除，包括长期的

过度放牧、采集饲料和薪材等都会破坏或导致植物死亡。某些剧烈的干扰，如快速的沙化就会在短期内导致地表生物大量减少。另外，人类的文明进程也会加快自然生境的退化，如车辆的行驶会导致土壤的压实和植被的破坏，耕种和采矿等行为会破坏和移动土壤。自然生境的退化主要表现在：①目标动植物种的减少；②植物生物量减少；③初级生产量减少；④向食物链中食草动物和分解者的能量流动减少；⑤养分元素储库耗竭；⑥土壤稳定性降低。受损的水力学过程、养分循环、能量获得和植被演化过程将导致正反馈作用的发生，这会进一步加剧退化。

Milton 等（1994）通过建立概念性模型，描述了在干旱半干旱生态系统中由于放牧导致退化所引起的上述变化。他们描述了退化的特征，提出了管理方法的要点与核心问题，为生态系统初始破坏的评价和修复策略的初步制定提供了一个工作框架（表 1.1）。由于管理费用会随着退化程度的加重而增加，所以认识早期退化的特征有着特别重要的意义。

表 1.1　自然生境景观的逐步退化过程

阶段	描述	特征	管理措施	初始修复的重点
0	植被生物量和结构随着气候循环和突发事件而变化	多年生植物随降雨、气温等气候因素的变化而变化，而不是随着对初级生产者的消费而减少。主要生态过程未受到破坏	对于食草动物数量、木材砍伐和饲草收获强度的适当管理	次级生产者（生态系统中初级产品的消费者）（第 4 章）
1	选择性消费削弱了生态系统目标植物的更新能力，导致非目标物种种群的扩张	植物种群的年龄结构向老龄型发展。主要生态过程未受到破坏	严格控制食草动物数量、木材砍伐和饲草收获强度，以及其他选择性的植物消费行为	次级生产者（生态系统中初级产品的消费者）（第 4 章）
2	不能更新的植物种类丧失，随之而生的消费者和共生生物也死亡	动植物减少，次级生产力减弱，主要生态过程受到破坏，但仍能发挥一定功能	采用种植、烧荒、除草及其他的生态措施，来增减、调整植物种类、数量和结构	初级生产者（第 4～7 章）
3	多年生植物消失，短命植物开始出现，植被的生物量和生产力发生剧烈波动	多年生植物生物量减少，短命和非稳定性植物增加，鸟类由定居转为游栖。主要生态过程只能发挥部分功能	通过覆盖、防止侵蚀和增加糙度来改善土壤条件。通过有选择地种植木本植物，改善微环境条件	物理环境（第 2～7 章）
4	土壤剥蚀和荒漠化发展，导致了土壤功能和食碎屑动物活性的变化	地表裸露、侵蚀、旱化。主要生态过程的功能彻底丧失	通过覆盖、防止侵蚀和增加糙度来改善土壤条件。通过有选择地种植木本植物，改善微环境条件	物理环境（第 2～7 章）

注：根据 Milton 等（1994）的资料整理

气候周期性的变化和突发事件导致了相对未受损生境的变化（阶段0）（图1.2）。旱灾、疾病、火灾、冰雹、飓风和泥石流导致了大量的植物死亡或者新的生物迁入，从而改变了原有的物种组成和生产过程。长期的大量生物移出通常会改变植物种群的大小（Milton et al.，1994），增加某些特定物种或生活型，同时也会使另外一些物种灭绝（阶段1）。这样，落叶植物的生活力就会降低，所产生的具有繁殖能力的种子也相应减少。在这些保存相对完好的生境中，所能采取的最有效的措施就是对生态系统的初级消费者进行适当的管理，主要包括对放牧、损害野生生物种群数量、砍伐木材、采集饲料以及其他一些破坏植被行为的限制。

图1.2 美国黄石国家公园

作为未被破坏、相对完整的自然生境，其保持着对于水分、土壤、养分、能量和生物等有限资源循环的控制。尽管阶段0中生态系统未发生变化，而阶段1中改变了物种的组成和生产能力（Milton et al.，1994），但它们的生态功能相似。因为它们具有完善的系统功能，所以在受到火灾等干扰情况下，仍然具有良好的自我修复能力

如果对于自然生境的掠夺进一步加剧，生物的多样性和生产力就会降低（阶段2），它们的共生生物和捕食者也会消失（Milton et al.，1994）。植物生产力的降低进而会导致土壤肥力、水分入渗速率和保水能力的下降（图1.3）。在这种情况下，没有增加或减少物种等人为管理的介入，受损的自然生境将很难自我

修复。在这个阶段，让退化过程逆转会受到严重的经济条件的限制。一方面因为从生境获得的收入会减少，另一方面因播种、烧荒、除草剂使用、有选择的植物种类去除等植被调控管理措施会使投入增加。

图 1.3　美国得克萨斯州草原

原来的草地现在已经长满了牧豆（*Prosopis glandulosa*）和仙人掌（*Opuntia* sp.），生产力和商业价值明显降低。因为主要生态过程受到了破坏，仅具有部分生态功能，所以必须通过人为的管理才能维持现状。由于已经超过临界状态，必须通过减少或增加植物种的管理投入才能得以改善

植物生产力下降会减少地表凋落物层和植被覆盖，进而增加土壤侵蚀和极端地温现象的出现（Barrow，1991）。在这种情况下，杂草和一些短命的植物疯长，与多年生植物的幼苗形成竞争。在此阶段（阶段 3、阶段 4），只有改善退化生境的物理限制因素，才能达到修复受损生境的目的。随着退化加剧，这些物理条件的限制同样特别重要，制约着修复过程（图 1.4）。这些生境由于土壤侵蚀严重和地表裸露特别难以修复，修复过程也会极其缓慢。在很多退化极其严重的地区，由于修复的花费远远超过了预期的经济收益，修复工程不得不放弃。庆幸的是，即使在退化十分严重的地方，我们也还可以通过促进自我修复过程来达到修复受损生境的目的，而不需要不断地管理和投入。

图 1.4　中国陕西严重退化的自然生境

由于生态系统失去了对于土壤、养分、水分和有机物质流失的控制，其生态功能丧失。该地区土壤侵蚀、水土流失严重。淤积在水库中的泥沙说明了这一地区的土壤侵蚀的严重性。因为没有水分渗入土壤，缺少植被调控极端环境，所以植物很难生长。该地区的修复需要改善当地的物理条件，增加植被。尽管多是陡坡地形，但可通过种植树木来固定土壤，恢复和保持较高水平的资源流动。但是当地人口众多，社会经济压力大，这些都在很大程度上制约着环境修复工作

1.2　确定可实现的目标

制定项目的目标是整个修复规划过程最重要的步骤（Pastorok et al., 1997）。要想设计和制定一个成功的计划，确定具体的目标及对经济和生物环境条件限制情况的掌握都是必不可少的。受损生境修复目标的内容应包括：①生态系统的非生物功能和主要生态过程、物种、群落（community）及景观的布局；②土地利用、动物栖息地或人类感官方面的要求；③不同空间和时间尺度上的修复目标；④重要的社会经济、生物与生态的目标所要求的系统性能情况，等等。

修复目标的制定取决于土地利用目的、社会、经济和管理的优势，以及其他一些生物和非生物的限制条件。与我们的修复目标相关的众多限制条件都应该给予充分考虑。例如，项目的资金情况怎样？是考虑短期的生产利益还是长期的环境效应？恢复当地本土植被的项目只需要一定的经济环境，而改善生物多样性的

项目则强调对生态系统的功能和物种持续的管理和保护。总之，每一个项目的目标都为计划制定指明了方向。

为了达到不同的目标，修复受损生境可以有多种方法，但是可持续性（sustainability）是最基本的出发点。出于对社会、自然、经济和生物等多方面的考虑，人们对可持续性的认识有所不同。所谓的可持续性发展就是指“保持主要的生态过程和生命支持系统，保护生物的遗传多样性，持续利用生物资源和生态系统的过程”（IUCN，1983）。这又可以被定义为“既满足当代的需求，又不危及后代并满足其需要的能力”（UNEP，1987）。事实上，可持续发展不仅需要宏观上的经济评价，而且需要微观上的，因为这样才能真实地评价管理策略的不断变化对环境的影响。不幸的是，目前的经济决算系统很少考虑到管理策略的变化对环境的不利影响（Daley，1991）。

关于修复目标，众多文献中对于某些概念不一致的定义导致了歧义的产生(表 1.2)。为了目标的清晰准确，同时为了就修复目标进行方便、准确的交流，对于这些概念进行准确的定义非常重要。由于大多数的术语都有多种常见的用法，因此就有必要对每一种情况进行说明。由于在已有的文献中又包含着很多术语，为了方便读者更好地理解本书所阐述的内容、目的，这里我将简要地介绍一些概念。

表 1.2　受损自然生境修复的相关名词

名词	定义
生态修复 (ecological repair)	强调通过生态系统初级生产过程的修复，这是改善受损自然生境生态环境条件的一个通用概念。往往通过增强生态系统的自我修复和维持能力来达到管理的目标
恢复 (restoration)	恢复到完全未受干扰前的状态（NRC，1974） 有目的地改变一个生态区域，建立或使其回复到一个人为预先设定的原始生态系统状态的结构、功能、生物多样性及动态特征（Society for Ecological Restoration in 1990） 在可能的情况下，重建原有生态系统的结构、功能和整体性，使系统提供生物栖息的功能可持续存在与发展的一个过程（Society for Ecological Restoration in 1993） 修复人为造成的破坏，维护原有生态系统的多样性及动态特征（Society for Ecological Restoration in 1994） 使受损或者退化的生态系统还原到人为预先设定的，或在一定意义上的原有状态（Brown and Lugo，1994；Aronson et al.，1993a） 阻止生态系统的退化，并引导生态系统向着受干扰或损坏前的状态发展的行为（Aronson et al.，1993a）

续表

名词	定义
复垦 (reclamation)	被开垦后的土地具有相似的生态功能，具有相似但不一定完全相同的生物群落（NRC，1974） 使荒地、退化严重的土地具有一定生产力的过程，或者使荒地、严重退化土地的生物功能和生产力得到修复的过程（Brown and Lugo，1994）
复原 (rehabilitation)	使土地重新得到利用，但具有不同的物种和利用方式（NRC，1974） 任何改善受损或退化生境的行为（Wali，1992；Bradshaw，1997） 修复受损生态系统的功能，提高生态系统的生产力，以满足当地人们的需求。以原有生态系统的结构和功能为修复的主要原则，重新建立一个能自我维持的生态系统的过程 将一个受损或退化的生态系统修复到一个功能完善的替代系统，不考虑系统的原始状态或人们的期望（Aronson et al.，1993a；Brown and Lugo，1994）
生态工程 (ecological engineering)	从两者的共同利益出发，使人类社会与使生存的自然环境相和谐的生态设计（Mitsch and Jørgensen，1989） 人类投入少量的能量作为补充，主要还依靠生态系统的自然资源所提供的能量，来达到调节自然生态系统的目的（Odum，1962）
改建 (reallocation)	一个景观区域被赋予新的用途，而且这一新用途与生态系统原有的或受到干扰前的结构和功能可能没有任何关系。重建赋予了人们对生态系统的永久管理权力，但通常也要求人们不断地以肥料、能量、水分等形式进行投入（Aronson et al.，1993a）
重建（reconstruction）	恢复、复原和开垦的统称（Allen，1988a）
景观修复 (landscape restoration)	在一个生态区域内，重新引入或再建与原有物种种类相似的生物群落，并希望这些生物群落能够自动生存，再与随之而生的各种其他植被共同构建这一生态区域的美学和动态特征（Morrison，1987）
景观复原 (landscape rehabilitation)	完全或部分恢复生态系统已经消失的结构和功能特征，其中被替代的部分特征与系统原有特征有明显的区别。由于受到各种条件的限制，与原来受到干扰和破坏的生态系统相比，经过复原的景观区域具有更多的社会、经济和生态价值（Cairns，1988）
辅助自然恢复 (assisted natural restoration)	通过最少的管理和投入来诱导和调控自然过程的修复
生物措施修复 (biocultural restoration)	当地居民的需要和期望直接地与恢复或生物保护结合起来，因此生态修复的目标必须得到人们的广泛认同（Janzen，1988b）

很多人将“恢复（restoration）”定义为“使受损生境在各个方面都还原为预先确定的、与原始状态相似的本土生态系统的过程”（表1.2）。这种对于“恢复”的严格定义只强调了结构上的恢复，忽略了功能上的恢复。而这种结构性定义导致了模糊的目标和过分挑剔的标准（Cairns，1989；Cairns，1991）。因为我

们很难知道原有生态系统的组成、结构、功能和动态变化，所以在这样的定义下也就很难评价目标是否达到。

生态恢复学会（The Society for Ecological Restoration，1994）在不停地修改其对于生态恢复的定义（表 1.2）。3 年内他们对于“恢复”的定义由最初的“修复到人为设定的本土生态系统”（1990），到“重建本土生态系统的结构、功能和整合性”（1993），又发展到“修复人为造成的破坏，维护本土生态系统的多样性及动态特征”（1994）。这种术语解释的变化恰恰反映了现代生态学关于演替的观点。

现代生态学理论认为，演替并不是向着与环境达到平衡的预定群落的稳定变化过程。相反，他们认识到在演替过程中还存在着一些因干扰而导致的非连续的、不可逆的变化，以及非平衡群落关系和各种随机因素的影响（Wyant et al.，1995）。从本质上讲，作为管理的目标，试图去达到预定平衡的状态是不可能的，也是不被推崇的（Wyant et al.，1995）。总之，恢复到原有的生态系统是不现实的，或者说代价是非常昂贵的。

恢复生态学（restoration ecology）是一门通过对生态系统的功能的研究为修复过程提供指导的学科（表 1.2）。恢复生态学不仅为生态系统的修复提供了一个理论框架，定义了一些生态学概念，检验了一些生态学理论，而且为生态学家之间的交流建立了一个便捷的平台。

复原（rehabilitation）通常是指从满足人类需要的角度出发，减弱受损生境的退化程度，提高生态系统可自我维持的生产能力（Aronson et al.，1993a）。自我维持是指在人为或自然干扰之后，生态系统恢复的能力（Aronson et al.，1993a）。复原与重建的概念相似，它们都强调尽可能地恢复原有生态系统的结构和功能，但并不力求完全的相同。改建的目标是减缓或阻止自然生境的退化，并增加其经济、生态和美学价值。

改建（reallocation）是指完全改变土地的用途（Aronson et al.，1993a）。这种转变适用于严重退化的自然生境，或是出于管理的目的或人口的压力不得不将土地转变为农田、需要灌溉与施肥来强化的牧场、农用林地或其他非自然生境的情况。改建需要有肥料、除草剂、能量和水分等的不断投入。在某些情况下，改建通常是必需的，但是经过改建的土地不再是自然生境，所以本书讨论的只是重建过程在某种程度上涉及的自然生境的组成成分。关于改建生境与自然生境间的相互关系已有详尽的报道（Aronson et al.，1993c；Hobbs and Saunders，1993）。

与其讨论这些概念的确切含义，不如围绕一项整体的目标去分析具体的措施，以及在相同的目的下，不同的修复措施所导致的不同结果（Hobbs and Norton，1996）。对于这一完整的目标，修复（repair）是一个通用的概念（Saunder et al.，1993b；Brown and Lugo，1994；Whisenant and Tongway，1995)。无论具体的目标是什么，本书旨在为自然生境的评价、受损生境修复工作的计划及其执行和监控起到一定的辅助作用。因此，在不存在歧义的情况下，书中将使用“修复”这个概念，因为其不仅具有广泛的含义，而且表明是以生态过程的调控为主的。这里所使用的“修复”，主要强调生态系统的自我修复，也就是通过修复受损生境的主要过程，启动和引导生态系统的自我修复。这样，强调过程就能认识生态系统的本质是动态的，而不是静止和可以预先设定的，设定严格的生物种类和大量的具体目标是轻率和无效的（Pickett et al.，1992；Pickett and Parker，1994)。但这并不意味着我们只修复生物过程，之后就任其发展。相反，我们也使用大量的科学技术来指导修复过程，以达到管理的目标。

1.3　受损生境的修复

为达到改善生态环境、增加受损生境生产能力的目的，通常使用的修复方法有两类：农艺方法和生态方法。尽管两者在概念上不同，但从对问题的认识和实际修复工作来看，它们都有相似的作用。我们这里所推荐的方法两者兼而有之，但更强调修复受损的主要生态过程，启动整个生境景观范围内生态系统的自发修复过程。以这种方法修复受损生境的功能，并不只是还原生态系统的结构，而是能够使用较少的资源达到修复的目的，具有很好的实用价值。

1.3.1　传统措施

受损自然生境的传统改良措施很多，这里主要比较两类截然不同的措施（表1.3)，并说明它们的理论原理，而不是一一罗列所有可能的修复措施组合。其实，农艺措施与生态措施之间的划分具有一定的人为性，多数修复措施都兼而有之。这里主要通过阐述两种措施的优缺点，以说明两者协同作用的必要性。当然这些措施的优缺点需要具体情况具体分析，没有一种措施是绝对优越的。任何一个成功的修复方法往往都是吸取了各种措施优点的独特组合。

表 1.3　修复受损自然生境的不同措施比较

比较的内容	农艺措施	生态措施
经济效益	强调短期的经济回报。适合于成功修复可能性大和极具生产潜力、使人们可能投入较多原始资金和进行长期管理的情况	强调长期生态的稳定性和减少管理投入。适合于恶劣或者难以预料的环境，这种情况下必须限制经济的投入，时间虽然不是考虑的主要因素，但建立稳定的自然植被复合体是基本的修复目标
生境选择	适合于极具生产潜力和实现投资回报的地域	适合于易于达到生态目标的地域。这些生态目标包括土壤稳定、生物多样性、结构多样性、功能多样性以及野生动物栖息地的维持，但不一定包括经济目标

续表

比较的内容	农艺措施	生态措施
物种选择	选择适于管理的物种，在现有的土壤、气候和管理环境下，能获得最大的生产力和收益	选择能够直接或间接达到生态目的的物种。它们能够调节土壤和微环境，并为随后通过自然和人为方法更新物种创造条件，也可能用来抑制其他物种生长
种植地和微生境	因地形和环境条件不同而准备种植地和引入植物品种，包括耕作、杂草防治、土壤的化学与结构改变	依据现有种植地环境条件选择物种，被选择的物种有改善区域环境的作用，但不一定能实现最终的修复目标
空间尺度	修复工作只局限在一小块土地上。这样的修复可能包括一个或几个物种种群，但很少能考虑到相互作用的景观因素之间的结构和功能关系	在景观尺度上，计划和实施修复工作，充分整合景观因素之间的相互有益的结构和功能关系
时间尺度	收益相对较快。所有物种通常同时引入	最初的收益相对较慢，但随着生物之间相互关系的发展，完全收益可能会持续几年，甚至几十年。在这一过程的后期，可能还会有其他物种的引入
生态系统功能	修复计划强调的是在景观区域内增加生物种类、养分等生态系统结构性因素	强调修复生态系统的功能
对维持措施的需求	中等	很少或基本不需要

1. 农艺措施

受损生境传统修复措施都包含着大量的农业行为，结果有好有坏。过去，在土壤和气候都有利于生产的情况下，传统的农艺措施对于修复受损生境是有效的。这种方法有利于增产，适用范围广，见效快。特别是在促进牧草生产、实施大范围修复和加速区域稳定性等方面更为适合。经过几代改良，传统的农业机械得到了很大的发展。经过改良的播种机现在可以适用于石砾地或免耕土地，植树机可以在陡坡上正常作业。这些用于自然生境修复的机械种类及其质量都在不断发展和改进。

显然，随着区域及其环境状况的不断恶化，多数自然生境的优越条件和农艺措施的优点将难以利用或不复存在。因为我们过去是试图通过补充养分、增施有机和无机物料来修复自然生境，而现在是强调从整体上恢复生态系统的功能。自然生境作为一种要求有限投入的可更新资源来管理，其可持续的修复措施就必须强调提高一定范围内资源的累积和利用效率。

农艺措施的共同缺点还表现在低效的养分利用、严重的养分流失、有限的基因库和单一的功能，以及对强化管理的过分依赖。农艺措施适用于某些情况，但是对于边际生产潜力低的土地或者是一些缺乏农业化学产品及机械的发展中国家而言，这种措施就是不现实的。总之，在良好的土壤和气候条件下，农艺措施可以稳定土壤，增加系统生产力。但是对于一些恶劣环境，如干旱半干旱地区，在没有生态基础和经济支持的情况下，农艺措施是不适用的。

2. 生态措施

随着修复技术的发展，对新方法的需求和农业可持续发展的需要导致了生态修复概念的产生。生态措施根据修复目标往往采用动态的、持续的修复方法。它严格地依据生态学规律来调控植被的变化（Bradshaw，1983），并试图使群落和区域环境状况向着所要求的方向发展。与前面提到的农艺措施相比，生态措施增加并保持着优势生物之间的协同作用，而农艺措施却减弱这种相互作用。但它与农艺措施也不是相互排斥的，两者的结合将更有利于受损生境的修复。

生态措施利用自然生态过程改善土壤和微环境状况，它通过种植与环境相适应的植被，或者是可以改善土壤和微环境的植被，以达到节省投入的目的。相反，传统的修复方法（农艺措施）总是试图通过建立一个人为的群落系统达到修复的目的，这种做法会违背植被的自然变化规律。虽然生态措施减少了起始的经济投入，却需要花费大量的时间来管理。特别是在发达国家，有的生态修复工程使用了大量的劳力（Cottam，1987）、机械和资金来进行管理（Bruns，1988）。当然，有些修复项目得到了志愿者组织的参与和支持。一些政府和私人企业设立的修复基金项目，在一定程度上减弱了社会必需的开矿、基础建设等造成的生境破坏。

1.3.2 推荐的修复措施

首先我们应确定修复的目标和实现这些目标的阻碍因素；其次需要评价自然生境内必需生态过程的运行情况，并针对各个问题制定不同的计划；最后就是估计这些计划的可行性和风险性，这样一个完整的修复计划就形成了（第8章）。考虑到各种修复目标、方法、限制因素和土地类型之间组合的多种可能性，逐步修复的方法只适用于一些非常特殊的情况。本书的目标是为大家提供一个概念性的框架，以便实践时能够针对不同的情况制定出行之有效的修复计划（图1.5）。这种框架性措施大致包括3方面内容：①以过程调控为主；②启动生态系统的自发修复过程；③启动生境景观间的积极协同作用。

1. 制定生态过程调控策略

对于生态系统自身的恢复能力和修复过程来讲，生物过程的恢复和维持是关

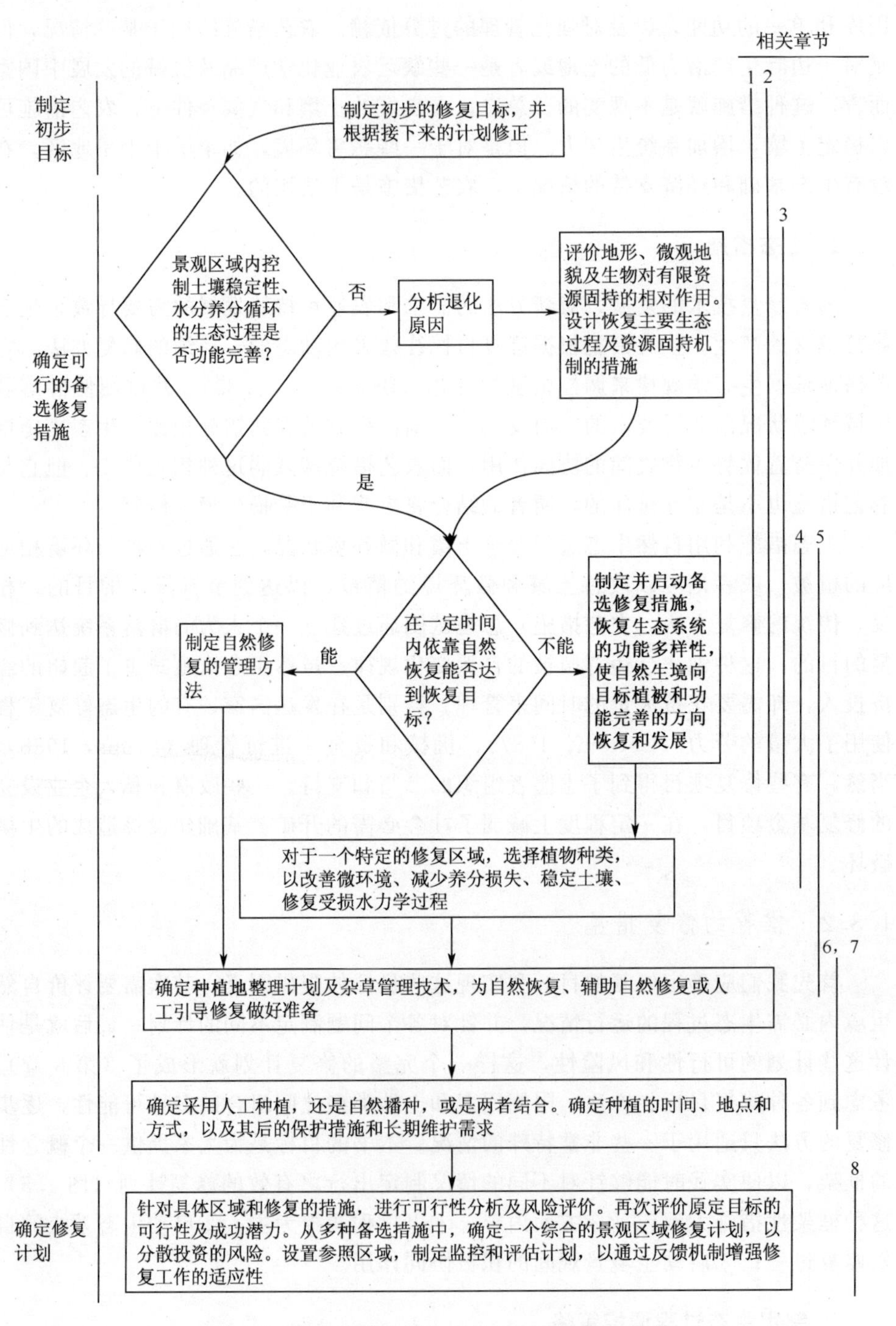

图 1.5 制定自然生境生态过程调控计划的过程

键，而不是生物物种（Breedlow et al.，1988；Whisenant，1995；Whisenant and Tangway，1995；Bradshaw，1996）。不过，自然生境的修复通常强调像物种、养分等结构因素的重建和修复，而忽略了生态系统中遭受损坏的动力学、能量获取和养分循环等因素的修复。本书提出了一种以过程调控为主的措施，主要强调对于资源流动及其调控机制的管理，并首先评价主要生态过程的功能及基本的水分和养分循环（参见第2章）。

多数健康的生态系统可以通过增加有机体来发挥和维持一定的生物作用，实现对养分和水分循环的调控（Chapin et al.，1997）。受到破坏的生态系统，其内部的生物结构被损坏，因而降低了对于养分和水分循环等过程的控制能力。制定修复计划时，首先应该考虑对水文动力学功能及其机制的修复，这是调控资源流动的关键。严重受损的生态系统中存在限制修复的物理因素（表1.1中的阶段3和阶段4），必须通过减少地面侵蚀、保护土壤表面、增加渗透、提高土壤保水保肥能力、改善土壤微环境来削弱或消除（参见第3章和第4章）。

2. 启动和调控生态系统的自发修复机制

通过自然过程来修复受损生境是最行之有效的方法，因为它能自我维持、花费少，且适用范围广（Bradshaw，1996）。由于稳定的自然生境依赖于稳定的土壤、功能良好而完善的水分循环过程，以及完整的物质循环和能量流动过程，所以其中任一功能如果遭到了破坏，都应成为修复的主要对象。从长远来看，这些过程良好运行依赖于植物生长引起的自发调节作用，这种自发调节作用正是由于改善植被引起的环境条件改善、土壤有机质累积和地表覆盖增加等连续变化（Allaby，1994）。通过植被改善环境条件是生境修复的关键步骤。相反，外因性变化（allogenic changes）主要是由非生物的环境因子所引起的（Allaby，1994）。运行不良的水分、养分循环过程会限制植被的生长，进而抑制自我修复过程（图1.1）。要想为自发修复机制创造有利的条件，需要改善地表条件，减弱非生物环境因子的影响（第3章）。

从根本上来讲，植被是决定自然生境修复能否成功的关键。被选择的物种必须能够生存、繁衍，并满足管理的目标，或者可以促进其他物种的存活，以实现最终修复的目标（第5章）。由于其长期的作用，种植地（第6章）和种植方法（第7章）对于实现修复目标也都有特别重要的影响。

3. 实现生境景观间的协同作用

自然生境的修复往往注重在某一牧场、农田、土壤类型或者某些个人的土地的具体目标和需求。这种局部修复的观点认为区域内各种地形与景观要素在功能上是相互独立、互不影响的。事实上，区域景观内的每个组分都处在一个水分、养分、土壤、有机体、种子等繁殖体不停地此失彼得和相互影响的系统中，这些资源流在生态系统中有着重要的意义和作用。在一个几乎没有生物的景观区域内，资源流主要受地貌和微观地形的控制。对于任何一种地貌类型，最有效的修复措施就是增加生物对资源的控制。因为任何一个景观区域内都存在资源流，我们在制定一项自然生境修复计划时，最重要的任务就是要了解、预测、调控和引导资源流，使其向着人们期望的方向发展。

关于自然生境修复，还有许多潜在的问题尚未认识到。这些问题只能通过对最基本的景观生态过程的不断深入研究去解决，而不能简单地去克服。要实现这一点，就必须针对具体景观过程加以引导，使其向实现有效管理的目标发展。现在，我们对于景观功能的了解还远不完全，引导景观功能发展的能力也远远不够。不过，25 年来的理论、实践经验和知识积累为自然生境的生态修复工作提供了坚实的理论基础。

我们必须站在景观全貌的高度来认识自然生境，但是也不能把注意力完全集中于此。较为正确的做法是，将生态系统看作是一个多层次、等级化的序列，一个由生物个体、种群、群落和景观组成的多级结构复合体（Archer and Smeins，1991）。处于生态系统任何层次的生物都与其所处的环境相互作用，形成针对某一生态过程的特定功能体系，并在特定的时间和空间上通过物质循环和能量流动等发挥作用。这意味着，在不减少生态系统的复杂性或者将其一一分割的前提下，通过其有序性就可以评价一个复杂生态系统。一个生态系统内的每一生物等级都是重要的，要想更好地认识每一生物等级的结构和功能，对其上一级和下一级都需要了解。在本书后面的章节中讲述的自然生境修复方法，将重点介绍如何对这种层次结构中的不同生物等级进行评价和制定修复措施，涉及生物个体、种群、群落和景观层次上的评价和修复措施。

第2章　自然生境主要生态过程受损评价

自然生态系统是利用太阳能将低能无机物转化成高能有机物的生物地球化学系统。生态系统就是靠这些有机物质来维持正常运转，同时对系统内部土壤、水分、养分及有机物质等组分进行调节的（Chapin et al.，1997）。当系统的生物组分缺失时，生态系统对其有限资源的调节能力就会降低，生态系统便开始退化（Davenport et al.，1998）。对于自然生境景观生态系统而言，一旦系统的生物调节能力丧失，则系统内的土壤、水分、养分及有机物质等组分的流动就会被地形和微地貌的特征所支配。退化的自然生态系统，只有当其能量获取速率得到恢复，养分的流失减少，或者水文过程得以正常运行时，自然生态系统才能得到全面恢复（Breedlow et al.，1998）。

生态系统是通过各种生态机制的有机组合来实现其正常功能的。因此，在不同的情况下，要对生态机制进行评价，就不可能采用单一的方法。其中，有限资源的保护和主要生态机制中的功能正常化应该置于优先地位。对地面状况的评价是生态系统修复的重要内容，它可以使人们深入了解土壤的稳定性、水文过程及养分循环过程。

有充分的证据表明，受损的生态机制尚未修复时，系统的物种迁移或物质消耗都对生态系统的健康程度和自我调节能力有着重要影响。强调系统功能的重要性，可以使人们将注意力集中在有限资源（土壤、水分、养分和有机物质）的流动上，而不是只关心其数量的多少。强调有效资源的流动是有其理论依据的（Finn，1976），且符合生态工程学的基本原理——外部输入（引入其他的功能）可直接导致生态系统的变化，改变外力也可导致生态系统结构和功能发生明显的变化（Jorgensen and Mitsch，1989），因为生态系统的可塑性、稳定性是随着系统中能量流动的增强而增强的。因此，生态系统修复就应将重点放在对受损的能量获取、养分循环和水文过程的修复上，而不仅仅是去恢复已经流失的资源，这一点非常重要（Loreau，1994）。为了获得成功，人们必须从整个功能过程中区分出已经受损的过程，然后利用一系列相关的评价方法对生境中的各种问题和目标进行评价。

2.1　什么是生态系统正常与受损的功能？

当一个具有正常功能的生态系统受到较小的干扰时，生物修复机制可以发挥作用，恢复和保持土壤、养分、水分和有机质等的可持续供应和流动，维持系统的正常功能。但随着系统的进一步退化，则会加剧对生态系统的损害，且会形成恶性循环，进而引起环境发生明显的变化，使得正常生态系统不能维持，这种结果远比人们想像的更加严重（Pahl-Wlrstl，1995）。自然生境修复就是要在节约资源的前提下，有效地扭转这种状况，并使生态系统发挥积极作用，因此有效的自然生境修复计划就应该将重点放在系统的水文过程上，并有效地获取和使用有限资源。

2.1.1 资源的保护

在受损严重、有机质缺失的景观系统中，地形和微地貌特征支配着资源的流动（Whisenant and Tongway，1995）。在较大尺度上，地貌和地形是通过建立资源消耗区或资源汇集区的方式来支配资源流动的（图 2.1）（Toy and Hadley，1987；Tongway，1991；Tongway and Ludwig，1997b）。资源流动即土壤、水分、养分、矿质离子以及有机质等以流体（水）或者风沙（风）形式来进行的（Swanson，1988）。相似的过程也出现在微地形土壤范围内，如微型洼坑、人畜足迹、根系通道、动物孔穴、变性土裂隙或微小流域以及地表保持资源的阻挡物变化过程中（Whisenant and Tongway，1995；Tongway and Ludwig，1997b）。如果缺少地形和地貌对资源的有效控制，生物调节就会占主导地位。

1. 地形和地貌

地形和地貌的变化很难观测，但人们可以利用地形来模拟流体和风沙过程。下面的试验场相对空间地形位置研究，模拟了流体过程在景观中发生的强度及获取资源的可能性（图 2.1），研究表明：地形的相对位置影响着径流率、封闭流域潜在水分获取能力和侵蚀发生的可能性，且至少有 9 种水力对地形过程有作用（Dalrymple et al.，1968）。同时，每一种地形都有不同的获取或流失资源的特性。凹陷的地域，无论其大小，都有较大的获取资源的可能性。湿地是凹陷地形的一种特例，能在景观中有较大比例的养分和有机物质的流动。相反，没有生物调节的配合，凸起的地域和陡峭的坡面很少能对资源的移动进行控制。

在裸地上（河地），风力对地形的形成和资源流动起主要作用。土壤结构对生物的生产潜力有一定的影响。沙地的水分渗透能力较高，可以有效防止水分的蒸发。因此，砂质土壤比细粉质土壤更适宜于中性植物的生长（Tsoar，1990）。粗质砂壤和细粉质土壤的区分主要以 300～500mm 的降水量为根据。低于这个降水量，砂质土壤就比细粉质土壤具有更大的生产力（Noy-Meir，1973）。

由于经常发生侵蚀的沙丘植被很少，所以沙丘的形状和组合为人们研究其相应的稳定性和修复可能性提供了参考。沙丘的形状可以反映沙丘的哪一部分最适宜植被的生长。沙丘主要有 4 种类型：横波沙丘、新月形沙丘、长梁沙丘和有植

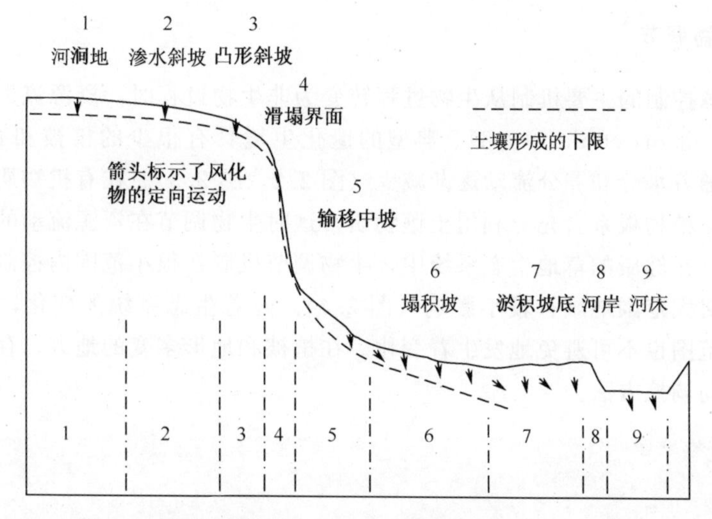

图 2.1　地貌的模拟排列组合（Dalrymple et al.，1968）

说明了不同地貌间的关系及其在地貌过程中的相对地位。河涧地（#1）是取决于与垂直的表层土壤水分运动相关的成土过程；渗水斜坡上发生的地貌过程（#2）是外侧表层水运动引起的物理和化学演化过程；凸形斜坡（#3）极易形成土壤蠕动和台塬；滑塌界面（#4）是在地球引力对大量物质搬运形成的主要地貌类型；输移中坡（#5）随着大量物质运动（水流、滑动、隆起、塌陷）、台塬形成、地表和次地表水分活动而搬运物质；塌积坡（#6）是物质通过整体运动、地表冲刷、冲积扇形成、蠕动和次地表水分运动等造成，并经再次沉积而形成的主要地貌类型；与次表层水分运动有关的冲积和沉积过程在淤积坡底（#7）表现最为活跃；滑塌和跌落形成了河岸（#8）。由地表水携带或搬运的物质向下流动、沉积而形成河床（#9）。使用征得了 Gebrüder Borntraeger（Zeitschreift Für Geomorphologie）的同意

被的线形沙丘。横波沙丘和新月形沙丘在迎风面发生侵蚀，在背风面发生沉积。植被主要生长在横波沙丘和新月形沙丘的顶部，因而在沙丘顶部既没有沙子的获得也没有沙子的流失。与横波沙丘和新月形沙丘不同，大多数长梁沙丘的侵蚀发生在沙丘顶部，因此，多年生植物不能在沙丘顶端或者侵蚀发生的地方生长。潮湿的地区，植物生长限于长梁沙丘的丘间地和丘坡下部；在干旱地区，横波沙丘、新月形沙丘和长梁沙丘往往没有植被生长（Tsoar，1990）。不论在干旱还是在湿润地区，植被仅仅限于侵蚀较少的沙丘中（如线形沙丘）。有植被的线形沙丘随着侵蚀的减少而加长，但并不向前推进，仅仅随主风的强度增加而延长。由于在沙丘顶部很少有侵蚀发生，所以即使在干旱沙区中，沙丘顶部仍有多年生的植被（Tsoar，1990）。植物可拦截风所携带的细粉粒土壤，这些颗粒通过凝聚较多的水分和养分来提高植被产量。这种外来的资源，促使更多的植被生长，进而通过生物的作用诱发正反馈修复生态系统。

2. 生物调节

当资源控制的主要机制从生物过程转变为非生物过程时，资源流失率就迅速增加（Davenport et al.，1998）。典型的退化生境具有很少的植被和有机物质，在景观内随着水分和养分流动逐渐减少（图 2.2，图 2.3）。在有机物质覆盖地表多的地方，植物根系会充分利用土壤物质，这时生物调节在资源流动的过程中占主要地位。在健康的草地生态系统中，生物调节机制在很小范围内控制着资源的流动，而对大范围地域有较小影响（图 2.4）。随着生态系统的变化，资源调节的机制和范围也不可避免地发生着变化。在植被和地形多变的地方，存在着更多种资源空间调控方法。

图 2.2　尼日尔具有地表结皮的严重退化景观

少数分散的生命体对资源流动发挥着微小的生物调控作用。水分、养分及有机质的运动和保持主要受地形和微地貌调控。照片由 Thomas L. Thurow 提供

土壤特性分布规律，至少在干旱和半干旱生态系统中可作为相对荒漠化的指标（Tongway and Ludwig，1994；Schlesinger et al.，1996）。在灌木林地，养分、水分、有机物质呈斑块状分布，灌丛下的土壤作为资源的“库”，而灌丛间的土壤则是有限资源的“源”（图 2.5）。随着荒漠由草地演变为灌木地，灌丛下资源的汇聚可描述为一个促进灌丛自我维护的自发过程（Schlesinger et al.，

图 2.3　得克萨斯州 Crane 附近强烈风蚀过后失去修复功能的景观

草本植物完全消失，地表原有 1～2m 厚的沙土已被风侵蚀掉。少数存留下来的树木濒于死亡，只能截流或保持少量过境的水分、土壤、养分和有机物质。水分的就地保持主要依靠相对平坦的阶地和砂质土壤

1990）。这种资源汇聚可以看成是生物机制对不同自然力（Garner and Steinberger，1989）、退化的表征（Schlesinger et al.，1996）的胜利和修复受损生态系统的手段（Whisenant et al.，1995）。从资源（水分、养分和有机物质）有限的原始荒漠草地，发展到资源丰富的牧豆树沙丘景观，其中就包含了某些因素的退化（Schlesinger et al.，1996）。相反，严重退化的典型生态系统普遍具有低级的资源水平和高的侵蚀率。这样看来，从低级资源水平到已经建立广泛分布树木斑块的转变是一个积极的过程，即使在景观范围内有其重新分配的资源组分。

土壤有机质在生物循环过程中有着非常重要的作用。肥沃表层土的容重与下层土不同，其有机物质的含量通常为 0.5%～6.0%。土壤的有机质含量在由大量植物残留物投入推动的腐殖质形成和由湿润及高温所造成的腐殖质分解过程之间保持平衡（Loomis and Connor，1992）。涝灾后的土壤，在厌氧的环境下，由于矿化速率较低，使大量有机物质积累起来，但随着土壤温度的升高将导致土壤有机物质的快速分解（Lal and Cummings，1979）。因此，湿热的土壤含有少量的腐殖质，而在干冷气候条件下，土壤中有较多的腐殖质积累。在其他因素都相同的情况下，热带土壤的矿化率是普通土壤的 4 倍多（Jenkins and Ayanaba，

图 2.4 阿根廷的潘帕斯 Caldenal 地区大片完整的自然生境景观

水分、养分和有机物质的流动和保持主要是在很小尺度上受生物组分的调控。地貌特征对资源流动的控制作用甚微

1979)。有机质的分解与形成一旦达到平衡，腐殖质的含量就会保持相对的稳定，除非人类的管理活动改变这种状况。

稳定的土壤结构需要不断地投入有机质（Chepil，1955），而且这种稳定土壤结构的保持或形成对适宜的管理或者生境修复来说是至关重要的。大孔隙对土壤水分渗入率具有重要作用，所以增加土壤结构稳定性在生境修复中发挥着重要作用。

导致地表植被覆盖率降低或致使土壤温度升高的任何一种外部条件或管理体制的变化，都有可能导致土壤有机质的减少。滥耕、森林采伐、过度放牧，过度耕作、加速土壤侵蚀和工业危害等，都会造成土壤有机质含量降低。有机质的流失是一个长期的过程。在科罗拉多州东北部，土壤有机质、氮在弃耕 60 年后分别降低了 55％和 63％（Bowman et al.，1990）。较不稳定的有机物质、氮流失的速度加快，使土壤中有机物质、氮含量的降低速度相应加快。短时期内（3 年）有机磷库的磷含量也明显降低。

图2.5　灌木地（有点像得克萨斯州的Monahans）对有限的资源具有大尺度调控作用
水、养分和有机物质的流动和保持基本上是在中尺度上（大约10m）受生物组分调控。地貌特征对资源流动的控制作用更小

2.1.2　正常的水文功能

在生境退化过程中，受损的水文功能可导致许多变化。植被建设、资源保持、养分循环修复、能量获取等，都需要有一个正常的水文功能。在长期连续的修复过程中，景观的修复需要人们的参与，以便评价、重建和控制水文功能。功能不良的水文过程，会导致严重的土壤和植被问题，甚至导致次生盐渍化。

1. 入渗和径流

当降雨、融雪的水分输入速率超过土壤的入渗速率时，就会形成地表积水，进而形成地表径流。因此，通过增加入渗来修复水文功能被认为是系统修复中非常重要的环节。这可以诱发系统的自动修复机制，进而促进其他基本过程的恢复。地表覆盖、土壤的多孔性、团聚体稳定性、入渗水流路径畅通和生物（微生物）结皮等，都会增加入渗率，降低径流量。

地表覆盖使土壤表面免受雨滴溅击，减少了地表径流，增加了入渗，长此以往就可以改善土壤结构（Thurow，1991）。移除地表覆盖的枯枝落叶，会损坏地表、加速土壤退化，最终导致生态系统退化（图 2.6）。裸露的地表在降雨过程中会促使地表发生变化，减少降雨的入渗率。在没有任何保护措施的情况下，地表土壤的雨水入渗能减少大约 50%（Hoogmoed and Stroosnijder，1984）。但有研究发现，有结皮的土壤比没有结皮的土壤的入渗率降低 15～20mm/h（Brakensiek and Rawls，1983）。在以色列，沙壤的入渗率会从 100mm/h 降低到 8mm/h，而黄土的入渗率从 45mm/h 降低到 5mm/h（Morin et al.，1981）。在马里，没有结皮的情况下，沙壤的入渗率范围是 100～200mm/h；而结皮产生后，其入渗率会降低到 10mm/h（Hoogmoed and Stroosnijder，1984）。土壤入渗率的降低使植物生长需要的水分明显减少。

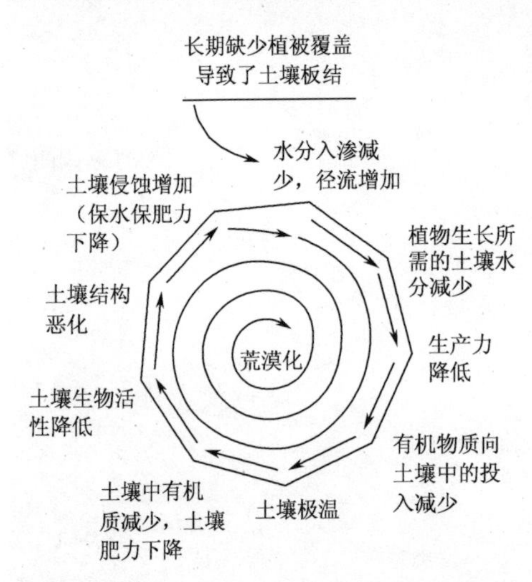

图 2.6　土壤退化周期说明了在土壤状况持续螺旋形下滑情况下土壤表面的重要性

可能也有其他的形式，但这种是最常见的。地表状况并非所有自然生境土壤退化过程中的主导因子，但却是最广泛的因素。包括地表状况在内的各种因素应该被看作是一个完整链条上的各自环节，一旦破坏其中的任何一个环节，都可能导致整个破坏的严重后果发生

土壤孔性决定了水分向土壤入渗的速率。表土的孔性是衡量土壤结构和功能的最好指标。当土壤发生退化时，土壤孔性首先会被破坏（Hall et al.，1979）。湿润土壤团聚体的稳定性也是衡量土壤结构重要的指标，影响着土壤孔性的保持。植物种类、农业耕作、土壤类型、有机物质、黏粒组成、无机离子、气候和生物活动等都影响着土壤的团聚体。从 1mm 到 10mm 的水稳性团聚体，由于具有适合植物生长、水分移动、氧气扩散的毛孔结构，因而对植物生长非常重要（Tisdale and Oades，1982）。土壤团聚体应具有较大的毛孔来保持土壤氧气，并具有较细的毛孔来保持植物所需的水分。

促进土壤有机物质流失的人类活动，如阳光暴晒和暴雨侵袭，会加速团聚体的稳定性的降低，进而影响降雨入渗、水分传导和侵蚀潜力，形成对生物活动不利的环境条件（Tisdale and Oades，1982）。草地的耕作会显著减少水稳性团聚体的大小和数量（Tisdale and Oades，1982；Jastrow，1987）。耕作过的草地可能需要 30～50 年才能使水稳性团聚体恢复到未耕作时的状态（Tisdale and Oades，1982）。在俄勒冈州南部地区，与周围林地相比，15～20 年内没有重新造林的地块依旧保持少量的土壤团聚体（Borchers and Perry，1987）。在伊利诺伊州，长期抚育之后，较大的水稳性团聚体（0.2～20mm）开始出现，这与草原

禾草科植物的关系非常紧密（Jastrow，1987）。在一个修复后的草原中，与附近未放牧的草原相比，甚至与修复后近期（11～14年）又被耕作的草原相比，大于0.2mm的团聚体比例明显要高（Jastrow，1987）。这种情况表明，由于暖季（C4）草原植被比凉季（C3）的牧场草生长得要快，使得水稳性团聚体数量也急剧增加（Jastrow，1987）。

由于均质土壤是很少的，因此不同土壤的水分渗透速度也不同（Rice and Bowman，1988）。水分入渗快的土壤具有较好水流入渗途径和较高的入渗速度，从而产生较大的水分空间分布差异（Edwards，1991）。干旱蒙脱土的龟裂在高强度的暴风雨季节有良好的水流流动路径。在含有林木根系的土壤中，水流优先流动到了根的主干和腐败的根系周围（De Vries and Chow，1978）。不同土壤结构的土壤颗粒团聚体所产生的毛孔系统能引导水流的快速渗入，直至底层的湿润土壤。土壤生物、已死亡植物根系所产生的孔隙、啮齿动物的洞穴及收缩的黏土等所产生的土壤孔隙是根系、水分、土壤空气运动和存在的主要场所。这些孔隙被灌溉的水分快速地填充，在微弱氢键作用下，土壤颗粒所吸附的水分得以维持。毛细管是非常重要的持水空间，直径小于30μm的毛孔能克服重力来保持水分（Loomis and Connor，1992）。

在缺少维管植物时，水藻、地衣、地钱和苔藓等参与地表结皮形成的微生物就成为优势的地表覆盖物。水藻纤维、真菌的菌丝、地衣的组织和苔藓常常出现在这些结皮的表面。它们在土壤稳定性（Anderson et al.，1982；Williams et al.，1997）、固氮量（Evans and Ehleringer，1993）、生物产量（Isichei，1990），以及黏结尘土形成稳定的土壤结皮过程（Gillette and Dobrowolski，1993）中发挥着重要的作用。在地衣和苔藓较多的地方，土壤表面稳定性有极大提高，但在黏结地表土壤微粒方面，纤维组成的水藻可能更有效。浓密胶黏的水藻叶鞘能增加土壤微粒网结的力量，在地表形成1～2mm的结皮。

在澳大利亚东部，具有大量微生物结皮的地表比较少结皮的地表表现出更强的稳定性，且具有较小的可蚀性（Eldridge，1993b）。一些研究发现，微生物结皮增加了入渗能力，降低了泥沙的流失（Loope and Gifford，1972）。当地表情况发生恶化时，作为土壤水文性质的指示器，微生物结皮逐渐变得重要起来（Eldridge，1993b；1933a）。尽管微生物结皮对干旱土壤的作用非常明显，但来自其他环境条件的证据表明微生物结皮的水文效益只发生在退化的土壤中；在具有良好结构的林地、半干旱区和澳大利亚牧场，微生物结皮对其水文状况没有任何影响（Eldridge et al.，1997）。尽管微生物结皮在美国西部干旱、高海拔荒漠地区非常常见，但在最热的沙漠中却没有。

2. 蒸发、蒸腾和土壤盐渍化

生境水文过程的破坏，将会伴随周围其他生境景观组分的破坏，并产生不可预料的结果。导致植被减少的管理措施，如长期过度放牧、森林砍伐等，会严重损害水文过程，如蒸腾和蒸发。植被的减少会减少蒸腾，这些变化又会导致地下水位抬高，因为浅根系植物仅吸收、蒸发少量水分，拦截少量的降雨（Greenwood，1998）。在景观的组成部分中，具有深层根系的灌木和树种起着调节水分和养分含量的作用（Ryszkowski，1989；Ryszkowski，1992；Burel et al.，1993；Hobbs，1993）。

理解植被如何调控水文过程是受损生境修复的重要基础。植被的结构特征对降雨拦截、水分蒸发和自然生境产水量有着重要影响（Brooks et al.，1991；Satterlund and Adams，1992）。在很多自然生境生态系统中，大部分降雨量可通过植被的蒸腾过程而消失，可见植被结构对水分调节有着重要影响。在下列情况发生时，流域的产水量会出现增加的现象：①植被被移走和削减；②深根系植被被浅根系植被取代；③植被对降雨的拦截量变小（Brooks et al.，1991）。产流量的变化范围在半干旱地区要小一些，但这种变化却有着重要的生态经济价值。

湿地减缓了水的流动，增加了有机质积累，并且有较大的蒸散率。当湿地退化时，水的流动加快，有机质的降解速度增加。1960 年前后，白俄罗斯东部大范围的湿地被改良成耕地，从而使湿地的水文过程发生了变化，结果使湿地的有机质降解，植物病虫害严重发生，作物产量明显降低（Susheya and Parfenow，1982）。这些不可预料的问题使人们不得不重新增加数以万计的沼泽，以保持湿地的水文过程。沼泽地可减少大范围排水造成的危害，维持生态系统的正常功能。

外界因素也会破坏内部生态机制和功能。在景观尺度下，定点修复对完善系统功能有重要作用。例如，在干旱和半干旱地区改变水文循环过程后导致盐渍化是一个很普遍的现象，这也是导致荒漠化的主要因素（Grainger，1992；Thomas and Middleton，1993）。以下 5 种情况会导致土壤盐渍化：①自然排灌系统和蒸发过程；②高蒸发环境下进行灌溉；③伴随着优势植被的变化，景观尺度水文循环过程的破坏；④海水入侵；⑤含盐物质的积聚。人类活动会导致土壤的次生盐渍化。土壤表面含盐物质通过土壤微粒积聚到地表，致使土壤孔隙降低并显著地减少了水分的入渗。盐渍化限制了植物生长所必需的水分和养分运输，会阻碍植物生长。

从农学观点来看，土壤盐渍化导致作物减产的机制与自然退化引起作物减产的机制不同（Lal et al.，1989）。从生态学观点来看，在盐渍土上种植的植物要有一定的适应性。由于灌溉，致使每年大约 10 000 000 公顷土地发生次生盐渍化和盐碱化（Szabolcs，1987）。在干旱环境中，土壤水分蒸发后含盐物质残留在地表使土壤发生盐渍化。由于需水量较少的作物使地下水分储量增加并抬高了水位，因此除多年生浅根系植被外，作物也会引起旱地盐渍化（Ruprecht and Schofield，1991；Schofield，1992）（图 2.7）。这些携带有盐分的地下水可能会在区域内海拔较低的地方渗出（Berg et al.，1991；Hobbs et al.，1993）。

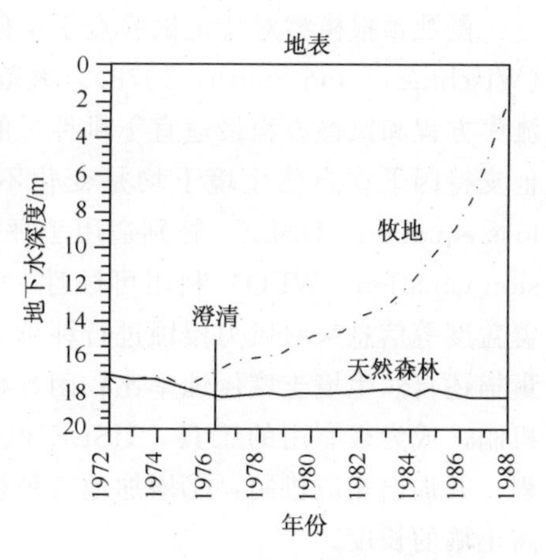

图 2.7　澳大利亚西部的 Lemon 流域，伴随着从天然森林到牧场的流域转化过程，牧场的开发和空旷地的出现使地下水位也在发生变化（Ruprecht and Schofield，1991）
使用已征得 Elsevier Science（Journal of Hydrology）的同意

次生盐渍化还有其他诱因。在中东，地下水开采过多导致海水倒灌的地方，盐水入侵会导致盐渍化（Thomas and Middleton，1993）。由于阿斯旺大坝修建，尼罗河水流量大大减少，致使尼罗河三角洲地带也产生了类似的问题（Kishk，1986）。在油田，由于油液的抽取导致大量盐水渗入而使大量土地发生退化。在得克萨斯州，油和天然气的生产致使 174 000 公顷的土地发生了盐渍化（McFarland et al.，1987）。

2.1.3　土壤侵蚀

土壤侵蚀是土壤退化最常见的表现形式，它最终导致土壤理化性质和生物特性发生不可逆转的退化。生物过程和非生物过程都会对侵蚀产生影响。采用生物措施对防治北美矮松杜松（pinon-juniper）生态系统土壤侵蚀作用十分有效。在那里，土壤侵蚀潜力很高，侵蚀速率由低到高的变化非常迅速（Davenport et al.，1998）。侵蚀降低了土壤持水能力，增加了干旱的频率，降低了植物生产力，增加了植物个体或种群的死亡率。这些受损的生物仅能获得并维持少量的资源数量。这种消极的退化一旦形成恶性循环，最终会使能量的获取力、养分和水文循环能力退化。

自然侵蚀发生在自然的气候、植被和地形条件下，它是发生在未受人为破坏地域的自然地貌过程。加速侵蚀要比自然侵蚀的过程快得多，它是人类活动直接或者间接影响的结果。我们必须认识自然侵蚀过程的相对程度，同时集中力量来减少侵蚀速度。尽管冲积和风积过程会发生在同一个地方，但它们通常出现在不同的时间。

侵蚀预报模型对特定试验点土壤侵蚀量进行了估计，并比较备选的管理措施（Wischmeier and Smith，1978）。大范围使用的土壤侵蚀预报模型，如通用土壤流失方程和风蚀方程最适宜于耕种过的土地。由于土壤可蚀性、植被覆盖度及其他支持因子在自然生境下均是变化不定的，因此通用流失方程（universal soil loss equation，USLE）特别适用于评价不同的管理措施。风蚀方程（wind erosion equation，WEQ）利用可蚀性、土壤表面糙度、侵蚀地的裸露长度、植被覆盖度等信息来对风力侵蚀进行评价（Woodruff and Siddoway，1965）。尽管定量描述自然生境土壤侵蚀率比较困难，但是这些侵蚀预报模型提供了有用的修复机制，成为很有用的工具。USLE 和 WEQ 用来评价修复受损自然生境基本过程，并提出相应机制：①增加地表植被覆盖度；②增加土壤表面糙度；③减少裸露土壤的长度。

1. 水力侵蚀

水力侵蚀有四种完全不同的类型：①片蚀（interrill）；②细沟侵蚀（rill）；③切沟侵蚀（gully）；④沟谷侵蚀（streambank）（Lal et al.，1995）。片蚀是指雨滴溅击地表，破坏土壤结构，增加土壤可蚀性，从而使土壤颗粒受到冲刷运移的侵蚀类型。细沟侵蚀和切沟侵蚀之间没有很明确的界线，但细沟侵蚀的宽度较小，可以通过耕作方式消除；而切沟侵蚀的宽度较大，不能通过农业措施来消除。沟谷侵蚀是由地表径流对土壤产生的侵蚀，它具有下切河床和剥蚀河岸的作用（Lal，1990）。

坡面上，土壤侵蚀往往从降雨开始，特别是在松散的土壤表层，土壤剥离和侵蚀更加容易发生。雨滴的动能作用于地表而做功，通过溅击土粒造成土壤表层孔隙减少或堵塞，形成地面板结，减少了土壤入渗速率。当降雨强度超过土壤的入渗能力时，地表开始出现细小水流，填充地表微地形的凹处。当凹处被填满时，多余的水便开始沿着坡面向下流动。此时，片蚀以层状侵蚀的方式出现。这层很薄的水层向下流动，夷平表土。层状水流的流动以适宜的流速出现，产生小的侵蚀力，造成较小的侵蚀（Emmett，1978）。层状水流的流动主要集中在地表1mm 左右较低的地方（Bryan，1979）。在山坡上，这些地表浅小的细沟也会随着股流的移动改变着它们的位置。

细沟侵蚀相对于地表水流片蚀来说更具侵蚀性，受坡长、水流深度、剪切压力和临界流量的影响（Toy and Hadley，1987）。当水流的侵蚀力超过了土壤颗粒凝结力的时候，细沟侵蚀开始发生。沟道的深度和宽度在表面水流集中下泻的地方相对要大一些。一旦细沟形成，集中起来的水流具有更强的剥蚀搬运能力，扩张了细沟沟道。沟道的进一步发展将坡的上部作为沟头出现，并开始溯源侵蚀。一些细沟迅速发展，出现深切，这些“主干”开始变长加深。偶尔有水流从相邻的沟道并入侵蚀主干沟道。当沟道水流连续集中到主干沟道时，原先平行的浅沟变为一个树枝状的渠道系统，加速了侵蚀的发展。

当细沟合并、水流集中、沟壁变得陡峭和沟身切入地面很深时，成为切沟。切沟是一个由集中在一起的径流冲刷而成的渠道或微型河谷。通过它，当暴雨发生或融雪时水流能迅速汇集，并形成更多的分枝和河网，这些河谷可能是直线、长条或狭窄型的，但没有固定的宽度（SCSA，1982）。土壤、水文、地形和管理因素都能导致切沟形成。切沟在干旱和半干旱地区最为常见，是伴随着地形的剥蚀和山洪暴发而形成的。然而，大量被片蚀搬运的泥沙量可能超过不同级别大小切沟的侵蚀量（Lal，1992），切沟侵蚀更具有破坏性，难以治理。

地表和地表下岩石结构的突然断裂、地下水流（特别是管流）、分散的黏粒以及不良的土壤结构等增加了切沟发育的可能性（Lal，1992）。人类因素，如耕作、砍伐、过度放牧、修路、践踏和工程建设等使径流变得集中而导致切沟侵蚀的快速形成，使水流从某一部位集中搬运土壤、养分和有机物，经切沟侵蚀逐渐加深浅沟和导致边坡滑塌。边坡滑塌是地上水流集中在陡壁和土壤孔隙中水压增大的结果，随后的边坡滑塌由边坡的开挖和管流而引起。在切沟附近动物的孔穴常常也加速了次生沟道的发育（Lal，1992）。

除了片蚀、细沟侵蚀和切沟侵蚀外，地下水流也能引起侵蚀。一些入渗到土壤的降雨顺着坡向流动形成“壤中流”。就侵蚀过程而言，地表径流侵蚀在干旱和半干旱地区非常普遍，而壤中流在潮湿的地区则相当普遍（Toy and Hadley，1987）。第一种情况是孔隙流，水分在土粒或毛孔之间流动；第二种情况是管状流，水分通过较大的地下通道或空隙中流动。孔隙流造成山坡侵蚀的概率非常小，而管状流具有较大的侵蚀力，却也没有明显外观表现。然而，随着这种侵蚀力的加大和水体扩张，最终会导致土体崩塌并形成沟道。

2. 风蚀

全球范围内大约有 37 亿公顷的牧场，其中的 80% 都受到了风蚀影响（UNEP，1977）。风蚀对良好的土壤组分（如淤土、黏土）和有机质来说损害最大。风蚀使得一些地方变成沙粒、砾石和其他粗糙物质。风蚀有三种方式：①跃移，地面沙粒在风力的作用下发生滚动、跳跃；②悬移；③推移，跃移沙粒连续打击较大颗粒，使其移动。风蚀速率决定于土壤可蚀性、地表糙率、气候、裸露地表长度和植被覆盖度。增加地表土壤糙度，降低风速，增加地表植被覆盖等都可以降低风蚀。

2.2　自然生境的生态机制评价

生态系统具有独特的复杂过程以保持良好的机能。完整的生态系统有很多功能，但人们必须掌握和了解生境内水流、土壤、养分、有机物质等的防治过程，在不同的地方和特殊的情况下选择不同的防治方法（Meyer，1997）。什么过程受损最为严重？有效修复策略设计的重要性表现在哪里？生态修复的目标是什么？应该以什么作为对照？如何能测定所选项目的变化情况？期盼的修复速率有多大？尽管这些问题经历了几代人的研讨（Carins，1989；Berger，1991；Westman，1991；Kondolf and Micheli，1995；Hobbs and Norton，1996），却很少有明确的答案（Hobs and Norton，1996）。

虽然有很多人对评价参数提出了合理性建议（表 2.1）（BLM，1973；Le Houerou，1984；Schaeffer et al.，1988；Costanza，1992；Costanza et al.，1992；Aronson et al.，1993a；1993b；BLM，1993；NRC，1994；Tongway，1994；1995；Whisenant et al.，1995；Tongway and Ludwig，1997b），但没有一个评价指标适用于所有情况。当一些生态系统的参数经过争论而成为基本指标时（Aronson et al.，1995），另一些参数却被认为是难以实现的目标（Pickett and Parker，1994；Hobbs and Norton，1996）。尽管根据有限的目标设置对照是不现实的，但选择具有相似地形、土壤、生物、气候条件的生态系统设为对照还是有效和可行的（Hobbs and Norton，1996）。对于每一个特定的属性，通过计算相似度指数，修复后的生态系统可与对照生态系统进行比较（Berger，1991；Weatman，1991；Kondolf，1995；Kondolf and Micheli，1995）。通过与生态平衡的、较少损害的地区相比，可以确定哪些是对自然生态系统的长期稳定更为重要的过程（Yates et al.，1994）。

另外一种用来诊断“生态系统健康”程度的方法是基于生态系统结构、组分、基本功能的测定（Hobbds and Norton，1996；Costanza et al.，1992）。这种方法首先将现有条件与设定的相关参数自然可变范围进行比较（Hobbds and Norton，1996）。通过设定一个有限功能和结构状态的生态参照系作为对照，这种评价方法的功能可得以扩展。然后，待修复生境基本参数的现有状态就可以和参照系统对应参数的自然可变范围对照进行比较。

表 2.1　建议用于自然生境修复的土壤过程评价参数

评价参数	重要意义	文献来源
土壤有机质	影响土壤结构，土壤稳定性，水文过程和养分循环	Aronson et al.（1993a）
土壤表面状况（结皮、侵蚀特征、枯落物、植被和微生物覆盖度、微地形）	提供土壤可蚀性信息（过去的和将来的可能性），以及水文过程和养分循环过程的相关信息（表 2.2，表 2.3）	BLM（1973）；Aronson et al.（1993a）；Aronson et al.（1993b）；NRC（1994）；Tongway（1994）；Tongway（1995）

续表

评价参数	重要意义	文献来源
雨水利用效率（年地上部分初级生产量/年降雨量）	评价干旱生态系统的健康度状况和生产力	Le Houerou（1984）
降雨入渗率（进入土壤水量）	表层土壤状况指标	Aronson et al.（1993a）
最大有效水分保持量	对土壤侵蚀流失已经发生或降雨不规律的地区具有特殊的重要性，综合表现土壤深度和持水性	Aronson et al.（1993a）
水分有效性	为确定合适的植物种类及退化程度提供有用的信息	Aronson et al.（1993a）
水层深度和质量	大范围内严重改变的水文过程指标	Whisenant（1993）；Hobbs and Norton（1996）
阳离子交换量	土壤保持阳离子能力的指标	Aronson et al.（1993a）
养分库	养分消耗程度的指标，并为选择合适的物种提供信息	Bradshaw（1983）；Schaeffer et al.（1988）
循环指标（再循环的能量或养分数量与流经系统的能量或养分数量之比）	土壤、植被、水文、气候变化的综合指标	Aronson et al.（1993a）
微生物量，微生物呼吸作用和净矿化量	土壤微生物活性的评价指标	Hart et al.（1989）；Santruckova（1992）
总碳量和微生物碳量	作为生态系统恢复的指标，用以对土壤的微生物恢复进行评估	Insam and Haselwandter（1989）；Ruzek（1994）
新陈代谢商数（微生物呼吸量与土壤微生物量的比率）	作为生态系统恢复的指标，用以对土壤的微生物恢复的状态进行评估	Insam and Haselwandter（1989）
土壤脱氢酶活性，ATP和麦角固醇量	生态修复潜力和土壤恢复过程的三维评价	Bentham et al.（1992）

注：这些参数可与相似、未扰动对照地点的相关评价参数进行对比。

对每个生态过程都应进行微地形、地块和流域的多级空间尺度评价，且对每个评价的参数都应具有清晰的目标和时间界定。由于生态系统的过程和结构具有多尺度特征，所以这些观测的尺度非常关键（Lewis et al.，1996）。但无论研究的是哪一种尺度，应从大尺度上理解生态过程与结构的相互关系，从小尺度上分析其潜在机制（Lewis et al.，1996）。由于在一种较大尺度上受损的生态过程会影响其中所有较小尺度水平的各种生态特征，没有来自更小尺度水平上的观测和数据，就没有办法充分评价或修复大尺度上的生态问题。

然而，用以深入评价各种的自然生境修复参数资助往往不足。这些评价多数要求相对深入、定点的取样及实验室分析。由于对所有参数都进行分析花费会很大，因此必须确定哪些是应优先评价的生态过程。生态损坏的程度、范围、生境修复的经济花费都要求切实可行的评价方法。幸运的是，一些涉及基本生态过程的现有模拟评价方法快速、花费低，且直观具体。

一个切实可行的评价方法总是优先考虑评价与基本生态过程功能及有限资源保持密切相关的参数。由于土壤表面情况包含着许多关于基本水文过程和养分循环过程的有用信息，因此对受损自然生境的评价应该从土壤表面特征及相关水文过程开始（Tongway and Ludwig，1997a；1997b）。水文评价包括入渗、径流、水力传导性、渗透性、水位、蒸发、植被类型和植被覆盖。这些水文和养分循环的模拟评价方法对提出和建立有效的生态修复方法具有重要的参考价值。

2.2.1 土壤稳定性和水文功能

地表状况和粗糙度对水文过程、养分保持、养分循环、生物学过程来说是十分有用的参数指标。

1. 地表状况

土壤状况评价为稳定性（抵抗土壤侵蚀能力）、水文过程（入渗和径流）和养分循环（BLM，1973；Aronson et al.，1993a；NRC，1994）提供了参考。例如，在得克萨斯州的牧场上片蚀发生与地表覆盖的程度呈负相关（Thurow et al.，1988）。植被状况不仅影响水文过程，贫瘠的地表也具有非常不同的特性并包含多种类型的水文特性。土壤稳定性和水文特性可以通过土壤质地、结构、土壤可蚀性（水成和风成过程）、土壤分解、入渗或降雨吸收能力等指标来进行评价。

土壤质地是对土壤渗透力和水分保持力进行初级评价的基本指标。土壤质地从黏土、壤土到砂土的每个质地系列等级变化，土壤水文传导力都会有数十倍的增加（Loomis and Connor，1992）。土壤剖面不同层次的质地状况也很重要，土层中存在的黏盘或脆盘层次难以渗透水分，严重制约土壤的储水能力和根系的分布深度，从而影响土壤的生产力。质地粗糙的土壤不需要太多的植被或枯枝落叶层就可以获得较高的入渗率。因此，植被受损的粗糙沙地可能仍具有正常水文过程功能。

土壤结构对土壤水文功能和抗蚀力具有非常重要的作用。土壤结构是基于土壤孔隙度和有效水分状况来表征表土层结构质量的一个重要指标（Hall et al.，

1979)。理想的土壤结构具有丰富的土壤孔隙和超过 0.1mm 直径的导管，从而为根系的生长、氧气的扩散和水分的运动提供良好的场所。同时，还要有小于 0.05mm 的毛孔用来克服重力、保持水分。水分的快速入渗减少其在地表的积累，如果下层土壤不太紧实，地表侵蚀就不会影响植物根系下扎的深度（Tivy，1990)。这种土壤结构特征分级系统虽然很有用，但依旧没有考虑使根系容易下扎的毛孔大小范围、排水性能和足够水分储存空间的重要性。

热带黏土与温带黏土具有不同的理化性质。热带土壤尽管黏粒含量高达 85%，但由于其形成的结构单位极其细小，所以仍然非常脆弱（Young，1974)。这种微团聚体由热带土壤中常见的氧化铁黏结形成。由于它们渗透性强，易于被作物根系穿透，故其物理性状方面更像砂土而非黏土。但淋溶作用较容易导致养分流失，因而具有较低的养分保持能力。由于具有快速的降解率，热带土壤中有机质含量比较低，且主要集中在表层土壤（Tivy，1990)，所以热带土壤有机质的养分保持力比温带土壤显得更为重要。

重型车辆或者牲畜踩踏使土壤压实，尤其是在土壤湿润时更为严重。严格限制车辆在湿润土壤上操作，可以减少损害，并可以省去后来的修复（Davies et al.，1992)。土壤压实是休闲地、废弃道路、矿山土壤的主要问题（Sopper，1992)。虽然土壤容重常被用来测量压实程度，然而压实密度（paking density）由于考虑了土壤黏粒含量的影响更为合理（Coppin and Stiles，1995)。压实密度 D_p 用下式计算：

$$D_p = D_{DB} + (0.009C\%) \qquad (式 2.1)$$

式中，D_{DB}是干容重（mg/m^3)；C%是黏土含量。

土壤表面稳定性用下列级别和自然属性来衡量（表 2.2)：①土壤移动；②地面岩石和（或）枯落物；③地表覆盖的植被或岩石；④水流方式；⑤细沟和切沟。一种更综合的方法是利用 11 种表土属性（表 2.3）来进行生态机制的损害评价（Tongway，1994)。评价过程的目标是要评估抵抗侵蚀的能力（稳定性)、水文响应（入渗和径流的比较)、有机物质循环效率（养分循环)。尽管这种面向过程的方法是在澳大利亚西部提出来的，但它对大多数生境来说稍作修改就具有良好的适用性。

表 2.2　与侵蚀有关的地表土壤特征及其评价分级（BLM，1973）

特征	1级	2级	3级	4级	5级
土壤移动	多数地区心土暴露，可能出现雏形沙丘和（或）风冲刷洼地	土壤和碎屑物沉积在微小的障碍物前	土壤颗粒发生中度的运动	土壤颗粒发生轻微运动	肉眼看不到土壤的运动

续表

特征	1级	2级	3级	4级	5级
表层岩石和（或）枯落物	几乎所剩无几；即使有，也是在障碍物后出现的较小的岩石或碎块的移动和累积	强烈移动；较多沉积在障碍物周围；地表岩石运动；较小的碎屑物聚集在障碍物周围	中度移动；沉积在障碍物周围。这些表层岩石和碎屑物的分布很少发展	可能会出现轻微的移动；如果出现，也是由于风或水的作用导致粗大碎屑物外观的截短或斑状分布	就地聚集在一起；如果出现，碎屑物的分布不会因风或水流而发生移动
根系固持土	大多数岩石、植物固持土和根部暴露	许多岩石、植物固持土和根部暴露	岩石和植物固持土发生流动	固持土发生轻微的流动	没有明显的根系固持土暴露发生
径流形式	径流形式多样，数量可观；可能会形成大的沉积扇	径流形式包括泥沙沉积和冲积扇形成	很稳定，只发生少量间歇性沉积	只出现部分颗粒沉积	没有明显的径流发生
浅沟和切沟	13cm宽，8～15cm深的沟，密布陡峭、有50%左右易发生侵蚀的沟壑遍布大部分地区	众多浅沟深1～15cm，宽150cm；切沟大量发育；活跃侵蚀发生占其长度的10%～50%，或者超过其长度的50%	约300cm宽、1～15cm深的浅沟暴露在地表；切沟发育良好，活跃侵蚀小于其长度的10%，已有植被出现	宽度超过300cm的浅沟少量出现；切沟伴随着少量沟床和坡面侵蚀，一些植被出现在沟坡上	没有出现明显沟纹，即使出现，也比较稳定。植被生长在沟床和边坡两侧

表 2.3 确定土壤条件的地表评价特征（Tongway，1994；1995）

评价特征	分类					
	1	2	3	4	5	6
地面覆盖-降雨截留	<2%	1%～2%	2%～5%	5%～15%	15%～50%	>50%
地面覆盖-地表径流拦截	0%	<2%	2%～5%	5%～15%	15%～50%	>50%
地表结皮破碎度	极度破碎	适度破碎	轻微破碎	保持完整		
微生物结皮盖度	<1%	1%～10%	10%～50%	>50%		
侵蚀特征	强烈	中度	轻微	无		
侵蚀物质	大量	中度	少量	无		
枯落物覆盖	<1%	1%～10%	10%～25%	25%～50%	50%～100%	100%且有几厘米厚度
土壤微地形	平滑 深度<3mm	有少量浅层塌陷 深度3～8mm	出现深洼地 8～15mm	洼地深而广布 15～25mm	发生陷落 >25mm	

续表

评价特征	分类					
	1	2	3	4	5	6
地表性质	彼此无黏结性沙地，松散的沙质	脆的结皮很容易用手压碎，与下垫面没有相关性	地表结皮较硬(需要塑料或金属工具才能打碎)，较脆，破开后呈无定形碎块或粉末，与下垫面黏结	地表结皮很硬(需要金属工具才能打碎)，而且脆，破碎成无定形碎块或粉末，下垫面坚实具有黏结性	当用钢笔或手指压时，地表结皮显示一些弹性，或地表自行覆盖黏土，下垫面具有黏结性，或较强的碎屑结构	
水稳性测试	很不稳定，土体在小于 2s 的时间内完全崩塌，无数气泡进入土体	不稳定，土体在大约 5s 时间内连续坍塌，仅保留薄薄的地表层。大于 50% 的下垫面物质被分散为土粒	较为稳定，地表结皮保持完整，下垫面有些土体分散，但小于 50%	稳定，整个土体在 1h 以上的时间内保持完整		
土壤质地	粉质黏土至重黏土	砂质黏壤土至砂质黏土	砂质壤土至粉质壤土	砂土至黏砂土		

地面覆盖（降雨截留）：指对多年生草本植物和高度达到 0.5m 的多年生灌木覆盖的估算，也包括石块、枝杆和其他相对不动和用来保护土壤不受降雨影响的长期存在的物体。这一估算不包括一年生柔软牧草和木本植被（>0.5m）。

地面覆盖（地表径流截留）：对起阻挡地表径流作用、存在时间长的地表覆盖物体的估算。能减缓流速、减少流失并截获来自其他景观区域的资源。

结皮破碎度：指土壤表面由细质地土粒组成的薄层。这种指标以确定地表结皮破碎程度、松散附着和易受侵蚀的程度。结皮越破碎越容易受到侵蚀。有些土壤没有天然的结皮（自我覆盖表面的土壤和松砂除外）。

微生物结皮盖度：微生物结皮覆盖地表的百分比。健康的微生物结皮增加土壤表面的稳定性。

侵蚀特征：土壤流失的可视性标志，包括侵蚀形成的细沟、浅沟、层状侵蚀和土壤流失造成的台地等。

侵蚀物质：用来评价从一个地方到另一个地方物质被侵蚀的程度。这些特征包括容易再次迁移和流失的松散沉积。这些资源从源地点流失，但可能提高汇聚地点的生产力潜力（枯落物除外）。

枯落物覆盖：用来估算进行分解和养分循环有机物质数量的重要指标。应就不同枯落物的来源进行确定，是当地产生的、沉积形成的、还是其他地方产生后运移到而来。

土壤微地形：用来评估一个区域保留水分的能力。地面洼地减少地表径流、截获泥土和养分，同时促进水分入渗土壤。

地表性质：用来评估土壤表面稳定性、抗干扰性，抵抗雨滴击溅或其他物理扰动的能力。

水稳性试验：评价地表结皮浸入雨水时的稳定性。稳定的结皮在浸湿后能维持其凝聚力，抵抗侵蚀。

土壤质地：评估地表结皮下土壤渗透性的重要指标。

活的植被或枯枝落叶、矿质土壤结壳、地表石砾或者微生物结皮均可增加地表土壤的稳定性。在适宜形成较为完整的地表覆盖的气候条件下（具有高的生物产量或较慢的降解速度），地表覆盖状况是评价土壤情况的一个有效指标。虽然人们都期望有良好地表覆盖和团聚体结构的土壤，但在干旱半干旱地区，完全覆盖的土壤是不可能存在的。既然在这些环境条件下裸露的土壤缺乏维持阻止土表结皮的结构存在，那么对裸露表土的相对稳定性评价就显得非常重要。表 2.3 所列的裸露表土评价技术易于使用（Tongway，1994）。另一个评价方法描述了西非半干旱地区 9 个在功能上不同的表面结皮，以及与其相联系的已有和潜在的管理问题（Casenave and Valentin，1992）。

对具有良好质地的土壤而言，很薄的一层地表结皮就可对降低损坏、减轻土壤侵蚀起到重要作用（表 2.3）。这种属性（结皮受损）评价的级别反映了地表结皮易于破坏、松动，或是松散地附着于地表而易于侵蚀的程度。裸露土壤在良好的生境中具有平滑的结皮，并因地表变化而稍有波动。与部分被破坏和分散的结皮相比较，在未受损的平滑地表结皮条件下，土壤侵蚀量要小得多。

土壤表面的自然属性（表 2.3）可以反映其抵抗踩踏和暴雨打击的能力。具有易碎结皮的土壤很容易被破坏并发生侵蚀；柔软的地表结皮具有良好的植物根系和真菌菌丝组成，能将土壤颗粒牢固地聚集在一起，具有较大的生物活性；坚硬的地表结皮能抵抗分离，但具有较低的入渗率，缺乏有机质。在干旱土壤上，地表的属性可通过测定结皮柔韧性、脆性和次结皮土壤的黏结性来判定（表 2.3）（Tongway，1994；1995）。

另一种土壤表面稳定性评价的方法是通过一次暴雨的打击，将土壤结皮击散，然后来长期观测这些分散结皮的变化情况（表 2.3）。稳定的结皮遇湿后能较好地维持其黏结力，抵抗流水的冲蚀（Tongway，1994）。如果结皮残片在强风的作用下，短于 2s 的时间内就被吹蚀成为无规则形态的残积体，则说明其缺乏稳定性和利用价值。一个不稳定的薄表层结皮残片，大约经过 5s 就会崩裂，而且大于 50%的结皮呈不规则的残片。稳定的结皮残片应在至少 1h 内保持完整。

片蚀、细沟侵蚀、洞穴侵蚀、切沟侵蚀和植物固持土暴露（pedestalled plant）等都能说明土壤的流失量（表 2.2，表 2.3）。片蚀和风蚀能移去表层土（A 层土）或减少表层土的厚度。表土层的流失、冲蚀的土壤和基层土壤的显露都是土壤流失的重要指标（表 2.2）。细沟侵蚀和切沟侵蚀的发育程度是反映土壤侵蚀、入渗量减少和养分流失的客观指标。深度、广度和沟道发育状况也可反映侵蚀和径流的程度（表 2.2）。从根系固持土暴露的植物的高度和根系的裸露深度也可估计当前土壤的流失量（图 2.8）。

如果有侵蚀物质在植物周围或小的洼地集聚，在冲积扇、沟壑、河流或湖泊

图 2.8　经严重侵蚀后残存的柳枝稷（switchgrass）
众多根系暴露在土壤之外，说明在这里发生了严重的土壤流失，严重损坏水文过程。重要的是要分清聚土植物和这种被悬根的植物。聚土植物是将土壤和有机物质聚集在其周围，而悬根植物则是其周围土壤被侵蚀的结果

发生沉积，或形成沙丘等，都表明在其他地方发生了侵蚀过程（表 2.2，表 2.3）。沉积的范围包括发生在植物和其他阻挡物周围的小规模聚集到大的扇形沉积。这种沉积在植物基部土壤不应该与基质土壤（pedestals）相混淆。围绕植物沉积的土壤来源于对发生在另一地点侵蚀中土壤的挡截，而悬根植物指示原位的土壤侵蚀情况。

动物对土壤松散性、排水性能和脆弱性等有重要的影响。蚯蚓、白蚁、蚂蚁、甲虫等的活动能提高土壤松散性和脆弱性。蚯蚓、白蚁和一些脊椎动物将土壤从深处带到地表，增加了植物可利用的养分。澳大利亚的一项研究发现，蚂蚁每年能携带 841g/m^2 的深层土壤到地表，蚯蚓则携带 133g/m^2（Humphreys，1981）。在澳大利亚，蚂蚁可以作为生态系统修复的生物指示器（Andersen and Sparling，1997），因为良好的生境修复地地表蚂蚁活动和地下降解过程增加（Abbott et al.，1979）。这同时也是一种特殊的标志，因为较大型土壤生物体增加了土壤的渗透性和孔隙度。

2. 地表糙度

地表糙度影响风速和水流速度，从而影响侵蚀和其他水力过程。在一些空间尺度上，地表糙度有助于生物和非生物资源的修复。不同尺度下非生物表面糙度的评价，需要考虑土壤中的不良因素（如小水渠、犁沟、耕作、人畜足迹等）或地表的阻挡物（如岩石、石砾）。在较大尺度下，对地形位置影响的评价比较常见。生物对地表糙度的影响应包括植被（密度、覆盖度、高度和强度）和无生命的有机阻挡物，如地表的枯枝落叶、树木残屑等。

茂密和散生的植被可以大大削减水流的冲刷力。相反，稀疏而丛生的植被对水流冲刷力的影响要小些。在植被的丛与丛之间，由于水流冲刷力明显增加而产生局部侵蚀（Styczen and Morgan，1995）。当水流深度相对于植被而言较浅时，植物可以维持其高度和地表粗糙度。随着流速的增加，植物主干开始晃动，对水流的阻挡能力增强（Morgan and Richson，1995c）。当植物被水流淹没，或者被湍急的水流冲倒时，抵抗力也随之减小。因此，植物的抗冲性（stiffness）是一个非常重要的特征。无论生活的还是枯死的植被都能起到保护地表免受降雨打击的作用，并减小水流冲刷力。这些植被还能通过固结地表土壤颗粒、维持土壤孔隙度和渗透能力而间接减弱和防止侵蚀作用的发生（Satterlund and Adams，1992）。非生物物质，如石砾和岩石，则利用它们较大的体积来抵抗侵蚀。

摩擦系数是反映地表糙度的一个有效指标，它反映了降雨打击和水流聚集的影响、农业耕作效应、地表枯枝落叶和岩石的情况、侵蚀和泥沙的搬运状况等（Engman，1986）。摩擦系数即曼因（manning）系数（n），用来评价不同流速下河床的稳定性。曼因系数并不能直接来测定，但可通过水流流速来描述

(Morgan and Richson，1995c)。

在管流中，抗蚀性用最大容许量来表示（Satterlund and Adams，1992)。它是指在没有侵蚀发生的情况下，河床水流保持稳定的最大速率，由曼因公式计算：

$$V = \frac{R^{\frac{2}{3}} S^{\frac{1}{2}}}{n} \quad (式 2.2)$$

式中，V 表示平均容积；n 表示曼因系数；R 表示水力半径；S 表示坡度。

水力半径 R 是床面形状因子，由横断面面积和水流深所决定。床面形状因子用下式计算：

$$R = \frac{A}{\mathrm{WP}} \quad (式 2.3)$$

式中，A 代表流体流过的截面积（m^2)；WP 代表湿周（流体与固体边界接触的长度）（Satterlund and Adams，1992)。在层地面径流中，R 等于流深（m)(Styczen and Morgan，1995)，表面径流的值很小，通常小于 0.001（Satterlund and Adams，1992)。当降雨打击力大于剥蚀力时，安全容量的确定变得复杂(Satterlund and Adams，1992)，但它仍可以用于不同处理方式的比较。

3. 临界风力侵蚀速率

当风力超过土壤表面颗粒间的临界摩擦速率（friction threshold velocity，FTV）时，土壤颗粒发生移动。风蚀搬运量与裸露地表长度及土壤可蚀性相关，最大搬运量是指产生风蚀时的最低风速和裸露地表长度的最短距离。在结构欠佳的沙土中，当风速为 18m/s、裸露地表长度为 55m 时可获得最大搬运量；但在中等结构土壤上却需要超过 1500m（Chepil and Woodruff，1963)。

跃移土壤颗粒的粒级分布可以反映疏松侵蚀表面团聚体的粒级分布状况(Gillette et al.，1980)。FTV 大约以团聚体粒级的 1/2 次方增加，因此，具有较多大团聚体的土壤表面具有较大的 FTV，即它们需要更大的风来搬运（Gillette et al.，1980)。可蚀性物质，如石砾、石头和植被，可以增加某些特定土壤的极限速率，使侵蚀难以发生。因此在某些自然生境中，风蚀不直接作用于土壤表面，除有大量的可蚀性物质被移除，失去对地面可侵蚀性土壤保护（Middleton，1990)。在风力稳定的地面，如炎热、植被稀疏等像沙漠中一样的“石头道路”或“沙砾道路”的地区上，非可蚀性物质的保护作用就表现得更为明显。与裸露的地面相比，具有微生物结皮的地面可以抵挡强风的侵蚀。对地表微生物结皮的结构性破坏可使 FTV 降低 73%～90%。而且，不幸的是，微生物结皮很容易被破坏，而修复时却需要大约 20 年左右的时间（Belnap and Gillette，1997)。

4. 降水利用效率

降水利用效率（rain use efficiency，RUE）是一个简便和间接评价水文功能的指标，RUE是年地面初级生产量除以年降水量所得的商，可用来评价干旱生态系统健康程度和生产效率（Le Houerou，1984）。RUE通常随着干燥度和潜在蒸散能力的增加而降低，但在世界各地具有相似管理的情况下，都保持相当的稳定。土壤特征，如渗透性、质地、蓄水能力、肥力状况等都影响RUE。在干旱地区，最高的RUE出现在从稀少的降水中获得尽可能多的土壤水分地区。干旱半干旱生态系统中的自然植被，RUE通常在1.0和6.0［100～2000kg/（hm^2·年)］之间，但在退化生境中，这个数值非常低，而在原始生态系统中又会特别高。由于RUE是气候、植被和土壤状况的综合表现，它可以近似地反映一个地区的区域条件和生产潜力（Le Houerou，1984）。

5. 河岸湿地发挥正常功能的条件

河岸湿地生态系统的功能应该采用以过程为主的方法去评价（表2.4），这种方法强调了生境保持自然资源的能力（BLM，1993），评价的内容包括植被、地形和水文状况，以及河岸湿地的结构完整程度等。健康的河岸湿地生态系统与决定河道形状的水流保持动态平衡，并通过有限的水流通道和植被变化，或改变其形状和坡度来调配增加的径流。完整的河岸湿地生态系统功能评价需要考虑整个流域的状况。流域通过对沉积物和养分数量的控制、水流的影响以及整个区域化学成分的分布来影响河流下游资源的质量、数量和稳定性。由于结构的完整程度是评价的基本目标，所以河岸湿地生态系统功能良好发挥不需要任何特别的物种（BLM，1993）。但有时候这种评价可能还会涉及其他目的，因此也就可能增加某些物种或是物种组合。

表2.4 用于评价河岸湿地的正常功能条件（BLM，1993）

当有足够的植被、地形条件或大的木质碎屑可有效利用于下列情况时，河岸湿地的功能就属于正常：
①分散高速水流的能量，从而减少土壤侵蚀，改善水质；
②过滤泥沙，截获碎石，辅助河漫滩地发育；
③促进对洪水的拦蓄和地下水补给；
④促进根系发展，阻止下切侵蚀，维持河岸稳定；
⑤促进多种类型的池塘和渠道特征发育，为发展渔业、水禽养殖及其他用途提供适宜的栖息地、水深、蓄水期和温度等条件；
⑥支持更大的生物多样性。

2.2.2　养分循环

尽管自然生境中养分数量很重要，但与养分循环相关的过程更为重要。退化的生境常常缺乏一些主要的养分。人们虽然可以通过施肥来提高土壤的养分水平，但这种方法所得到的效益往往是短暂的。所以，养分不足的问题必须通过生物系统重建和使养分从植物残体到土壤的循环得以恢复加以解决。与其集中精力解决养分结构的问题，不如修复受损的养分循环过程，这是有其理论和实践依据的。从实践角度来看，很难确定什么样的养分水平对自然系统来说最为合适。自然生境的经济收益几乎难以支撑对系统的连续不断的养分投入。从生态学观点来看，对系统的养分需求进行农学评价不太适合自然生境：①养分的有效性因生态系统不同而变化；②养分充足的土壤对养分投入的反应比养分贫乏的土壤更为敏感；③养分需求、植物对养分的响应因年际及连续施肥时间的长短而变化 (Chapin et al.，1986)。

1. 生态系统中养分的有效性

确定自然生境是发生了退化还是原本就贫瘠是非常必要的。评价养分对生态系统的制约并不那么简单，较低的养分水平并不总是意味着存在问题，而较高的养分水平也不总是所期盼的。许多植物群落是在较低的养分水平下进化形成的，很难使其在养分水平较高的环境中竞争生存。一些原生的草原植物种类对养分有效性低的环境的适应能力要好于许多杂草和非本地植物 (Biondini and Redente，1986；Hobbs and Atkins，1998；Huenneke et al.，1990；Wilson and Tilman，1991；Wilson and Gerry，1995)。许多适应于贫瘠土壤的物种在养分水平提高的情况下并不占优势。这种“遇富不适现象 (paradox of enrichment)”说明了高的养分含量对某些物种非常有效，而对某些物种来说可能非常不利 (如氮素) (Rosenweig，1987)。因此，过高的养分也限制了物种的丰度 (Marrs，1993)。提高氮素有效性会抑制湿地 (Tilman，1984；1987；Aerts and Berendse，1988；Carson and Barrett，1988) 和半干旱地区生态系统 (McLendon and Redente，1991；Pashke et al.，1996) 的演替。一般在一个地区重建原生植被要求较低的土壤肥力 (参见第 3 章)。

2. 植物群落对施肥的响应

施肥后系统出现的较高生产力并不能表明养分是群落演替的限制因素。我们可以对作物进行施肥来增加产量，但制约了植物的竞争，阻碍了自然生物演替的发生。贫瘠土壤上生长的植物具有保持养分的机制 (第 5 章)。在养分受限的情况下，许多植物组织具有较低的养分浓度。它们还能从衰老的叶片中转移相当比例和数量的养分进行再利用（Starchurski and Zimka，1975；Shaver and Melillo，1984）。此外，在养分贫乏的地区，枯枝落叶降解并释放养分的过程相对于养分富足的地区来说要缓慢得多。群落通过这种减少养分循环速度的特性来保持养分，然而这种特性使得一些贫瘠生态系统中的植物很少能利用给系统投入的多余养分。

因此，在养分匮乏的生境中，补充养分很难像在养分丰富的生境那样凑效。由于存在养分的固定过程，所以与土壤肥沃的生境相比，中等数量的养分补充（相当于年养分流失量的50%）在土壤贫瘠的生境中很难收到效果（Chapin et al.，1986）。养分贫乏的生境中，由于枯枝落叶难于分解，使得分解者的活性受到了能量的限制（Flanagan and Cleve，1983）。在养分贫乏的生境中，枯枝落叶含有丰富的酚类化合物和木质素，可以限制微生物的活性，从而降低了植物残体的分解和养分释放速率（Aber and Melillo，1982）。养分贫乏生境中的枯枝落叶，还具有较高的碳素养分比例，这也增强了微生物对养分的固定，减缓了养分的释放（Bosatta and Staaf，1982）。

不仅养分的有效性很重要，每种养分资源的形态也很关键。例如，在草原开发的过程中，有效氮的形态也发生变化，在草原开发的初期硝态氮占主导地位。硝态氮很容易从土壤中淋失，植物要消耗更多的能量来吸收硝态氮，因为硝态氮只有被还原成铵态氮（NH_3）以后才能被植物利用。在发育成熟的草原上，施用一定数量的铵态氮比硝态氮产生的生物量多（Pickett et al.，1987b）。尽管在成熟的草原上，如裂稃草（*Schizachyrium scoparium*）和大须芒草（*Andropogon gerardii*）等植物在破坏后能迅速重建，但在早期的演替进程非常艰难缓慢。这种缓慢的初始生长过程可能是受扰动地区土壤缺乏铵态氮的缘故（Pichett et al.，1987b）。

3. 养分和演替

植物对养分的需求和响应随着年份和演替状态而发生变化。中期到后期序列的演替植物种适应于具有较低氮有效性的环境，而早期序列的演替植物种更适应于具有较高氮有效性的环境。因此，在次生演替过程中降低氮素有效性使演替中期到后期序列的植物种类更有竞争优势。相反，增加氮素有效性会增强演替早期序列植物种类的竞争优势，阻止演替过程的发展。发展到成熟阶段的生态系统可能会保持较多数量和种类的养分（Odum，1969），但其中各种关系更加复杂。处于发育的中龄生态系统比幼龄和老龄的生态系统具有更好的养分保持能力（Vitousek and Reiners，1975）。幼龄土壤上氮素似乎限制着植物的生产量，而在老龄土壤上往往是磷素限制着植物生产量（Walker and Syers，1976；Vitousek and Farrington，1997）。生态系统养分来源多种多样，同时也通过不同方式损失养分。在演变过程中，生态系统能获取和保持大量的养分，生物量积累会使系统获取和存储更多额外的养分。因此，更多的生物量积累就意味着养分的获取开始超过损失。发展中或较为成熟的生态系统保持养分的能力比其发展的早期阶段要强。然而，生态系统不能持续获取比流失掉数量更多的养分。在动态平衡系统中，生态系统生产量等于零，净生产量为零（Odum，1969），这时净养分输出大致等于净养分输入。

2.2.3　养分循环的直观评价

太阳能是整个自然生境功能发挥的动力，植物产生的有机物质对受损自然生境的演变和维护起着最基本的作用。尽管确定性的信息很少，但诸如植物分布的疏密度、枯枝落叶量、根系发育、光合周期等指标对于理解养分循环和能量流动提供了有用的初始信息（NRC，1994）。当处于不同生长时期的植物能共享土壤根系分布的土壤层时，植物对土壤养分的吸收最有效。根系占据的土壤空间越大，吸收水分和养分的能力就越大。在整个生长季节中，植物的健康生长状况表明它对土壤有效养分的利用效果更佳（NRC，1994）。

简而言之，对土壤表面的直观评价可以对理解养分循环提供重要的辅助信息（表2.2，表2.3）：丰富的枯枝落叶能够反映出可用于降解和养分循环的有机物质多少（Tongway，1994）；有机质的数量和分布可以反映出哪些地方在损失有机物质，哪些地方在获得有机物质；枯枝落叶的丰富程度及其降解后进入土壤过程，可以说明土壤养分循环的大致过程。在特定的生境中，枯枝落叶对于养分循环的相对贡献取决于3个方面：①景观中零星散落的枯枝落叶几乎没有生态价值；②与地表紧密接触的枯枝落叶有轻微的价值；③部分或全部覆盖地表的枯枝落叶具有较大的价值（Tongway，1994）。另外，还需要考虑枯枝落叶是源于本地，还是从另外的生境中转移过来的。

多年生固氮豆科植物是许多生态系统的必需生物组分（Jenkins et al.，1987；Jarrell and Virginia，1990）。豆科植物的出现及其丰度可以反映氮素能够进入生态系统中的数量多少。一些研究表明，在具有固氮能力的先锋植物存在的生态系统中，土壤具有较高的氮素有效性（Lawrence et al.，1967；Vasek and Lund，1980；Hirose and Tateno，1984；Vitousek et al.，1987）。一项关于阿拉斯加州冰河湾（Glacier Bay，Alaska）冰川消退时自然植被情况的研究表明，固氮植物组分在生态系统演替中起着非常重要的作用（Crocker and Major，1955）。然而，固氮植物不总是对生态系统演替起到推动作用，因为已有两项研究表明，生态系统中的固氮植物组分对系统演替具有抑制作用（Walker and Chapin，1986；Morris and Wood，1989）。

第3章　自然生境的主要生态过程修复

传统的自然生境修复主要是通过对土壤的改良，使其适宜目标植物种的生长，而不是选择适宜的植物种来改善土壤条件。本章的目的在于通过改变土壤的理化特征和生物学属性来快速改善土壤状况，以期满足目标植物种的生长要求（表3.1）。业已证明，施肥、添加石灰以及其他一些措施的采用是有效的，并且已经形成了完善的理论体系（Schaller and Sutton，1978；Bradshaw and Chadwick，1980；Bradshaw，1983；Lal and Stewart，1992；Munshower，1994）。但是，实施这些方法需要一定的资金支持，而很少有自然生境具备利用这些资金支持的潜力，当这些方法需要长期实施时，费用会很高。因此，那些严重退化的生境往往被弃置不顾（Harrison，1992），特别在修复风险更大同时潜在回报更低的干旱半干旱地区，这种矛盾尤为突出。

土壤学教材中往往有对“理想土壤”的描述，即具有疏松质地、团粒结构、良好肥力、有机质含量丰富并且土壤颗粒体积和粒间孔隙体积大约一致等特征的土壤（Brady，1990）。由45%矿物质成分和5%有机质组成的土壤的固体部分，在适宜的水分条件下，粒间孔隙中水分和气体的体积各占一半，并且具备对植物生长有利的物理、化学及生物学特征。鉴于其固有特性（成土特性、气候、成土时间）或者不断加速的（人为）退化，大部分土壤都不是“理想的”。若以发展农业为目标，这种“理想土壤”是令人满意的，但是从生境修复的角度出发，“理想土壤”是不存在的，而且人们也并不需要这种土壤存在，因为自然生物群落已经适应了现有的各种类型土壤。

与其试图创造一种理想的土壤，倒不如让现有土壤健康发展，因为这才是一个比较现实的目标。土壤的健康与否是通过比较其潜力来评判的，而不是依据一些难以达到的标准。健康土壤保持了土壤中各种主要生态过程的完整性。我们必须用一些管理措施来修复这些生态过程。在土壤轻微退化的地方，明显的比较标准就是具有相似条件的、未被干扰的土壤。然而，土壤退化比较严重的地方（存在明显的土壤侵蚀），比较的标准就不太明显。与其直接比较土壤特征来决定修复策略，不如采用一种自然生境基本过程修复的方法。

修复的生态系统对能量流动有更强的生物调控能力。尽管最初的一系列方法能够启动修复过程，但还是需要一些适宜的植物来维持这一不断改进的过程。受损生境所需的物种不仅要能够在现有条件下生长，还要能够启动自我的修复过程来持续提高生态系统功能。植物能够提高资源保持力，反过来资源保持力的提高

表 3.1　自然生境的土壤问题及相应对策

问题		初始对策	长期对策
物理特征方面			
结构	过于紧密	深耕，添加有机物或土壤调节剂	增加植被，促进根系生长，增加枯枝落叶物
	过于疏松	压实或添加粉粒物	增加植被，促进根系生长，增加枯枝落叶物
稳定性	不稳定	土壤稳定剂或添加覆盖物	山坡整地，建立固坡植被
湿度	过湿	排水	种植耐水淹植物或蒸腾量大的植物以降低地下水位
	过干	有机物覆盖，工程措施集水，有机物保水	建立具有多样性结构和功能的植被
化学特征方面			
大量养分元素	养分不足或难以利用	施肥，种植耐瘠藻类植物	种植固氮植物、菌根植物，施肥、石灰，用木本植物固定养分
微量养分元素	养分不足或难以利用	施肥，种植耐瘠藻类植物	增加植被和微生物多样性，增加木本植物固氮
酸碱度	偏碱性	增施酸性废物或有机物	增加风化，营造使土地酸化的植被
	偏酸性	增施石灰，种植耐酸植物	营造具有“阳离子泵”功能的植被
毒性	重金属离子	有机物覆盖，抗重金属植物	深翻或营造抗重金属植物
	钠离子	石膏肥料处理（灌溉或风化）	抗钠离子植物
生物特征方面			
土壤有机质	含量过低	施加有机物	植物修复
土壤微生物	多样性小和活性低	改善土壤理化性质，施加有机物，人工引进	改善土壤理化性质，发展植被

资料来源：Bradshaw，1983

又能促使更多植物生长，这些植物又能固定更多的资源，从而启动了一个自我修复的良性循环。由于我们不能大规模地改变地形状况，所以小范围的物理改造才是最行之有效的自然生境修复方法。精心选择表层土壤改良措施能够启动和调控自发修复过程，继而使更大范围内的土壤得到改善。

我们无意研究所有的土壤问题及其修复方法，因为这是难以做到的。首要的研究内容是表层土壤状况及相关的过程（板结、侵蚀、地表径流及淋溶）。其次，要着重于对养分循环、盐渍化、沟道侵蚀以及土壤紧实等问题的研究。虽然对特定受损区域的评价和修复是必需的，但是不能局限于此。较小规模的修复活动表面上虽然有效，却难以从根本上解决整个环境退化问题。因此，自然生境修复应该在较大范围内予以实施（Rabeni and Sowa，1996）。

3.1 改善表层土壤状况

表层土壤的稳定性和渗透性的增加既可以改善土壤状况，又可以促进植被生长，这种正反馈机制对自然生境的修复起到积极作用。这个正反馈良性循环能够使退化过程从根本上得到改变（图 2.6）。从长远看，只能通过提高植物生物量和保护表层土壤的方法来修复和保持土壤。然而，短时期的修复往往造成跳跃式的土壤改良过程（Whisenant，1995）。

改善表层土壤状况至少包括 4 个基本的方法：①通过修建“坑田”或梯田、松土等方法，增加地表粗糙度；②在地表放置一些能减少侵蚀的障碍物，如原木、石块、木屑碎片、草障或其他人工障碍物；③用土壤调节剂快速改善表层土壤结构；④加快微生物结皮的形成。前两种方法并非为了加快改善土壤结构，较少应用于砂土。增加土壤湿度有助于改善土壤过滤功能，固定土壤中的养分物质和有机物质。第 3 种是一种短期策略，第 4 种方法则只是一种很诱人的可能性，尚无具体的可行方法。

3.1.1 增加地表粗糙度

环境退化多发生于干旱半干旱气候区，水资源短缺往往限制了其恢复。因此，对表层土壤的处理通常集中在通过保蓄降水来减少径流和侵蚀。风蚀方程和通用土壤流失方程证实了增加地表粗糙度的作用，认为以下几点非常重要：①增加植被覆盖率；②增加地表粗糙度；③减小无障碍土壤之间的间距。运用微集水区（图 3.1）、“坑田”（图 3.2）、等高犁地（图 3.3）、梯田、纵向沟垄或松土等方法，直接或间接地提高了实现这几个目标的可能性。这些措施有效地影响了质地良好的干燥土壤的渗水速率（Dixon and Peterson，1971）。在干旱半干旱区，地势低洼的土壤能够聚集有助于植物生长的水分、养分物质和有机物（Ahmed，1986；Kennenni and Maarel，1990）。在土壤中人为制造低洼地势也能够聚集稀缺资源并启动土壤的自我修复过程（Whisenant et al.，1995）。在美国蒙大拿州，表层土壤改良使得渗水率较低的土壤的降水利用率提高了 1 倍多（Wight and siddoway，1972）。在土壤渗水率原来就高的试验点，降水利用率提高可达到 20%。这一过程有利于地表植被的发育，使之能够持续地增加对养分物质和有机物的聚集和吸收。这些改善有利于改变地表植被并能影响植被发育进程。

图 3.1　近期在尼日尔建造的用来重建严重硬化土壤的植被微型集水工程，即使只有少量的水注入，这些工程措施也能够保住足够较大型灌木生长的水分，从而启动自我修复

图片来源：Thomas L. Thurow

3.1.2　提高地表粗糙度，控制风蚀

控制土壤风蚀包括两个基本原则，一是降低土壤表面的风速，二是增加土壤对风的抵抗力（Lal，1990）。地面风速可以用以下几种方法来降低：①造林；②种植暂时性或者初期作物以增加覆盖；③覆盖作物残茬或者石块、木屑；④营造防风植被带。改善土壤结构或者保持土壤湿度能够增加土壤对风的抵抗能力。与植树相比，耕种和土壤管理更能减少土壤侵蚀。耕种在土壤表层造成的垄能够影响侵蚀率，其作用大小决定于垄的高度、密度、犁沟的形状、与风向的关系以及易侵蚀作物与抗侵蚀作物的种植比率（Middleton，1990）。如果与风向的角度正确，耕垄的抗侵蚀作用会更为明显。因为如果与风向平行，风的冲刷作用更强，相应的侵蚀也就更严重。如果使用作物残茬（初期作物）或者在与风向垂直的方向制造垄沟来作为种植地，就可以降低风速从而减少侵蚀（Lal，1990；Potter et al.，1990）。通过增加有机物、添加覆盖物或者使用土壤调节剂也能改善土壤的团聚性，从而降低风蚀。能保持水分的耕作行为对减少风蚀更有帮助，因为湿润的土壤不易受到风的影响，如添加覆盖物、保留作物残茬和在有条件的地方进行灌溉。

图 3.2 美国田纳西州佩克斯附近土壤发生板结农田上用机械（犁）挖掘出来的“坑田”，能够拦住足够恢复植被生长所需的水分

图 3.3 中国陕西省的梯田，用于陡坡上的植被恢复

洛杉矶北部莫哈维沙漠的风蚀极其严重，置身其中就会感觉呼吸困难、视力模糊，甚至道路中断，屋中积沙（Spitzer，1993）。通过在 $1000hm^2$ 的废弃耕地上及时植树造林，这些问题才得以缓解。在与风向垂直的角度上挖出 20cm 深的沟，在其底部撒上草种，并大量种植易成活的灌木，两年后，这个区域的植被覆盖率达到了 95%，当然再也不会有严重的风蚀现象出现了。

3.1.3　地面障碍物

许多修复手段倾向于用工程措施来集聚和加速地表径流。输导径流、建造堤坝和排水沟以及其他一些相似的措施忽略了一个基本的问题，那就是土壤渗水和持水能力的下降将会产生更多的地表径流。防治水土流失最有效的方法就是提高土壤的保水能力，使降落在地表的雨水还来不及达到能够冲刷土壤的流速就已经被吸收。地表的覆盖物在这方面是非常有效的，在很贫瘠的地方，地表障碍物对于植被恢复来说是非常有必要的。

1. 地面障碍物的类型

许多地面障碍物都能够提供足够的初始条件来发展具有长远效益的植被建

图 3.4　尼日尔坡地上放置的用来保持水土及有机物质的石块。当地没有进行任何的人工种植，却自然生长出茂盛的草本植被，环境条件得到不断改善

设。通过固定和集聚所需物质来促进植物生长，加速植被恢复，还能降低地表的风速和径流的速度，固定水分、养分和有机质，并能够增加土壤的渗水率。在尼日尔，对贫瘠的板结土壤进行了覆盖，一个雨季过后，土壤湿度增加了，种子流失少了，地表不再光秃，木本植物的发芽率也大大提高了（Chase and Boundouresque，1987）。在缓坡上修建梯田或者覆盖石块能够减缓水流，提高土壤渗水率，减少侵蚀（图 3.4）。原木（图 3.5）、树枝以及成捆的枝叶也有相似的作用。

图 3.5　在美国田纳西州的克利奇站，一段被放置在不久前刚撒播过草籽的空地上用来保持水土及有机物质的原木。播种两个月后可以看到，作为地面障碍物，它在植被重建中的作用十分明显

2. 植物对水流的阻抑作用

植物是能够自我维持并增加表层土壤粗糙度的障碍物，它能够降低地表水流速，增加土壤稳定性和渗入土壤中的水量。一个处理能否增加粗糙度也可以用曼宁糙率系数（式 2.2）进行比较。因为曼宁糙率系数的潜在变化范围比较大，对其进行区别是很重要的。例如，曼宁糙率系数增加一倍，就能够使地表水流速降低 34%，土壤水位上升 50%（Styczen and Morgan，1995）。曼宁糙率系数（表 3.2）为评价不同的修复策略提供了一个起点。

表 3.2　用于测定土壤粗糙度的曼宁糙率系数参考值

地表覆盖或处理类型	残留/(g·m²)	参考值	取值范围
水泥或柏油地		0.011	0.010～0.013
裸沙地		0.010	0.010～0.016
沙砾地		0.020	0.012～0.030
裸黏壤土		0.020	0.012～0.033
紧实黏土		0.030	—
无残茬休闲地		0.050	0.006～0.160
矮草草原		0.150	0.100～0.200
郁闭灌丛和森林凋落物		0.400	0.330～0.475
密草地		0.240	0.170～0.300
狗牙根		0.410	0.300～0.480
稀草皮		0.200	0.165～0.225
密草皮		0.350	0.325～0.400
莓系属牧草		0.450	0.390～0.630
凿犁	＜60	0.070	0.006～0.170
	60～250	0.180	0.070～0.340
	250～750	0.300	0.190～0.470
	＞750	0.400	0.340～0.460
圆盘耙	＜60	0.080	0.008～0.410
	60～250	0.160	0.100～0.250
	250～750	0.250	0.140～0.530
	＞750	0.300	—
免耕	＜60	0.040	0.030～0.070
	60～250	0.070	0.010～0.130
	250～750	0.300	0.160～0.470
板犁		0.060	0.020～0.100
开沟器		0.100	0.050～0.130

曼宁糙率系数越大，土壤对水流的保持作用越大。曼宁糙率系数主要用于沟渠，也可以用于地表流。曼宁糙率系数随着季节变化而变化，并且在大的强水流状态下其数值减少 1 个数量级

资料来源：数据由 Engman（1986）、Satterlund and Adams（1992）、Styczen and Morgan（1995）研究结果整理而来

曼宁糙率系数在生长季节变化剧烈。尽管植物高度与降低的地表水流速有关，但这种关系是脆弱的，因为巨大的水流会使有些植物弯曲（Watts and Watts，1990）。这种区别使人们认为，单个物种的刚性和关系到植物高度的水流

深度应该被重新考虑，通过以下方式评价曼宁糙率系数（n）对高度 k 的影响（Kouwen and Li，1980）。

$$n = \frac{y^{\frac{1}{6}}}{(8g)^{0.5}[a + b\log(y/k)]} \quad (式 3.1)$$

式中，y 代表水流深度（k）；g 是重力系数（$m \cdot s^{-2}$）；a 和 b 的值取决于剪切速度与临界剪切速度的比率；k 值是一个硬度指标（MEI）的函数。

$$k = 0.14h\left[\frac{\left(\frac{\text{MEI}}{\lambda y \text{S}}\right)^{0.25}}{h}\right]^{1.59} \quad (式 3.2)$$

式中，h 是植被弯曲后的长度；λ 是水的密度；MEI 是单位面积内所有植物的弯曲强度，其中 M 是每平方米内植被类型的数目，E 是植物材料的弹性系数，单位是 $N \cdot m$，I 是茎干横断面的二阶矩阵，其乘积就是 MEI 值，单位是 $N \cdot m^2$。植被在临界剪切速度时开始弯曲变平，临界剪切速度公式定义为（u^*_{crit}）$=0.028 + 6.33\ (\text{MEI})^2$（Kouwen and Li，1980）。几种植物的硬度指标值（MEI）（Kouwen and Li，1980；Morgan and Rickson，1995）为评估其他物种的硬度提供了相对的比较（表 3.3）。

表 3.3　几种植物的硬度系数参考值

植被类型	MEI 值	植被类型	MEI 值
紫花苜蓿，植株青绿、未刈割	2.9～6.2	胡枝子，植株青绿、矮小	0.005
狗牙根，植株青绿、高大	1.5～47.4	胡枝子，植株青绿、高大	0.02～3.0
狗牙根，植株青绿、矮小	0.03～0.6	铁扫帚，植株青绿、矮小	0.015
野牛草，植株青绿、未刈割	0.03～0.7	铁扫帚，植株青绿、高大	6.3～15.9
黑格拉马草，植株青绿、未刈割	4.2～6.0	东非狼尾草，植株青绿、高大	35.0～57.0
弯叶画眉草，植株青绿、高大	3.1～15.4	东非狼尾草，植株青绿、矮小	0.14～0.21
草地早熟禾，植株青绿、矮小	0.01～0.2	虎尾草，植株青绿、高大	96.0～212.0

资料：摘自 Morgan and Rickson，1995c。

我们可以通过对比一种草坪草和一种直立坚硬的丛生禾草来研究弯曲强度对于粗糙度评价的重要性。在沟渠中，狗牙根（*Cynodon dactylon*）能够保护表层土壤不受雨水冲刷，然而，它对地表水的流速几乎没有影响，也不能从水流中固持泥土、养分物质和有机物，因为其柔软的茎秆处在水流的底部。相反，柳枝稷（*Panicum virgatum*）坚硬的茎秆在较强的水流中依然保持直立，所以能够减缓水流（Kemper et al.，1992），固定所需物质（图 3.6）。第 5 章将讨论能够固定并修复土壤的其他植物。

图 3.6　得克萨斯州的 College Station 种植在沟中的一株柳枝稷（*Panicum virgatum*），在 60 天内它可以固持坡上的有机物质和坡下大约 13cm 厚的土壤

3. 防风植物

植物至少能够在 5 个方面降低风蚀的影响（Morgan，1995）。第一，叶子能够拖住气流从而降低风速。区域内植物数量，植物正对风向的投影面积，叶子的密度、方向及形状都能对植物抵抗风蚀的能力产生影响。植物对风蚀的影响具有季节性，尤其是落叶植物。第二，植物冠体能够截获风中的沙尘，不但减轻了风蚀作用，更重要的是为当地提供了养分输入，因为这些沙尘中的养分含量比起已退化土壤来要高得多（Dress et al.，1993）。第三，植被能够保护表层土壤不被大风吹走。第四，植物的根系增加了土壤对侵蚀的抵抗能力。第五，植物对水分的吸收过程、蒸腾作用以及环境修复作用能够影响土壤的湿度。

现阶段我们对植物如何影响风蚀的理解还不足以较为准确地将其在自然生境中进行模拟，但是我们可以通过设计有效的修复方案来减轻风蚀。通过增加植被覆盖率和植株高度，提高地表粗糙度以及减小未被植被覆盖的土壤面积就可以做到。近来的研究显示，植被的面积与树冠的覆盖度、风的输送能力有很大的关系，在保护土壤的过程中起到很积极的作用（Armbrust and BIlbro，1997）。一般来说，植株越高大、树叶状况越好、树冠面积越大的植物对减轻风蚀作用越有效（Middleton，1990）。

4. 预备作物

地表障碍物能够降低风速，拦截风中的土壤颗粒，减轻风蚀（Floret et al.，1990）。工程和化学稳定技术过于昂贵，且存在一个低效期，没有植被覆盖的持续效果好。然而，直接用多年生植被覆盖裸地是比较困难的，因为刚发芽的种子难以抵挡风沙的破坏。预备作物为一年生作物向多年生植被的转变提供了可行的办法。预备作物是一年生植物，能够固定土壤，有利于多年生植被的种植。

预备作物（通常是一年生的植物）为多年生植被提供了一个相对稳定和安全的环境。在半干旱的田纳西州，高粱（*Sorghum* spp.）是沙化土壤上最常用的预备作物。推荐的做法是：①将高粱作为预备作物来种植，按照正常的方式收割；②出售高粱籽，可以部分补偿修复费用；③留在农田中的高粱秆可以减轻风蚀；④到了来年，在仍然直立的高粱秆之间播种多年生作物。高粱秆在多年生植物播种之前能够减轻风蚀，之后能够提高多年生作物的成活率。直立的茎秆比平放在地上的茎秆有效得多，因为前者能够阻挡更多的风力（Siddoway et al.，1965）。茎秆的高度、粗细和数量决定了对风的抵挡程度，从而决定着其抗风能的有效性（Bilbro and Fryear，1994）。

5. 防风林带

用合适的树种造林能够降低风速，保护表层土壤和增加覆盖地表的落叶，进而减轻风蚀。当防护林带能够对当地的生态环境和经济活动提供额外的好处（如改善区域微环境，固定氮肥，提供燃料、饲草以及野生动物栖息地）时，才能达到最有效和最实用的程度。防护林在降低风速、侵蚀和土壤水分蒸腾损失总量方面非常有效，在风蚀区得到了广泛的应用，但只有垂直于风向种植才能起作用。树木越高，能保护的距离越远，但是最好在两排大树之间种上几排小树或灌木。以下是防风林的效果公式：

$$S = 1 - \frac{V}{V_f} = \exp\frac{a-3}{a} \quad \text{(式 3.3)}$$

式中，S 是防风林的作用效果；V 是距离防风林 a 的风速；V_f 是开阔地的风速；exp 表示对数关系（Lal，1990）。

在澳大利亚的半干旱区，如果防风林、用材林等林地面积占到了土地总面积的 5%，就可以将风速降低 30%～50%，土壤损失最高可减少 80%（Bird et al.，1992）。在苏丹，能够阻止风沙侵蚀的防护林有几个值得推荐的共同特征，例如，将成排的防护林种植在正对主风向的地方，而且大树在中间，周围种上密集的灌木，相对来说对风的阻挡作用更强，而且中间又有少许空隙，形成了良好的疏透结构（Mohammed et al.，1996）。好的防护林树种生长快速，生命周期长，抗逆性强，并且能为当地居民提供有用的林产品。

3.1.4　土壤调节剂

造成土壤板结的原因是土壤团聚体的物理分散（Coughlin et al.，1973）和土壤黏粒的化学分散与移动（Agassi et al.，1981）。当土壤颗粒被冲刷到干湿交替的环境时便发生板结（Chen et al.，1973）。板结的土壤渗水能力下降（Herbel et al.，1973），种子难以萌发，是造成种子死亡的主要原因（Rubio et al.，1989）。对于个别作物来说，土壤调节剂是可行的，但是代价高限制了其在土壤板结严重的自然生境中的应用。聚丙烯酰胺（PAM）是一种人工合成的聚合物，能够固定土壤颗粒，减轻板结，增加土壤中的空气和土壤的渗水能力。在一个严重板结的地块上施用聚丙烯酰胺后，随着板结情况的改善，很快就有 3 种草破土而出（Rubio et al.，1989）。在肯尼亚，对没有耕翻的板结农田施用聚丙烯酰胺，6 周后土壤的渗水速率就有所上升，土壤流失率也随之减小（Fox and Byran，1992）。在耕翻过的地块上施用聚丙烯酰胺效果特别明显，但有效期较短。将聚丙烯酰胺按 0.01%的比重施入土壤，能够减小地表径流，降低土壤流失率，阻止土壤板结。然而，有效时间只有几周，而且每公顷的费用达到了大约 190 美元（1985 年数据）（Fox and Bryan，1992）。

3.1.5　诱发微生物结皮的形成

使退化土壤形成微生物结皮是一个诱人的策略，但还没有形成一个完善的体系，最主要的困难就是缺乏适宜的接种生物和对水的大量需求（Knutsen and Meeting，1991）。在干旱半干旱地区，水资源短缺非常严重，但是在湿润的地方这就不成问题了。藻类植物的培养技术非常有用，但是高昂的成本限制了其广泛应用。通过喷灌装置将大量培养的衣藻和星球藻（绿藻纲）添加到沙化土壤中，明显促进了土壤的聚合（Meeting，1990）。稻田藻类接种和藻类土壤调理实验表明，在一定条件下使藻类快速生长具有一定潜力。在美国犹他州，成熟微生物结皮浆是干旱土壤有效的接种体（St. Clair et al.，1986）。尽管在混合制浆的过程中微生物结皮被破坏了，但研究表明，半干旱的土壤能够被微生物种接种（Belnap，1993）。将具有聚合土壤和固氮作用的微生物接种到半干旱沙漠土壤中也是可能的（Meeting，1990）。然而，人工培养微生物并将微生物结皮应用到退化土壤中的实践仍然不足。

3.2 提高土壤对资源的保持能力

养分流失程度是评价生态系统稳定性的指标之一（Jackson et al.，1978）。正常生态系统中养分的输入和流失是平衡的，但退化生境必须通过增加输入或者减少流失来增加其养分汇集。在退化生态系统中增加养分汇集面临着严重的经济上的挑战。通过表层土壤整治使其获得更多的养分之后，我们下一个目标是通过加强土壤对养分的保持能力来阻止养分循环损失。

尽量获取养分的修复策略使土地的初级产品有了增加，越来越多的植被通过以下途径改善了土壤对养分的保持能力：①增加土壤有机质含量；②增加土壤对水和养分的吸收能力；③改善土壤结构。这些变化启动了一个自主修复的正反馈系统，能够持续地提高土壤对养分的保持能力。通过以下修复措施，可以提高受损生态系统对养分的保持能力：①选取适合于该系统养分循环的植物；②修复或者替代受损的土壤生物学过程；③向土壤中施加有机物质。

3.2.1 选择适应土壤养分状况的植被

肥力低下的酸性土壤会对环境修复方案的实施带来严重的影响，尤其是对那些需要快速恢复的地方。我们的目的不是制造理想土壤，而是维持土壤的可持续性。因此，从农田恢复和矿区土地再利用来看，我们对土地肥力和养分循环的期望是有所不同的。无论是应用规模还是经济条件都不允许我们广泛地使用化肥和有机肥。对长期需要大量养分的物种来说，施用化肥在经济上是难以承受的。在养分含量较低的土壤上维持那些长期需要大量养分的物种，其结果是很不理想的(Burrows，1991)。既然我们不能提供大量的肥料，就只能选择那些适应土壤养分状况的物种。我们应该提高植物获取和保持养分的能力，建立起适合土壤养分状况的植被，而不是人为的满足植物对大量养分的需求。

1. 土壤氮素

在生态系统演替过程中，氮含量的变化比其他养分通常要多（Marrs et al.，1983），因此在严重退化的土地上对氮循环的修复就显得尤为重要（Leopold and wali，1992）。在土壤流失或者严重退化的地方（如采矿地或者侵蚀地），氮循环修复需要效率更高的氮保持机制或者人为的氮素补充（Bradshaw，1983）。自然修复需时较长，因为它依靠的是植被的生长和有机物的逐步积累。一般情况下，要想在合理的时间框架内达到土地利用的目标，必须进行人为的养分补充。然而，即使不考虑经济上的代价，补充氮肥在某些情况下也往往达不到预期的目标。

在矿区和土壤流失严重的地方进行生态系统恢复，最重要的因素之一就是提高土壤氮素含量（Bradshaw and Chadwick，1980；Roberts et al.，1981；Bradshaw，1983；Palmer，1992）。英国康沃尔郡对高岭土矿的大量开采造成了严重的氮素缺乏，破坏了当地的生态系统（Bradshaw et al.，1975）。尽管一次性施用氮肥能够满足植物一年的生长所需，然而到第二年氮素又缺乏了。有机氮矿化能够满足植物长期的氮素需求。研究表明，要想重建氮素循环，每公顷土地的氮素含量要达到750～1000kg（Roberts et al.，1981；Bloomfield et al.，1982；Bradshaw，1983）。在氮素耗损严重的地方，如果没有其他可用的氮素来源，要想每公顷土地氮素含量达到750kg，就要在未来的5～10年中年年施加氮肥（Bloomfield et al.，1982）。在英国，按照每公顷土地每年损失100kg氮素和1/16的有机物分解率，所需氮源总量将会高达每公顷1600kg（Bradshaw，1983）。尽管正常生态系统中的氮素含量要高于这一数字，但对于建立一个新的生态系统来说这仍然是个合理的近似值（Bradshaw，1983）。

对科罗拉多自然恢复已达53年之久的废弃土地的研究发现，只有当多年的丛生禾草（如格兰马草）出现时，碳素和氮素才能有所恢复（Burke et al.，1995）。只生长有一年生植物的地方，土壤中养分含量并没有明显的提高（Vinton and Burke，1995）。因此，对这些只有一年生植物生长的废弃土地进行恢复，就要种植大量的多年生物种，因为它们对有机物质的积累和稳定起着很大的作用。

与全氮含量相比，有效氮含量对于一个生态系统的重要性要大得多（Skiffington and Bradshaw，1981）。较高的有效氮含量抑制了许多自然生态系统的发展。在加利福尼亚，未受到干扰的、拥有天然植被的地方，有效氮含量较低，而全氮含量却较高（Zink et al.，1995）；与邻近的、被外来物种占据的区域相比，有效氮含量很高（相对于全氮含量而言）。受干扰区域产生的枯落物很容易腐烂，而在拥有天然植被的地方，枯落物分解缓慢，越积越多，为植物生长创造了非常有利的环境（Zink et al.，1995）。

有效氮含量的提高也不利于种植了植物的生境条件的演替和发展，无论是在湿润的环境（Tilman，1984；Tilman，1987；Aerts and Berendse，1988；Carson and Barreet，1988；Marrs and Gough，1989；Marrs，1993；Clarke，1997；Snow and Marrs，1997；Stevenson et al.，1997）还是半干旱的环境（Hobbs and Atkins，1988；Huenneke et al.，1990；Mclendon and Redente，1991；Pashke et al.，1996）。但是人们在修复自然生境时往往忽略了这一点。处于演替中晚期的物种适应有效氮含量较低的环境，而演替早期的物种则相反，因此，次生演替过程中有效氮含量的降低有利于处在演替中晚期的物种的生长；反过来，有效氮含量的提高有利于演替早期的物种，而不利于次生演替发展。另外有研究发现，随着碳（蔗糖）对一年生草本植物生长的抑制，三齿苦木（*Purshia tridentata*）

幼苗的生长状况明显改善（Young et al.，1997）。施用蔗糖降低了可利用氮含量水平，抑制了一年生杂草的生长，从而减少了与灌木幼苗的竞争。

在有机物质含量较低的土壤中单独施用大量的无机氮肥是很浪费的，因为这种土壤对氮素的保持能力有限（Sopper，1992）。矿区废弃地可以每年施用肥料，但对于大多数自然生境来说这是不现实的。向每公顷土地一次性施加 40～50t 污泥是很有效的，因为能够提供 1500kg 的有机氮和 625kg 的磷（Bradshaw，1983）。施用污泥能够取得成功主要与 3 个因素有关：①氮素是以有机态存在的，而且是可以逐步利用的；②较高的有机碳含量为土壤微生物提供了能量来源；③施用污泥有机物时对土壤的翻松和压实改善了土壤的物理结构（Sopper，1992）。

生态系统对施肥的反应并不是一成不变的（Berg，1980），施肥对自然生境的作用也是有争议的。施肥有利于侵入性物种的生长，在一定程度上能够防止环境的恶化；过度施肥使植物大量生长，其生长量很快就超过了不成熟土壤（如矿山废弃地和严重侵蚀地）的分解能力，多余的枯枝落叶固定住养分，从而妨碍养分循环。氮肥能够减少豆类植物的竞争优势，同时有利于需氮植物的生长。施肥有利于杂草类植物的生长，却不利于生态系统中高位芽物种的生长，容易减少生物多样性。

有时减少土壤中有效氮含量是需要的（Morgan，1994；Zink et al.，1995；Clarke，1997）。在英国，进行植被恢复的时候往往使土壤酸化，减少其中养分的含量（Smith et al.，1991；Aerts et al.，1995；Clarke，1997；Snow and Marrs，1997）。可以通过疏化或移除地表植被（落叶）、使用能固定养分的有机物（Smith et al.，1991；Clarke，1997；Now and Marrs，1997），甚至移走表层土壤的方法来减少土壤养分含量。马尼托巴省地区向土壤中加入锯末（或者其他碳氮比较大的材料），能加速土壤微生物的活动，固定大量的氮素，降低有效氮含量，抑制早熟禾等杂草的生长（Morgan，1994）。然而，在萨斯喀彻温省，为了抑制冰草和无芒雀麦，促进须芒草的生长，向土壤中加入锯末，其结果却是抑制了所有植物的生长（Wilson and Gerry，1995）。

有一种方法可以替代大量的、频繁的施肥，那就是使用共生固氮菌，因为它能够提供持久的、低水平的氮素来源，对植物和共生菌都有利（Heichel，1985）。植物为细菌提供养分充足的生长环境，如通过光合作用产生的糖等；细菌在植物的根部形成特殊的根瘤结构，利用植物提供的糖等作为能源，将空气中的氮转化铵态氮，然后被植物利用来合成氨基酸和蛋白质。这种共生关系的重要之处在于它能为宿主植物提供氮素，而且多余的氮素还可以提供给别的植物。研究表明，豆类植物有助于生态系统的自我维持（Dancer et al.，1977），不只是因为它们能固定大量的氮，而且在整个生长季节，这个过程都是相对稳定的（Palmer and Chadwick，1985；Palmer et al.，1986）。然而，如果土壤中没有足够的磷，豆类植物的固氮效率将会非常低下（Palmer and Iverson，1983）。

木本豆科植物和其他具有固氮作用的木本植物能够为受干扰的生态系统提供数量可观的氮素（Jeffries et al.，1981；Bethlenfalvay and Dakessian，1984；Dawson，1986；Reddell et al.，1991；Prat，1992；Zitzer et al.，1996）。巴西的木本豆科植物每年能给每公顷退化土壤带来196kg的氮（Franco and Defaria，1997）。在美国阿巴拉契亚地区的南部，刺槐（*Robinia pseudoacacia*）成了退化土地上的优势物种，是保存养分的因素之一。因为具有固氮作用，刺槐也被种植在美国东部的一些矿山废弃地上。在南阿巴拉契亚地区，木本固氮植物每年可以为每公顷土地固定30～75kg的氮（Leopold and Wali，1992）。

北美沙漠中有灌木的地方，土壤中的氮和有机碳的含量都有所增加（Barth and Kelmmedson，1978；Cox et al.，1984）。在豆科灌木下的土壤中，氮、硝酸根、碳酸氢根以及磷和钾的含量都明显较高；而在没有豆科植物的地方，钠离子和氯离子含量明显较高（Virginia and Jarrel，1983）。与灌木林地和草地土壤相比，高大的山艾树下的土壤养分在表层积累的更多（Doescher et al.，1984）。

2. 土壤酸碱度

大部分酸性土壤的形成主要是由于自然因素而不是人类活动引起的。在湿润环境中，酸性土壤主要是通过侵蚀、盐基淋失、有机物氧化、铁氧化或者酸沉淀等过程而形成的。向其中加入碱性的石灰能够提高许多养分的利用率，促进生物活动，并且降低重金属毒性。用石灰中和土壤酸性能使许多微生物受益，因为大多数细菌和放线菌都是在接近中性的环境中最活跃。这种用碱中和土壤酸性的方法被广泛应用在矿区废弃地的改造中，但是它对酸性土壤的长效控制还比较困难（Leopold and Wali，1992），而且持续效应不佳。在某些情况下，溶解度较高的碳酸钙、钠和钙的硅酸盐以及石膏等更为理想，但在石质土壤中情况更为复杂。

深根植物能够比浅根植物吸收更多的养分，不但有利于其存活和生长，还改善了周围的环境状况，为更多物种的生存提供了条件。例如，在酸性土壤上使用具有“阳离子泵”作用的植物可以把深层土壤中的钙离子和镁离子移到表层，进而提高表层土壤的pH（Zinke and Crocler，1962；Alban，1982；Kilsgaard et al.，1987；Choi and Wali，1995）。对酸性的矿区废弃地的研究表明，在没有人为改造的情况下，如果土地的pH低于3.7～4.0这个范围，即使是耐酸植物也不能生长（Vogel，1984）。非常耐酸的植物在自然界并不多，幸运的是达到这个酸度范围的土壤也非常少。生物方法如阳离子泵可以提高酸性土壤的pH。此外具有庞大根系的草本植物（Choi and Wali，1995）和木本植物（Zinke and Crocler，1962；Alban，1982；Kilsgaard et al.，1987）也非常有用，因为它们能够将深层土壤中的阳离子集聚到表层土壤中来。

种植在矿区废弃地酸性土壤上的刺槐、白杨（*Populus tremuloides*）和杂交毛白杨也能提高表土的 pH，同时也能提高土壤有机质含量和氮素水平（Alban，1982），为野生或者人为种植的植物提供条件。雪松及柏科和杉科植物能够有效地聚集附近土壤中的钙（Zinke and Crocler，1962；Kilsgaard et al.，1987），它们的落叶中含有大量的能够降低土壤酸度的碱性阳离子。在明尼苏达州北部的两个地区，白杨和白云杉（*Picea Glauca*）、红松（*Pinus resinosa*）、班克松（*Pinus banksiana*）也能改善土壤状况，在种植 40 年后，将大量的阳离子从深层土壤中转移到地表，使地表接近中性。松树具有相反的作用，它能使表层土壤变酸。

3. 养分循环

在土壤养分贫瘠的地方，自然界总是选择那些能够保持养分的物种生长，然而人类的所作所为经常与之相反。在修复退化生境时，流行的做法是选择并培育那些生产力高、品质好的植物种。在肥沃土壤中这种方法固然很好，然而在土壤贫瘠的地方其效果很不稳定。植物能够增加养分的可利用类型，适应贫瘠土壤的植物生长缓慢，对养分的吸收适中，而且其枝叶对草食动物和腐生物没有太大的吸引力（Grime and Hunt，1975；Poorter and Remkes，1990；Pooter et al.，1990；Aerts and Peijl，1993）。

生长在贫瘠土壤中的植物具有一些能够减缓养分循环的特征，如枯落物中含有的酚、醛类物质和木质素可以通过抑制微生物活性来减少养分分解和释放，它们的养分含量很低，能将衰老叶子中大部分的养分转移出来。比起生长在肥沃土壤中的植物，它们的枝叶对养分的分解和释放更慢。因为这些特征增加了落叶的数量，通常有利于退化生境的恢复。

进行环境修复时选择生长快速并且品质较好的植物，必然会加快养分的循环速率。模拟和调查数据表明，在养分缺乏的地方，一开始是那些产量高、品质好的物种占主导地位，然而几年之后，保肥能力强的物种就取而代之了（图 3.7）。

根据澳大利亚的一份研究报道（Johnson and Tothill，1985），外来物种（纤毛蒺藜草、柳枝稷和非洲虎尾草）在砍伐了灌木的地方生长良好，这主要是因为其利用了砍伐灌木时土壤受到干扰而释放出的氮。一段时间过后，随着土壤中氮素的逐渐减少，它们的产草量也逐渐减少。这种退化是很正常的，我们应该学着去预测它的发生以及如何应对（Myers and Robbins，1991）。这就要求我们使用那些需氮量较少的物种，追加氮肥，或者减少家畜数量以延迟不可避免的（草产量）下降。在澳大利亚，通常的做法是用对氮肥需求量较少的植物代替那些氮肥需求量较高的植物（Johnson and Tothill，1985）。在草地上种植豆类植物（如柱花草、合欢草），其固氮作用能够延缓这个代替过程。缺少氮素的时候豆类植物

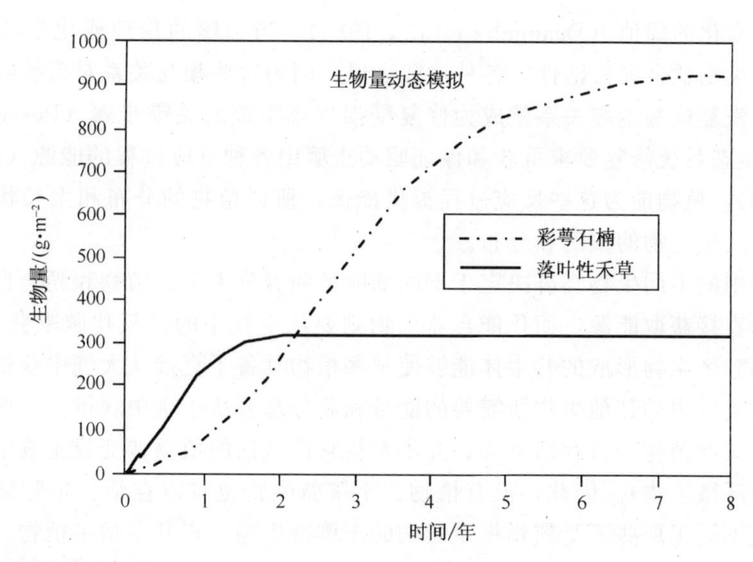

图 3.7　低产量的保肥物种（彩萼石楠）与产量高、养分流失率高的物种（落叶性禾草）的生物量动态模拟。说明在贫瘠的土壤中种植生长迅速、高品质的植物并不明智，因为几年之后保肥物种就会占据主导地位

往往大量生长。在含有钙和磷的土壤中，种植银合欢可以延缓草地的退化。

3.2.2　修复或者取代土壤中的生物过程

土壤是一个有着复杂关系的生态系统。除了储存养分和水分外，土壤还是生物控制养分循环过程的基质（Perry et al.，1989）。土壤微生物在碳循环、有效性调节以及其他养分循环过程中起着非常重要的作用（Lee and Prankhurst，1992）。当土壤中有机物、生物活动、动植物多样性减少，以及生物过程发生不利的变化时，土壤的生物特性就发生退化（Lal et al.，1989）。生物活动的减少对土壤的养分循环和物理结构产生不利的影响，使土壤不利于植物的生长。

土壤结构不但影响土壤的水分状况，还能通过限制较大生物的迁移来影响生物多样性（Elliot et al.，1980）。较小的生物如原生动物和线虫类能够借助水膜穿过土壤微粒中非常小的空隙。土壤中鞭毛虫和变形虫的数量非常之大，因为土壤微粒中直径 8μm 的空隙就足够它们容身了（Bamforth，1988）。微型的节肢动物因为不能通过直径小于其身体的空隙，活动范围受到了限制（Whiteford，1996）。较小的空隙为一些微生物提供了庇护，使其免于受到体形较大的微型节肢动物的捕食。因此，孔隙大小的分布影响着微型节肢动物的丰度和群落构成，然后也影响了促进分解和矿化过程的微生物（Whiteford，1996）。

扰乱生态系统内关键的生态关系将会使生态系统更加脆弱，很可能达到使其发生根本变化的阈值（Deangelis et al.，1986）。当土壤的物理或化学状况恶化时，土壤生物就会失去活性，各种功能衰退。因为这些相互关系对系统的稳定至关重要，恢复这些生态关系就成为修复受损生态系统的关键步骤（Perry et al.，1989）。生态系统修复要求重获和保证驱动土壤中各种反应过程的能源（Perry et al.，1989）。植物能为这些反应过程提供能源，所以植物的分布和生长状况控制着土壤中共生生物的多度和分布。

土壤中的不同生物类群决定于不同的能量和养分来源。植物和光合自养生物从阳光中直接获取能源，而化能自养生物则要从空气中的二氧化碳来获得碳源。植物根系和微生物形成的共生体能够使某些植物具备了直接从大气中获得氮的能力。生物类群中的其他生物所需要的能量和养分都要从土壤中获得。土壤微生物可能需要某些植物一直存活下去，并不希望它们从活的植物转变成土壤中的有机物（如根际微生物）。因此，没有植物，土壤微生物也难以存活。根际微生物的群落组成不同于那些不受植物根系影响的土壤微生物。离开了宿主植物，菌根微生物和根瘤菌的数量急剧下降。减少土壤的能量输入也能影响土壤的物理特征。包括菌根微生物在内的许多微生物能在细胞外分泌多糖类物质（ECP），将矿物质颗粒粘合成具有水稳定性的团聚体（直径为 0.25～1.00mm），对土壤的结构至关重要（Perry et al.，1989）。黏土和多酚类物质能够保护多糖物质不被土壤微生物消耗掉。如果不能持续地分泌多糖类物质，土壤结构就会恶化，加速其他土壤生物的死亡。真菌和许多根际微生物都有一个休眠期，如果脱离了土壤微孔的保护，很容易被腐生微生物消耗掉，或者因为土壤侵蚀而流失。

植物和微生物群落的多样性对生态系统的稳定起着十分重要的作用（Perry et al.，1989）。由于资源有限，植物和土壤微生物之间的联系就显得尤为重要。生活在土壤中的生物可以通过聚集和浓缩养分直接影响资源的利用（如固氮作用），也可以通过改变土壤的物理特性间接地产生影响。植物的多样性有助于土壤微生物种群的稳定，一些植物能够和常见的土壤微生物互利共生。在加利福尼亚州和俄勒冈州，人们发现在原来种植阔叶林的地方栽植针叶林，其生长状况要好得多（Borchers and Perry，1987），可能是对针叶树和阔叶树都有利的土壤微生物在起作用。

真菌能够和植物的根系形成共生体，使植物的生长状况、对水分和养分的吸收能力以及耐旱能力都得到了改善（Allen，1989），而真菌则从植物中得到碳水化合物作为能量。在干旱半干旱地区，孢囊丛枝（VA）是很常见的（Trappe，1981）。干旱和侵蚀（Powell，1989）、耕种、放牧（Bethlenfalvay and Dakessian，1984；Wallace，1987）等环境干扰会不利于真菌类微生物的生存。菌根菌能够用菌丝将不同植物的根系连接起来（Newman，1988）。许多真菌都没有很强的寄主专一性。不同植物根系之间的菌丝连接是很常见的，因为植物根系本身就紧紧地缠绕在一起。在许多自然群落中，植物幼苗通常在较老的植株附近出现，并且和能够从附近成熟植株获取碳源的菌丝体连接在一起。和菌丝连接在一起的幼苗很快被菌根菌感染（Fleming，1983；Fleming，1984），很容易获得无机养分（Read et al. 1985）。和菌丝连接在一起的幼苗从邻近的植株获取养分，削弱了成熟植株的支配地位，有助于幼苗的成长（Grime，1987）。生长在较大的菌根植物附近的 5 龄长叶车前幼苗被菌根菌感染的程度要比隔离的幼苗严重得多（Eissenstat and Newman，1990）。

研究发现，在植被恢复的早期往往没有菌根产生。这一时期的许多植被不产生菌根，或者对能产生菌根的真菌有特殊的要求（Reeves et al.，1979；Janos，1980）。在怀俄明州，干旱的矿区废弃地上最初生长的植物是不需要菌根的野生杂草（Miller，1987）。尽管这些杂草后来可能被真菌感染，但是其余的大部分植物仍然保持不被感染的状态，这就降低了土壤中有生命力的菌根孢子的数量，促使系统逐渐演化成不同于起初那个完整天然群落的无菌根群落。然而，灌木的出现起到了一系列相反的作用，来自土壤颗粒、有机物甚至雪花中的真菌孢子由于风的作用而附着在灌木上，这种小范围的、由灌木引起的改变很有利于菌根物种（主要是草类植物）的发展。这些草类物种继续生长使得土壤中的真菌越来越多，有助于各种各样的植被群落的生长。

在土壤、水分和养分有限的地方，或者生长季节较短、植物必须快速吸收利用资源的地方，菌根菌是非常有用的（Perry and Amaranthus，1990）。只有易于分解的有机物、良好的施肥及灌溉能降低菌根菌和根瘤菌对植物的感染速率（Whitford，1988）。在许多退化生境中，菌根菌的数量极为匮乏，有待于提高。在什么样的情况下菌根菌对修复活动有利呢？真菌对植物的侵染是怎样完成的？尽管可以将菌根菌接种到植物上，却没有办法进行大规模的孢囊丛枝真菌的接种（Allen，1989）。最有效的方法是在容器中育苗的时候进行接种（St. John，1990），对幼苗进行接种时，可以使用来自正常生境中的土壤，含有菌根菌的根系片段，或者纯粹的人工培养微生物（Perry and Amaranthus，1990）。

3.2.3　增施有机物质

通过增施有机物质来修复土壤可以改变土壤的物理、化学及生物学特性。研究表明，在分解的早期（1 年内）向土壤中加入 1%～6%（*m*/*m*）的有机物质，土壤团聚体数量增加，可蚀性下降（Chepil，1955）。然而，4 年后当这些有机物分解殆尽时，就失去粘合土壤颗粒的能力。如果不持续施加有机物，随着土壤团聚体稳定性的下降，在持续干旱的情况下就会造成更严重的侵蚀。

有机物改变了土壤的物理特征，能较好地抵抗降水的冲击，降低经过地表的风速和径流速度。农田覆盖可用公式表示：

$$E = Ae^{b \cdot \mathrm{RC}} \quad (式 3.4)$$

式中，E 表示土壤侵蚀强度；A 和 b 是常数；RC 是土壤被植物残留物质覆盖的度（Laflen and Colvin，1981）。b 的值取决于覆盖因子和作物残留的关系，覆盖因子（M_f）通过除以 A 获得，公式如下：

$$M_f = \frac{e^{b \cdot \mathrm{RC}}}{A} \quad (式 3.5)$$

这个覆盖因子考虑了覆盖度、土壤以及坡度之间的关系（Laflen and Colvin，1981）。有机修复通过增加养分、调整酸碱度、促进养分保持以及降低加速有机物质流失的温度来改进土壤的化学性质。对土壤理化性质的改变改善了土壤生物的多样性及活性，有机物质本身也是那些有着重要生物功能的土壤生物的能量来源。

植物能够向土壤表层添加有机物，其根系分泌物和老根分解也能增加土壤的有机物含量。通过提高植物生产能力并将多余的产能转化到土壤中，植被覆盖率和枯叶覆盖率自然也能得到提高。人为播种和移植能提高植被覆盖率，并可能促进土壤-植被发展进程。在有些情况下，将有机物添加到土壤中是可行的，但在较大的范围内就行不通了。

尽管有机物质的好处人尽皆知，却很难在大范围内实施。因此，有机材料的应用往往被限制在范围较小且至关重要的区域。有机物质修复方法很多且各有其利（表 3.4）。选择什么样的有机修复方案取决于当地的条件，如可行性、运输支出、实施费用和调控能力等（Logan，1992）。廉价的有机材料为人们的修复活动提供了极大的便利，举例如下。

将污泥施加到矿山废弃地上，树木的生长状况比在肥沃土壤上的要好（Berry，1985）。然而，污泥分解太快，所以有效时间较短。处理过的纸浆污泥因含有纤维，能够增加矿山废弃地斜坡的稳定性（Hoitinek et al.，1982）。纸浆污泥含有大量的碳酸钙，为酸性土壤提供了更多的好处，按照每公顷 100～300t 的标准向酸性土壤中施加 pH 为 3.4 的纸浆污泥，至少 3 年内土壤的 pH 都会稳定在 7.6 左右（Watson and Hoitinek，1982）。橄榄油渣是地中海地区橄榄油加工业的副产品，价格极其低廉，施加到沙质土壤后能增加其蓄水能力（El Assward et al.，1992）。因此，有条件的地方可以在恢复植被之前先用橄榄油渣增加土壤的蓄水能力。稳定性较强的有机材料（堆肥、泥炭）更是理想的修复退化土壤的材料，因为在修复过程中其有效期比较长（Logan，1992）。

分解是养分循环中重要的一环（Whitford et al.，1989），受到水分和有机物质的可利用性（Steinberger et al.，1984）及土壤生物多样性的调节（Santos et al.，1981；Santos and Whitford，1981；Elkins et al.，1982；Parker et al.，

1984)。严重退化土壤的微生物分解能力可能在许多年内都难以恢复(Harris et al., 1991)。在德国的莱茵兰,50年过去了,尽管尝试过各种方法挽救(Insam and Haselwandter, 1989)当初因采矿而废弃的地方,其土壤的生物呼吸比率(土壤代谢熵)仍然没有稳定下来(Insam and Domsch, 1988)。植被和代谢熵之间的关系表明了通过微生物群落来影响环境修复速度、方向和稳定性的巨大潜力。

有机物质的基质质量(碳氮比)影响着土壤生物的恢复、抵抗力和稳定性。随着生物多样性和活性的丧失(Fresquez et al., 1987; Mott and Zuberer, 1991),土壤微生物的酶解能力也越来越弱,从而妨碍了养分的循环和有机物质的分解。速效物质(通常在系统受到干扰或者施肥之后出现)有利于发酵微生物,经过系统的再选择后往往占据主导地位(Andrews and Harris, 1986),但在群落达到成熟稳定状态时数量较少。相反,土著微生物利用的是分解缓慢的有机物,它们生长缓慢,对生长限制物质有较高的亲和力,生命力强(Andrews and Harris, 1986)。放线菌是典型的分解微生物,能分解那些相对难以分解的有机聚合物,如纤维素、半纤维素和木质素。通常于分解过程的晚期发生作用,在干旱的生态系统中尤为重要(Alexander, 1977)。

施加分解较为缓慢的有机材料,如树皮和木屑,能加速更为完整的土壤过程的发展。例如,在修复干旱生境中的生态系统时,树皮和木屑有利于土壤生物的稳定,从而促进地上部分的繁荣(Whitford et al., 1989)。树皮和木屑能够持续地提供有机物直到这一作用被植物根系代替。若干研究都发现了分解速率和土壤微生物的多样性、种群密度之间的关系(Santos et al., 1981; Santos and Whitford, 1981; Elkins et al., 1982; Parker et al., 1984)。施加了速效有机材料的严重退化土壤中的微生物及各种生物过程与退化程度较轻的土壤中的相似,但是效果持续时间较短(Whitford, 1988)。与因施加了高碳氮比材料而导致氮素生物固定的耕地不同,较难分解的有机材料对干旱环境状况是非常需要的(Whitford, 1989)。

3.3 其他水文问题

水文过程紊乱不仅会减少土壤中植物生长所需的水分,还会造成土壤盐渍化和沟状侵蚀。干旱区土壤的盐渍化和沟状侵蚀需要在地理景观层面上进行修复。土壤板结导致土壤水分的严重失调,进而影响到生态环境的自我修复。严重的土壤板结完全破坏了水文过程,因此必须用机械手段来加以修复。

3.3.1 干旱区土壤盐渍化

对盐渍化土壤的修复需要降低土壤水位,或者降低土壤的补水能力。模型模拟研究（Pavelic et al.，1997）和田间试验（Schofield，1992）都证实了这种方法的有效性。对澳大利亚南部一个流域的模拟研究表明，要控制干旱区的土壤盐渍化必须减少地表水资源的补给，尤其在土质比较紧实的区域（Pavelic et al.，1997）。然而，在小范围内（小于100hm^2）很难见效。在澳大利亚西部，用矿化度较高的水将5%～10%牧场草地变为林地，可将地下水位下降1～2倍（Schofield，1992）。若将这一比例提高到25%，则地下水位就可以下降大约8倍。

用造林的方法修复干旱的盐渍化土壤就必须了解各种植物对水分的吸收和蒸腾能力。在澳大利亚，人们通常采用大量种植乔灌木的方法降低地下水位，进而控制盐渍化（Schofield，1992）。在此过程中必须要选择适宜的树种，即那些适应当地环境，能蒸腾大量水分以降低水位，且能提供物质产品的树种。用树木来降低地下水位还有一个要求，那就是在该区域内，树木的蒸腾量和地表蒸发量径流流出量之和要等于或者多于当地降雨量、从区域外流入的水量之和。

3.3.2 沟道侵蚀

洪水的冲刷和剧烈的侵蚀作用是在沟底、沟坡及沟边地带进行植被建设的主要障碍。在植被稀疏的地方，随着坡度增大，沟道侵蚀问题也变得更加严重。从根本上说，沟壑的稳定与否取决于其流域上游的水文状况，这就需要我们停止对自然的破坏，如过度放牧、滥砍乱伐、不合理耕作以及其他的土壤破坏行为（Duffy and McClurkin，1967；Heede，1976；Prajapati and Bhushan，1993；Morgan and Rickson，1995）。这样一来，那些受到破坏的水文过程在流域内部就可以得到修复，也就不会导致大量水流对沟壑的急速冲刷了。每一种修复表层土壤的方法都具有减少侵蚀的作用，也能够通过降低水速来减缓沟壑的形成和发展。尽管在表层土壤状况良好的流域，沟壑形成的可能性较小，已有的沟壑却很可能扩大并影响到一些原来稳定的区域。对沟壑的修复可以使用一些工程技术和生物方法，或者二者兼用。

对沟道侵蚀的修复有几个必需的步骤（Lal，1992），不过首先必须减少对沟壑上游流域的破坏，如禁止在沟头放牧，通过增加植被来降低入沟水量和流速，或者直接将洪水导引它处，但注意要避开那些不稳定的、保护措施不到位的区域。因为沟壑的侵蚀面和侵蚀床比较不稳定，在重建植被之前需要对其进行必要的整修，另外还必须控制住水流对沟底的下切侵蚀和水源区域的溯源侵蚀作用（Heede，1976）。

工程措施主要包括分流河渠、跌水建筑物、篾箩筐网护和截流槽等，虽然有效，却造价昂贵且需人工维护。沟壑治理工程投入太大，以大部分地方的经济条件来看并不适合，尤其是干旱半干旱地区（Lal，1992）。这些工程有的是临时性的，有的是永久性的（Hudson，1995）。临时性工程是指那些在重建的植被起到保持水土的作用之前的保护性措施，可以是多孔渗水材料，也可以是网状围绕的灌丛和原木，或者是碎石填充的金属笼。永久性工程是不依赖于植被的最后一个手段（Hudson，1995），包括淤地坝、跌水建筑物和篾箩筐网护。淤地坝能够挡住大量的泥沙沉积物，其上植被恢复较快。

跌水建筑物的水泥及砖石结构抵挡了水流的冲刷，起到了稳定沟头的作用。入口的大小决定了过水能力。这种方法尽管非常有效，但其边缘和底部可能受到水流作用的破坏。篾箩筐是装满石头的厚重金属箱笼，最大的优点就是机动性强，可随意移动摇摆。工程措施如果与植被恢复结合使用，效果更佳。在制订大规模的沟壑修复方案时，还需考虑更多的工程设计标准（Duffy and McClurkin，1967；Heede，1976；Lal，1992；Prajapati and Bhushan，1993；Hudson，1995；Morgan and Rickson，1995c；Morgan and Rickson，1995b）。

生物措施主要是通过恢复植被（乔灌草）来稳定坡面、改良土壤、增加土壤渗水能力，并减小坡面径流的速度和流量。生物措施耗资少，所需人工维护少，但在破坏严重地区效果略显不力。在坡面径流集中的地方，仅仅靠此是难以阻止溯源侵蚀的。此时需要工程措施保护其生长，且能够控制水流下切侵蚀时，植被护坡才发挥最有效的护坡作用。有效的沟道植被必须密度大，且要有深而密集的根系（Hudson，1995；Morgan and Rickson，1995b），否则很难抵挡水流的冲刷，即使有沟底保护措施，沟岸也会不断加宽。较大的树木能够抑制或者改变水流，使其不得进沟或者形成新的水道。

植被是通过以下途径来固定沟道的：①降低坡面径流的流速；②削弱击溅侵蚀的动力；③根系对土壤的机械保护和固持作用（Morgan and Rickson，1995c）。减缓水的流速能够极大地降低其搬运能力，增加泥沙的沉淀，但是同时抬高了河床，增加了决堤的风险。

3.3.3　压实土壤

水流经过紧实土壤时往往被限制在表层，难以下渗。紧实土壤透性差，限制了较大土壤生物的活动，造成土壤水分不足，氧气缺乏，养分动态紊乱。这些问题可能是机械设备造成的，也可能是由家畜活动造成的（Stephenson and Veige，1987；Lal，1996）。紧实土壤问题常常出现在长期的采矿区（Brown et al.，1978；Davies et al.，1992；Ashby，1997）、废弃的道路（Brown et al.，1978；Berry，1985；Cotts et al.，1991；Luce，1997）、伐木场（Berry，1985；Guariguata and Dupuy，1997；Whitman et al.，1997）、油田（Bishop and Chapin，1989b；Chambers，1989；Whisenant and Hartmann，1997）和弃耕地（Lal，1996；Bell et al.，1997）。严重的地方，土壤的渗水能力几乎为零，植被很难生长，因而在

植被种植之前必须深耕翻松（Berry，1985；Ashby，1997；Bell et al，1997；Whisenant and Hartmann，1997）。然而，不论采取何种方法，只要能拦截地表径流，总会增加水分的渗入量。有些紧实土壤会自行恢复，但是由于霜冻、融化、生根、涨缩等过程的影响，一般速度较慢。第6章中我们将讨论紧实土壤的种植地准备等处理方法。

第4章 植被变化调控

在确定了初步的修复目标，评价了水文、养分循环和能量摄取过程以及制订了修复对策之后，我们仍需要制定调控植被变化的方案。此时，有必要具体制定经营管理对策，使植被向以下方向持续发展：保持土壤、养分和有机资源；恢复有效的水文、养分循环和能量摄取过程；创建能够向生态和社会经济可持续发展提供物资和服务的、可以自我修复的景观。

在缺乏主动修复行为的情况下，生态环境是否能在允许的时间范围内得到恢复呢？如果可以，它能否提供所需要的物质产品和服务？对于破坏轻微的生境，改进关于生态系统支出部分的管理（如放牧、木材收获和饲料等）常常是最好的策略。由于退化的加剧，有必要主动采取措施控制现有植被，例如，可以通过火烧、除草剂、机械或生物控制方法减少一些物种，或通过播种、幼苗移植增加一些物种。在那些既不稳定又难以达到管理目标的裸露的或贫瘠的生境，非常需要有更多的植物引入。

物种特性、生境有效性和物种有效性都影响着植被变化的方向和速度。每一种原因都有一系列的从属过程、条件和决定因素。将原因、过程和决定因素集合在一起，可以为修复方案的制定提供一种便捷的方式。这些管理措施既包括具有短期效益的措施（如杂草控制、植物清除或种植地准备），又包括具有长远效益的措施（如在退化生境中营造灌木、拦截风中携带的种子、吸引鸟类引入种子）。

4.1 认识植被变化

植被变化指“生境中的一个或多个物种的主要种群被相同或不同物种的种群替代的植被改变过程”（Burrows，1991）。所以，植被演替只是植被变化的一种特殊形式，因为植被演替要求物种发生改变，而植被变化则不一定。在极端或恶劣环境中的生态系统，并不总是发生植物种的渐次替代。当被破坏生境中的起始定居植物种保持恒定不变时，由这些定居植物种组成的群落将随时间发生植被变化而不是植被演替（Burrows，1991）。受破坏的自然生境需要通过植被的发展和有机物质的增加来提高对有限资源的生物控制，这种“植被发展”可以是植被演替也可以是植被变化。不管怎样，我们的目的是寻找引发和诱导可以实现自然生境自我修复的内因性生态过程的途径，以此来为人类提供必要的物资和服务。但是，我们有无能力完成这项任务将取决于对植物群落在各种干扰下动态变化的认知程度。

早期的植被演替模型常常假定每个生境中只存在一种顶极群落，而且进展演替与逆行演替仅仅是两种方向相反的形式而已（Clements，1916；1936）。由此可以得出结论：只要通过简单地改进管理措施（如放牧或木材收获措施的改进）就能达到顶极群落。但是实践经验证明，植被恢复常常需要采取一些特殊的管理措施（Friedel，1991）。自然生境修复中遇到的许多困难实际上是将演替看成一种向预知的顶极植被顺序渐次变化过程的结果。例如，一个广泛被认同的观点是只要有15%以上的现有物种为目的种，那么采取改进措施将足以修复被破坏的自然生境（Vallentine，1989）。尽管根据演替的概念，这种看法在生态循环中实际上是一种奢望，但它仍然是许多管理项目中的主流力量和潜规则。现代研究理论表明，这种对于演替的决定性观点实际上仅仅是一种特例而不是普遍规律（Friedel，1991；Laycock，1991）。

关于植被演替和植被变化的最新观点反映了以下内容：① 生态过程和环境的重要性；② 生物和非生物过程本身的不确定性及非频繁或稀少事件的作用；③大部分自然生境本身的时间和空间异质性；④认识到植被演替是许多由植物-植物过程的累积效应，而不是某个单一的运行机制；⑤多样的、相对稳定的植被状态和一些关键过程的重要性。以上每种因素都将成为自然生境修复中制定一些特殊植被建设目标的关键问题。

4.1.1 生态过程与环境

在一个生境周围发生的生态过程会对一个特殊生境地点的植被变化起到调节作用（Peckett et al.，1992）。所谓的生态过程是指“包括生物的移动、生物之间的相互作用、能量和物质的转换及植被的局部不均匀变化或因环境改变而发生的均匀变化”（Peckett and Parker.，1994）。在一个生态系统边界之外发生的生态过程对生态系统的功能也起到调节作用，而与周围景观之间的相互作用同时也决定了生态系统所处的环境。这一关于生态系统的新观点强调生态过程和其环境在自然生境生态系统修复中的重要性。自然生境修复项目还必须考虑社会经济环境，包括经济的、美学的、宗教的、政策的、政府的，甚至有关国计民生的因素。第2章和第8章中包含了更多的关于生态环境重要性的内容，第8章还将对社会经济环境进行讨论。

4.1.2 不确定性和稀少的偶发事件

偶然和非常事件的发生在塑造植被中起着比我们所预想的更为重要的作用。有些物种的出现和死亡是“插曲式”的，需要非常的气候事件发生；有些物种的成功繁殖或死亡仅随偶然事件的发生而发生，而这些事件都会长期地改变着景观。这种现象对寿命较长的木本植物尤其明显，但同样也会发生于禾本类植物中。在干旱的生态系统中，非常降水事件会引发广泛的植物发芽和短期生长。在澳大利亚的 Mitchell 草地植被 *Astrebla pactinata* 的“插曲式”定居被认为是某些厄尔尼诺南缘震动引起降水增加的结果（Austin and Williams，1988）。自从定居以来，这种 Mitchell 草地植物就保持了很长时间并占据了很大面积，但是很显然，它的出现取决于偶然事件的发生。

大量历史的和环境的周期性循环以独特的途径结合在一起，更加证实了引发植被演替的普遍和一般的原因并不存在（McCook，1994）。非生物限制和生物之间相互作用的独特结合随机地改变着植被。植被的发展通过缓慢积累土壤有机质、增加养分储量和改变微环境条件来改变植被环境。这些变化导致了环境梯度的产生，从而可以基于物种的生活史和资源分配对策对其实现分类。

4.1.3　时间和空间变化

现代植被演替模型中包含了空间变化、滞后效应、临界值、由偶发事件驱动的变化（event-driven change）、动态而非静态的平衡等内容（Walker，1993；Wyant et al.，1995）。关于稳定生态系统的概念已被转化为更大的时间和空间尺度（Sprugel，1991）。较小空间尺度上的稳定性也许只是一种自发的短期现象，而在更大空间尺度上和更长的时间内，稳定性变成一种普遍现象（DeAngelis and Waterhouse，1987）。受频繁干扰的生态系统在新生境斑块的建立过程与老生境斑块的成熟过程相抵消的情况下仍然会保持平衡状态（Sprugel，1991）。当由于持久的变化引起小生境斑块不断出现时，反映了在景观尺度上干扰与演替达到平衡。根据最新建立的演替模型，平衡只存在于更大的空间尺度上（DeAngelis and Waterhouse，1987；Wyant et al.，1995）。

由于自然生态系统包含了时间和空间变化，并在不同尺度上有复杂的变异（White and Walker，1997），我们不能完全了解在一个修复项目中所发生的所有植被变化。同时，我们也不能依据参照生境条件获得确定无疑的结论。

4.1.4　植被变化机制

大量植物-植物相互作用的积累决定了演替的结果，而不是单一机制（图 4.1）。尽管单一机制演替模型不足以描绘出演替系列的全部，但“三路径”演替模型还是有用的（Connell and Slatyer，1977）。第一路径——促生作用（facilitation），即早期入侵植物种通过改变生境，促进了新的植物种的侵入。这一现象被广泛地认为是“两个不同植物个体或两个植物种群相互作用中至少有一方的作用有利于另一方生长的过程”（Vandermeer，1989）。这是一个关于促生作用的完全不同的观点，因为它没有涉及原有物种的替代，这在将其应用于自然生境修复项目中时非常有用。没有物种替代的促生作用也许是一个比有物种替代的促生作用更为普遍的现象。这一新观点是农林复合和间作套种作业的基础，因为据此可以提出加强植物种之间互利作用的理论和管理对策（Vandermeer，1989；MacDicken and Vergara，1990；Nair，1993），同时，这些农林作业方式可以为指导自然生境修复中的促生作用提供重要的科学依据。第二路径——容忍作用（tolerance），描述了后来物种的生长不受早期物种的影响。这些后来物种之所以能够在早期物种存在的情况下侵入并生长至成熟，是因为它们可以生长于资源有效性较低的水平或利用其他有限资源。第三路径——抑制作用（inhibition），反映了早期物种对后来物种的生长和成熟产生抑制。以上三种演替路径都为影响植被变化的方向和速度提供了大量机会。

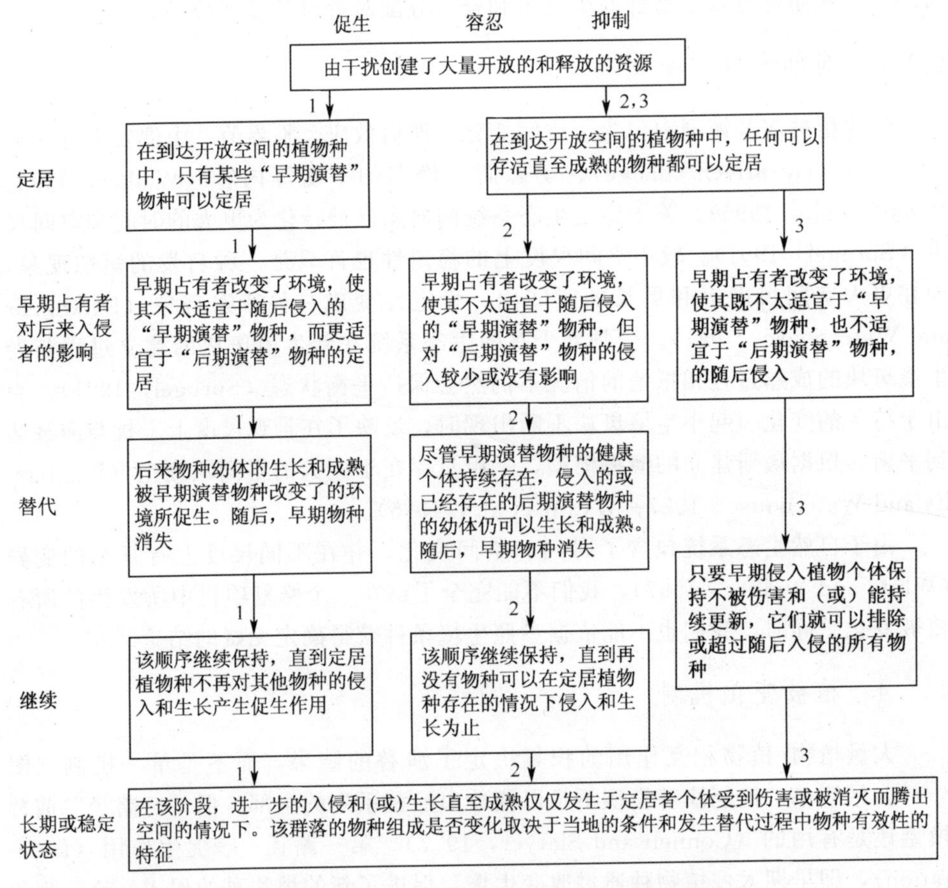

图 4.1　植物演替过程中产生物种变化系列的三种机制

这些路径是植物个体相互作用的结果，在产生物种变化过程中具有积累效应。一个特定的生境中可以在不同物种间同时拥有三种路径。该资料源于 Connell 和 Slatyer（1987），得到芝加哥大学出版社的授权（The American Naturalist）

4.1.5 植被稳定态和转变临界点

当一个特定生态系统的演替具有不止一个稳定植被状态（各个稳定态之间以植被转变临界点分隔）的潜力时，仅仅改变管理措施不能达到植被恢复的目标，非生物限制因素或生物之间的相互作用所控制的植被转变临界点限制着我们调控植被发展的能力（图1.1）。所以，改变植被演替路径常常需要采取更积极的干预措施（Friedel，1991）。

1. 受控于非生物限制因素的植被转变

退化土壤表层会出现水分入渗和养分保持方面的问题，这些相互作用可以引发退化系统的积极反馈（图2.6），导致灾害事件（系统崩溃）和不可逆的植被变化的发生（Rietkerk and Van dekoppel，1997；Van de Koppel et al.，1997）。严重破坏的主要生态过程，如水文、养分循环和能量摄取等，常常产生受控于非生物限制因素的植被转变临界点。由于使土壤表层粗糙化或形成地上障碍的处理措施可以带来一些有利效果（尽管只是暂时的），它们常常被用来防治退化（如侵蚀和径流）和改善植被定居的条件及其生长状况，直至内因性生态过程成为主导（Whisenant，1995；Whisenant et al.，1995）。

退化的自然生境往往经受了极端的温度和较大的风速。这些环境的改变和土壤水分的减少产生了恶劣的非生物环境（Unl，1988；Lugo，1992；Brown and Lugo，1994；Guariguata et al.，1995；Fimbel and Fimbel，1996；Ashton et al.，1997）。在大多数的自然生境中，减少非生物限制的唯一可行的途径是通过促进植物生长来导致内因性的发展。

2. 受控于生物相互作用的植被转变

受控于生物相互作用的植被转变临界点是由植物的抑制作用、有限的繁殖条件、破坏性管理措施或往往是很多因素一起引起的。例如，在得克萨斯州南部的亚热带半干旱稀树草原，植被由半干旱草原向森林的转变是一种不可逆过程（Archer，1989）。滥牧措施破坏了原有的以草原为主导的系统并改变了它的组成。这些改变降低了禾草植被的生产力，减少了优质燃料的数量。优质燃料的减少（禾草植被）又降低了火灾的频率和强度，扰乱了自然火灾的发生格局和由牲畜进行的种子运移。这些变化增加了木本植被的定居，直至系统越过一个临界点向以灌木为主的系统发展。这样就形成了一个正向反馈系统，其中灌木持续增加，禾草生产量减少，载畜力下降，剩余空隙带的放牧压力越来越大。一旦进入以灌木为主的状态，土壤、种子库和植被更新潜力便都改变，即使不再有牲畜放牧，生境也不会逆转为草原或稀树草原（Archer，1989）。

由于不可逆的植被转变和稳定状态的改变，传统的演替模型不能预测一些生态系统的变化。在加利福尼亚内陆草原，火维持着草原的开放性（George et al.，1992）。随着放牧压力的增大，禾草植被减少，幼树增加，水分运移到更深的土壤剖面，导致了促进木本植物生长的正向反馈的发生。于是，养分和土壤有机质的空间分布由草原中相对均一的分布转变为森林中的不均匀分布，而且树木通过创造更多的径流路径增加了降水向土壤深层的渗入。这样就形成了一个不稳定的临界点，将两个相对稳定的植被状态分隔开来，其中一个是拥有较少草本植物的森林，另一个是包含木本植物和禾草的混合植被（George et al.，1992）。

4.2 确定目标

调控受损自然生境的植被变化需要制定明确和可以达到的目标。因为我们对历史时期内生态系统组成、结构、功能和动态的认识很少（Sprugel，1991），这些指标本身也非常难以确定（Miller，1987），所以，往往很难去衡量一个修复项目相对其所处的历史条件来说是否成功。修复目标应该体现这样的观点，即自然生境是一个变化、动态的而不是静止不变的系统（Johnson and Mayeux，1992；Pickett and Parker，1994；Wyant et al.，1995）。将特定的参照条件作为明确的目标也许是不切实际的，但是，根据具有相近地形、土壤、气候条件的参照生态系统来制定调控计划则是非常有用的（Hobbs and Norton，1996）。除非生境退化非常严重，否则，参照生态系统可以提供一个最适宜于某个特定地形、土壤类型和气候条件的第一近似植被类型。Hobbs 和 Norton（1996）列出了若干供考虑的潜在属性：

（1）组成（composition），现有植物种类和它们的相对丰富度。

（2）结构（structure），植被（活的和死的）的垂直分布。

（3）植被型（pattern），植被（活的和死的）的水平分布。

（4）异质性（heterogeneity），反映植被特征（1）～（3）、土壤性质和枯落物分布的综合变量。

（5）功能（function），主要生态过程的性质（如能量摄取、水文和养分循环等）。

（6）植被动态和恢复力（vegetation dynamics and resilience），演替过程、干扰后的恢复。

在对各个属性的重要性排列之后，我们必须决定修复生境应在多大程度上近似于参照生态系统。

4.3 调控植被变化

由于生态系统和管理目标的多样性，所以没有一个可以全球通用的“菜谱”。

处于不同退化阶段的自然生境需要针对不同生态过程的初始管理行动。第 3 章阐述了针对严重退化生境的对策，迫切需要对主要生态过程进行修复，特别是土壤表层。土壤表层的改良可以增加多年生植被，进而可以改善水文和养分循环条件。随着时间的推移，植被通过改良土壤和微环境条件减少了非生物限制。为了调控内因性生态过程，实现土地利用的目标，需要对驱动演替和植被变化的过程有深入的认识，其中有 3 个基本的演替诱因必须处理好：①物种特性的分化；②生境有效性的分化；③物种有效性的分化（Luken，1990）。这些演替的诱因、过程和影响因素为制定修复对策提供了一个工作思路框架（图 4.2）。

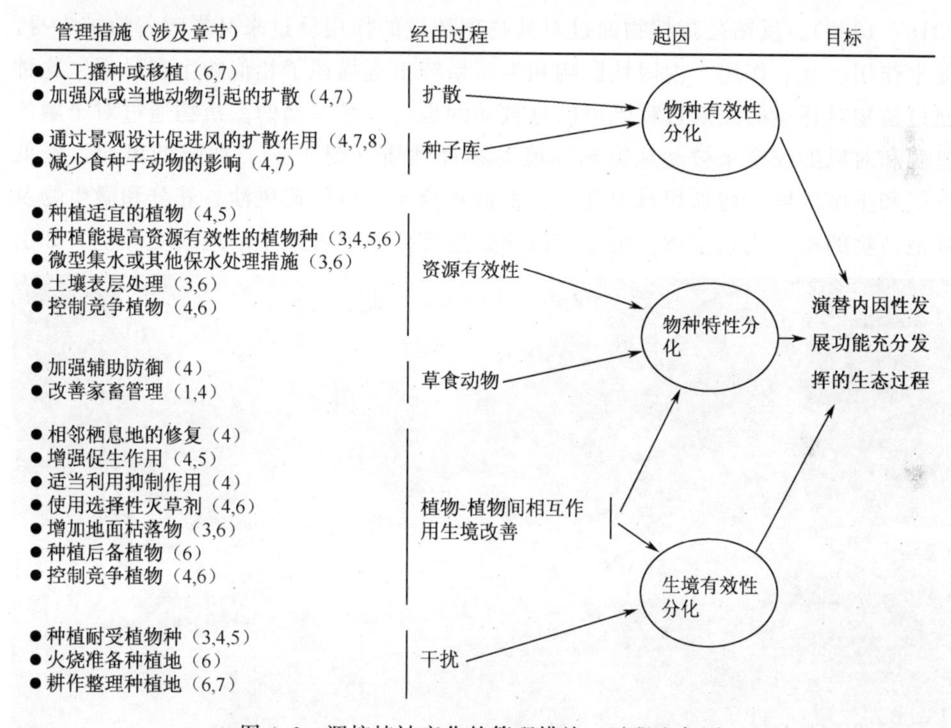

图 4.2　调控植被变化的管理措施：过程和起因

4.3.1　物种特性的分化

物种特性的分化发生于一个物种或一组物种与其他物种产生竞争的情况下。一些物种优于其他物种的相对特性受资源有效性、生理生态学特性、生活史对策、环境胁迫、竞争、化感作用、疾病、草食和捕食的影响（Resenberg and Freeedman，1984；Pickett et al.，1987b）。这些过程都可以通过传统方法（放牧管理、耕地或杂草控制等）、生态学方法（加强内因性发展、抑制作用、种子携带和种子捕食等）或者多种方法的结合来控制。此外，正确认识植物个体之间的相互作用、资源有效性、生活史、生态对策和草食特性可以提高我们通过有针对性地应用物种特性来调控植被变化的能力。

1. 植物-植物之间的相互作用

促生、容忍和抑制是植物-植物之间相互作用的相对状态，而不是整个演替的机制（McCook，1994）。在许多群落中，三种作用同时发生。虽然每一种作用都为自然生境的修复提供信息，但是，促生作用最为有用。随着植物和与其协同的生物生长，环境受到了改变，这个过程叫反馈（reaction）（Clements，1916；1936）。反馈是指植物通过对其物理环境的作用反过来又影响着植被本身。促生作用、互利作用、内因性影响和生态系统工程描述了相似的生态过程。这种通过植物对环境的改变过程既可以是被动的也可以是主动的。植物通过对土壤的遮荫和对风的改变来被动地影响环境的物理性质（图 4.3），如降低风速、降低大气和土壤温度、增加相对湿度等。植被本身又可以拦截风沙、养分和微生物及其他植物的孢子或繁殖体。植物可以通过生理代谢过程来主动地改变环境，如引

图 4.3 在 Niger 的原有的微集水区内移植的速生灌木（*Acacia holoserica*）

表明通过微集水区整地技术改变了生境的自然条件，克服了非生物限制，实现了灌木的定居。随着灌木的生长，进一步改善了水文、养分循环和微环境条件（相邻栖息地改善），从而为大量禾草植物的定居创造了条件

起温度、湿度和土壤理化性质的改变。植物能逐渐地增加土壤有机碳的含量，提高土壤的保水持肥能力。植被改变环境的能力大致与植被生物量、外形大小和生理代谢活动速率呈正相关（Roberts，1987）。因此，稀疏的沙漠植被较之森林植被对其环境的改变能力要低得多。尽管如此，对于干旱生态系统来讲，由植物引起的环境改变仍然具有十分重要的生物学意义。

种间的互利作用发生于两个截然不同但相对可预测的生境条件。这种互利作用的可预测性非常重要，因为它使我们可以更为自信地将其应用于生态修复项目中。同时，普遍认为互利作用在以下群落中更为普遍：①受到大的物理胁迫的群落；②受较强消费压力的群落（Bertness and Callaway，1994）。相反，当群落遭受中级水平以下的物理胁迫和消费压力时，种间互利作用变化不明显，竞争作用反而更为强烈（图 4.4），恶劣的自然环境条件有利于相邻栖息地的改善（Bertness and Callaway，1994）。

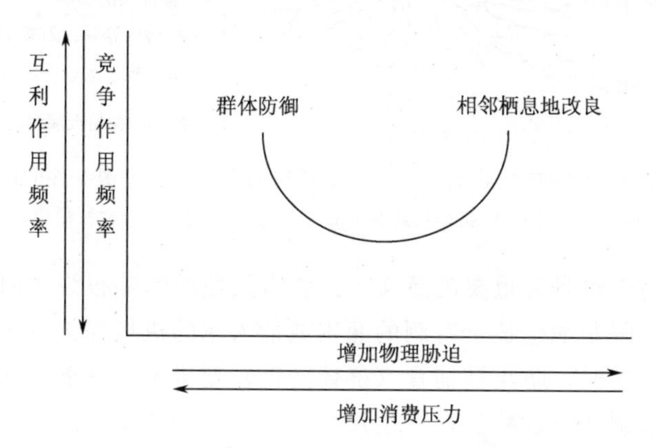

图 4.4　自然群落中种间互利关系的概念模型

这种互利关系在适宜的自然生境和存在较低消费压力情况下比较罕见；而在恶劣的自然生境中，由毗邻植物产生的物理性改良作用最为常见；在强度消费压力下，群体防御也最为常见。资料来源于 Bertness 和 Callaway（1994）并得到 Elsevier Science（生态学与生物进化动态）的授权

拥有高大外形的木本植物对微环境和周围的土壤具有较大的改良作用（图 4.5）。有关这方面的报道充斥着生态学、生态恢复和复合农业等文献出版物。在干旱和半干旱生态系统中，灌木或乔木树种通过降低风速和缓和温度改善了微环境条件（Allen and MacMahon，1985；Frrell，1990；Vetaas，1992；Whisenant et al.，1995；Rhoades，1997）。尽管木本植物与下层植物竞争光照，但是这种栖息地改善的好处往往大于任何消极的效应（Holmgren et al.，1997）。受风障保护的农业经济作物往往长得更高，生产更多的干物质，具有更大的叶面积指数和更高的产量（Vandermeer，1989）。在加拿大安大略省（Ontario）的赤栎

(*Quercus rubra*) 下生长的美国五叶松 (*Pinus strobus*) 和 北美赤松 (*Pinus resinosa*) 要比在开阔地中生长的松树幼苗的密度大 6 倍，但这种情况只有当橡树的树龄超过 35 年时才能看到 (Kellman and Kading，1992)，这种树龄延迟的效应进一步表明了外表体形的重要性。

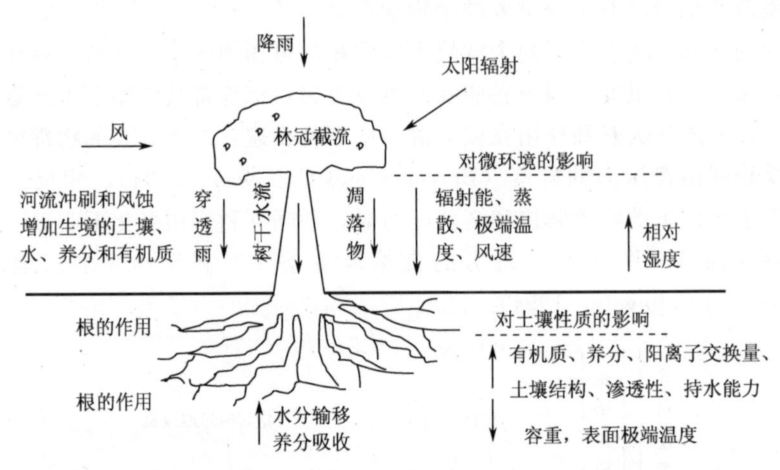

图 4.5　影响单个灌木或乔木地下及周围微环境及土壤条件的因素

(Farrell，1990；获得纽约 Springer-Verlag 出版公司的授权使用)

植物群体防御也具有重要的意义。当牲畜放牧的影响很强烈时，适口性好的禾草植物常常受限制地生长于有刺的灌木或仙人掌的机械保护之下。在进行一定的栖息地改良的同时，防止被捕食 (群体防御) 变得更为重要。间作套种研究表明，群体防御机制还可以减少自然生境的虫害。这种防御包括 3 种机制：首先，破坏性植物假说认为另一种植物种可以破坏害虫对其寄主的有效进攻能力 (常见于某些特种昆虫)；其次，植物陷阱假说认为另一种植物可以对害虫发起攻击 (常见于普通昆虫)；第三，天敌假说认为多种植物混交较之纯种种植可以吸引更多的捕食者和寄生物，从而可以通过捕食关系和寄生关系减少害虫。这些机制证明多种植物混交种植更为有利。

不同植物种通过利用不同资源、在不同时间利用资源、以不同方式利用同一资源或开发不同的生态位来弱化竞争，实现共存。容忍模型反映了通过植物-植物间的相互作用导致一个群落被能够有效开发利用各种类型或更多资源的物种所主导的过程 (Connell and Slatyer，1977)。这些物种之所以可以相互容忍，是因为它们以不同的策略利用环境资源。这种策略可以被用于设计具有较小竞争作用的植物种间混交。我们制定种间混交，实际上仅仅是一个增加植物种间容忍作用 (减少不利作用) 的过程。

对于抑制作用来说时，由于早期植物种占据了生境空间，抑制后来的其他物种的定居或对已经侵入的其他物种的生长产生压制。受压物种只有在关键种（早期定居的物种）受到破坏或被消灭并释放出资源之后才能真正入侵或生长。极端的情况是，早期定居物种通过阻止新物种的进入，从而阻止了群落的进一步演替。这种抑制作用既可以是竞争的结果（即资源耗尽），也可以是由化感作用引起的（Connell and Slatyer，1977；McCook，1994）。

根据抑制作用模型，早期演替物种与后来物种一样会对物种入侵产生抵抗，这样的话，成熟物种更能抵抗火灾、暴风、天敌等的危害（Connell and Slatyer，1977）。如果物种替代仅仅发生于现有植物受破坏或死亡之后，那么物种替代的最终结果是寿命较长的物种（Connell and Slatyer，1977）。物种寿命长的部分原因是它们对不可避免的灾害具有较强的防御或忍受能力。后期演替物种的幼苗较之早期演替物种可以形成更深和更庞大的根系，从而能够忍受偶发的干旱。例如，火灾和洪水淤积可以消灭入侵到美国杉树（redwood）林并对杉树幼树产生压制的其他树种，而美国杉树能够保持不受干扰的危害（Hollick，1993）。美国杉树具有较硬的木材和较厚的树皮，这就需要更多能量和养分，生长速度会降低，但它却能够在受到火灾和洪涝灾害等干扰之后保持坚强的生命力。在美国西部的部分地区，灌木可以在先前的森林被火灾或砍伐而彻底消灭之后的生境中定居并延续100年之上（Radosevich and Holt，1984），这可能是由于竞争导致资源限制增强，从而限制树木生长和减缓演替发生的缘故。在英国，荒地和沼泽地群落在恢复之前需要蕨（*Pteridium aquilinum*）先定居，即使在生境被蕨菜占据之后，如果占据时间很长（>50年），生境恢复还会受到严重消耗的天然植物种子库的抑制（Pakeman and Hay，1996）。

2. 资源有效性

在较低资源水平中能够保持生存是一种主动的容忍机制，相反，共处的植物采取不同的生活史策略则是一种被动的容忍机制。这两种机制相互重叠，因为迅速的资源消耗往往与短生活期、早熟和大量繁殖有关（Pickett et al.，1987a；1987b）。依赖高速资源消耗而生长的植物不能忍受较低的资源水平（Grime，1977）。资源消耗速率与竞争能力有关，因为竞争强者能在弱者之前获得资源（Pickett et al.，1987a；1987b）。在森林演替中，后期演替树种替代了要求更多光照和不耐阴的先锋树种，而在演替过程中，每组后来植物种较之先期植物种更加耐阴。随着森林的郁闭，耐阴植物种开始占据主导地位。同样，植物对环境变化（如湿度、温度、养分、放牧、盐渍化等）的忍受力也同样重要（Connell and Slatyer，1977）。

早期定居植物种特有的性质使它们可以有效利用受干扰生境的各种资源（Grime，1977；Chapin，1980），只要资源有效性满足要求，先锋植物种就能迅速生长。由于这些植物叶子周转很快，所以很少将能量转化成用来防御草食动物的次生化合物（Coley et al.，1985；Coley，1988）。同时，这些植物种落叶后快速恢复的能力随着时间的推移不断下降（Chapin，1980）。后期演替或在贫瘠土壤上生长的植物种具有保持养分和减少被草食的进化特性，同时还减缓生长，延长寿命，增加用于机械防御（如具有刺）（Owen-Smith and Cooper，1987）或次生代谢作用的投入（Coley，1988）。草食动物之所以更喜欢先锋植物种类而不是后期演替种，就是因为后期演替植物种具有了一定的防御能力（Davidson，1993），而且这种情况加快了某些生态系统的演替（Bryant and Chapin，1986；Walker and Chapin，1986）。但是，在另一些生态系统中，先锋植物种可能不如新的植物种适口性好。对非洲的稀树草原到北方森林的广泛研究表明，草食对演替的影响是可预测的（Davidson，1993）。最普遍被食用的草种出现于近期演替阶段和有利的资源环境条件下，而且又能够以快速和补偿性的生长来应对放牧的影响。在这种环境下，草食动物趋向于喜欢适口性较差的先锋植物种。

"在任何一个生态系统中，总有一个物种的作用是减小资源流向系统外的速度，其间接的后果是另一个物种从中获益（Vandermeer，1989）"。这种情况往往对氮来讲尤其重要，因为它在土壤中的运移速度很快。木本植物可以通过拦截风沙中的有机质、土壤颗粒、养分和微生物来减少受干扰生境中的养分和水分流失（Virginia，1986；Allen，1988b）。可以认定，多年生固氮豆科植物是许多生态系统的必要组分（Knoop and Walker，1985；Jenkins et al.，1987；Jarrell and Virginia，1990），因为它们具有与根瘤细菌和菌根真菌形成共生关系的能力（Herrera et al.，1993）。木本植物通过根系吸收、改变空气涡流形式、影响沉积和有机质等对养分进行再分配（West and Caldwell，1983）。木本植物还可以拦截囊状菌根菌（VAM）和腐生真菌孢子及其有机物质（Allen，1988b）。土壤养分（如磷）之所以在坡面下部较之上部呈增加趋势，就是土壤颗粒沉积和风运移的结果（Allen，1988b）。

不同植物具有不同的根系深度和生长季节，所以具有不同的养分利用能力。关于间作套种的研究表明，某些植物种的混交种植较之纯种种植能够吸收更多的磷（Vandermeer，1989）。一种植物可以利用对另一种植物无效的养分，经过第一轮植物生长的养分循环，先前无效的养分会变得有效。种间养分的转换可以通过菌根菌的联系而发生（Chiarello et al.，1982）。于是，由于种间菌根联系的周期性，大大地促进了养分有效性的转变（Vandermeer，1989）。

尽管在所有的生态系统中都会发生水分竞争，但是，一种植物有时也会改善另一种植物的水分环境。与木本植物之间的土壤相比，乔木或灌木个体周围的土壤往往具有更高的有机质含量、更多的有效水分和较少的蒸发。深根植物可以通过水力提升作用增加表层土壤的水分。木本植物还可以拦截降雪，减少其随风和升华的损失，从而改善了有关物种的土壤水分关系（West and Caldwell，1983）。可见，植物个体的体型、植被分布状况具有重要的作用。

3. 草食

草食影响植物之间的竞争关系，所以决定着自然生境中的种子活性。由于幼苗保持养分和能量的能力较低，同时缺乏发达的根系和地上部分，所以推迟家畜和野生动物的放牧直至幼苗生长健壮非常重要。放牧管理不良会降低植物多样性、生产力和目标植被的可持续性（Whisenant and Wagstaff，1991）。关于地上部分叶子被食的影响已被广泛关注，但是地下动物可能会消耗更多的植物材料(Stanton，1988)。线虫和昆虫的幼虫可以大大地减少根系生长量和增加植物死亡（Veckert，1979；Stanton et al.，1981）。在草地生态系统中，线虫可以减少植物生产量 6%～13%（Ingram and Detling，1984）。放牧之后，草本植物更容易受寄生性线虫的危害（Stanton，1983；Ingram and Detling，1984）。通过消灭植被的整地技术可以减少地下食草动物的食源供应，从而减少其种群数量(Archer and Pyke，1991)。那种不消灭现有植被（和地下草食动物）的林间播种或散播技术会限制幼苗的生长。

4.3.2　生境有效性的分化

大多数自然生境修复项目的关键是幼苗的生长，而且很多项目失败于幼苗的生长阶段。充分了解种植地环境处理知识可以增加幼苗生长成功的机会。在短期内，安全生境的有效性是决定植物种能否生长的生态过滤器，但在长期内，生境的内因性变化变得更为重要。本节内容重点讨论生境的安全性和内因性发展。第 6 章和第 7 章重点讨论更为传统的种植地准备和种植技术。

1. 生境安全性

在任何年份里，一个种植地中的大部分种子不会萌发，而仅有一小部分萌发长出幼苗，且幼苗中又只有少量能够继续长大（Urbanska，1997）。按照粗略估计，我们可以用种植地中的安全生境数量和分布来预测幼苗的数量。一个安全生境是指“能够为一粒种子提供以下条件的区域：①打破休眠的刺激物；②萌发过程所需的环境条件；③萌发过程所消耗的资源（如氧气和水）。”此外，一个安全生境还应该是一个远离破坏（如捕食、竞争、有毒物质和先生病原体）的地方(Harper，1977)。

与周围土壤颗粒大小相比，种子大小和形状在决定水分有效性方面具有重要作用。这种土壤表层性状和种子形态之间的关系（特别对裸露的土壤）决定着种子能否进入土壤，并影响幼苗的生长（Chambers，1995）。例如，西洋蓍草

(*Achillea millefolium*) 的种子扁平，所以最适宜于在具有平滑表面的土壤上萌发。而具有其他形状的植物种子不宜于在平滑的土壤上萌发，反而更适宜于在具有 20mm (0.8in) 厚的粗糙土壤上萌发 (Oomes and Elberse, 1976)。

植物生长改变了种植地内安全生境的数量和特征。遮荫、土壤化学变化和枯落物积累都影响着安全生境的微环境和有效性 (Harper, 1977)，同时它们还改变了每个物种安全生境出现的相对频率，因为某一个物种的安全生境可能并不是另一个物种的安全生境。在森林中，幼苗的相对耐阴性极大地影响其生长状况，从而影响植被最后的组成。有些植物种只适宜生长于阳光充足的地方，而另一些则喜欢遮荫的条件。在草地上，遮荫不是一个影响因素，但是叶子和枯落物的分布在草地群落中有重要的选择性作用。关于植被作为“护土植物”的专门用途来增加人工植物幼苗的定居和生长，将在第 6 章中进行详细讨论。

微环境对草地上幼苗定居重要性的研究很多 (Harper et al., 1965)。据研究，土壤表面形态和植物枯落物是影响绒毛雀麦 (*Downy brome*) 定居的重要因子 (Erans and Young, 1984)。在得克萨斯州中部，枯落物或岩石可以增加周围的植物如 *Aristida longiseta*、*Bouteloua rigidiseta* 和 *Stipa leucotricha* 的种子萌发、存活和生长 (Fowler, 1986)。土壤表面特征，如植物枯落物或岩石与安全生境一样，创造了更多的湿润微生境 (图 4.6)。

在 Sonoran 沙漠，由较大的岩石或巨型仙人掌 (*Cereus giganteus*) 产生的庇荫控制着仙人掌幼苗的生长 (Turner et al., 1966; Steenbergh and Lowe, 1969)。在美国 Chihuahuan 沙漠，灌木使得其周围环境更适宜于多年生草本植物的生长 (Whisenant et al., 1995)。适口性好的维管植物可以从适口性较差的近邻植物获得益处 (Bertness and Callaway, 1994)。有刺灌木和果肉型仙人掌 (*Opunfia*) 保护了过度放牧的、有相思树属 (*Acacia*) 和牧豆树属 (*Prosopis*) 稀树的草原，有些益处涉及微环境的改善，同时也包括从大型草食动物获得的保护。

土壤表层的有机物质是种植地环境的重要改善者。在干旱的山艾树草地，枯落物通过改善大气温度和表层土壤、水分促进了具绒毛的雀麦幼苗的生长 (Evans et al., 1970)。雀麦 (*Bromus japonicus*) 在 4 月份的密度是枯落物积累量和秋季降雨量的函数，而且随着秋季雨量的减少，枯落物量的作用增加 (Whisenant, 1990)。并不是所有的物种都会受益于表层枯落物积累，如莱赫曼画眉草 (*Eragrostis lehmanniana*) (一种适宜于干旱条件的热季多年生草) 会在火灾烧除枯落物后迅速增加 (Ruyle et al., 1988)。

腐烂的原木对幼树来讲是一个安全的生境 (Christy and Mack, 1984; Scowcroft, 1991; Luck, 1995; Szewczyk and Szwagrzyk, 1996)。在俄罗冈地区，98%的西铁杉 (*Tsuga heterophylla*) 幼苗出现在腐烂的花旗松 (*Pseudot-*

图 4.6　在得克萨斯州西部（降水量约 400mm）的坡面上进行无任何覆盖的播种

砾石下面和周围的裂缝为幼苗的定居创造了大量安全的生境。土壤中的砾石为植物生长创造了大量的大孔隙，并保护其免受压实、径流和入渗困难的影响。相反，在没有砾石的或未进行种植地处理的光滑、裸露的土壤上播种，成活率明显下降

suga menziesii）原木上（Christy and Mack，1984），尽管这些原木仅仅占据了6%的面积。同时还发现，虽然种子在其他树的原木和矿质土壤上萌发，但幼苗在花旗松原木上相对生长较好。在夏威夷的 Hakulau 森林，有 53%～70%的天然树木更新发生于腐烂的原木上，而这些原木占到的种植地面积不足 2%（Scowcroft，1991）。尽管矿质土壤占了 97%的面积，但其上发生的树木更新仅占到全部的 25%～33%。

2. 内因性发展

利用植被改善环境对受损自然生境的修复具有深远的意义。由于植被适应并强烈地改变其周围的环境（如土壤和微气候），所以我们应该通过调控植被的变化来实现修复目标。例如，一旦转变为牧场，热带雨林的恢复就受到种子匮乏、种子被食和微气候环境恶劣等的抑制（Uhl，1988）。所以，退化热带森林的修复应采取的对策包括：①增加天然种子扩散；②减少种子被食；③改善微环境条件。要克服这些限制需要很高的费用，除非通过刺激天然生态过程来达到目标。

由于内陆的森林物种不能忍受现有的环境条件，所以不可能以本土雨林物种作为先锋物种。但是，已有若干研究表明，种植适宜的树种（本土的或外来物种）可以作为发展本土森林的第一步（Uhl，1988；Lugo，1992；Brown and Lugo，1994；Guariguata et al.，1995；Fimbel and Fimbel，1996；Ashton et al.，1997）。

在波多黎各地区（Puerto Rico），由于人工林改善了土壤和微环境条件，足以促进本土物种的天然入侵（Lugo，1992）。随着人工林树木的生长，改变了微环境条件，使其适宜于本土树种的生长。本土树种的生长使林地的枯落物积累量增加，有利于养分的保持并减少了土壤侵蚀的发生。同时，人工林还通过吸引动物带入种子加速了本土植物种的入侵。在湿润的热带地区人工林不能保持单种纯林形式（Lugo，1992），因为本土树种可以入侵到外来树种的下层或穿透树冠生长。当不存在严重的生境破坏时，本土树种将替代外来林种，而当存在严重的生境破坏时，将形成本土树种和外来树种的混交林（Lugo，1992）。在斯里兰卡（Sri Lanka）（Ashton et al.，1997）和乌干达（Uganda）（Fimbel and Fimbel，1996）地区也会发生同样的过程，因为那里的加勒比松（*Pinus caribaea*）作为“卫士树种”可以改善微环境条件，导致本土树种的定居。

尽管利用非本土植物种改善环境条件来促进本土植物种定居具有明显的和非常重要的优越性，但是也必须谨慎行事。为了避免出现问题，要对引入植物种在新环境中的表现进行充分的研究。每一个树种将创造一个独特的环境，有利于其他本土植物的生长。在哥斯达黎加地区（Costa Rica）的研究发现，在人工林对本土树种的定居和生长的影响中，树下更新的质量和数量随人工林树种的不同有较大差异，因为不同树种林地形成不同的光照环境（Guariguata et al.，1995）。在废弃的牧场上，速生的、果实丰富的树木通过吸引食果动物带来新的物种，创造了新的岛屿栖息地（Nepstad et al.，1991）。灌木的形态和冠体密度影响着其对风和温度的作用，同时，灌木的物理差异也影响着其对非人工草本植物种定居的作用。

4.3.3 物种有效性的分化

受干扰之后物种能否保存取决于其生存、迁移和繁殖体的定居能力（Gleason，1939；Pickett et al.，1987b）。许多演替过程可能更大地影响着受干扰后某些物种的有效性，而不只是物种替代的形式。由于植物的初始定居过程（尤其是树木）具有非常长远的作用（Roberts，1987），所以受干扰后的“初始植物组成”直接决定着演替，而不只是每一组物种促进演替物种的入侵（Egler，1954）。这就是说，植被的长期变化受某些物种早期入侵的控制。

调控植物种有效性的分化需要在减少非目标种的丰富度的同时增加目标种的

有效性。在自然生境的修复活动中常常只是对种子或幼苗的人工引进，而很少采取生态对策来处理物种的有效性问题。从长远来讲，随着修复对策如吸引目标种子携带者、增加从风或水中捕获繁殖体、减少种子被食等措施的采用，物种有效性问题将被重视。同时，不同景观要素之间的毗邻和空间关系也影响到这些措施的效果，所以对整个景观的设计就显得越来越重要。

1. 扩散

由于种子扩散的速度影响植被演替变化过程，所以，距离自然种源较远的生境发展缓慢（Ash et al.，1994），结果早期演替物种能够保持。在大部分修复项目中，采取人工播种或移植幼苗的方法来恢复目的物种，然而，这种人工植被恢复的代价是昂贵的，而且只有较少的物种能够找到作为商品的种子源。除了种子利润较高之外，它带来的只是很低的物种多样性和生态功能。于是，在特定的环境条件下，它只是有利于修复生境吸引那些能够扩散目的物种繁殖体的动物，尤其是对于利用家畜来运移种子具有一定的潜力。

种子扩散过程的数量和质量决定种子运移机制的效率（Vander Wall，1993）。尽管风可以携带大量的种子，但是种子随风扩散的质量相对较低。种子随风扩散的作用受主风向、种子结构、种子起源地和接受地地形条件的影响。种子随动物携带而扩散可以将大量的种子运移到微生境中来，促进物种的定居（Vander Wall，1993）。种子的分散储放是一条保存种子的有效途径。

在高度破碎的生境景观中，人工栖息木可以加速森林多样性的恢复，含有人工栖息木的生境较之其他生境具有更丰富、更多样的靠鸟类扩散的植物（McClanahan and Wolfe，1993）。在采取该措施之前，应该首先确定鸟类喜欢引进哪些植物种。鸟类或其他动物可以引进侵入性杂草来控制一个生境，同时排除其他物种（Robinson and Handel，1983）。所以，制定一个控制物种的计划表是非常必要的。

仅仅靠简单地增加种子迁移进入受扰生境还不能克服生境的缺陷问题。McClanahan和Wolfe（1993）发现，人工栖息木下的植物聚集并不能反映种子的输入，也不能说明后期演替物种再定居的成功。定居植物常常是具有小粒种子的早期演替灌木。在种子雨中的后期演替树种由于具有较高的死亡率，所以不会出现在新物种成员中。此外，严重受扰的生境也不能为后期演替物种提供适宜的环境（McClanahan and Wolfe，1993）。

在大多数自然生境生态系统中，牲畜的相对丰富度和广泛分布使它们成为种子的重要扩散者。有很多例子可以说明牧畜在吃了目的种子后将种子扩散到退化的生境中（Burton and Andrew，1948；Wilson and Hennessy，1977；Wicklow and Zak，1983；Ahmed，1986；Brown and Archer，1987；Simao-Neto et al.，

1987；Jones et al.，1991；Barrow and Havstad，1992；Gardner，1993；Ocumpaugh et al.，1996）。利用牲畜扩散种子需要对种子的存活、通过消化系统的效率（它是种子大小、坚硬度、质量和动物食性的函数）、发芽率和幼苗生长情况有深入的了解（Archer and Pyke，1991）。例如，软粒种子较之硬粒种子更易丧失生活力。这些指标目前已被用来区分植物和牲畜的类型（Yamada and Kawaguchi，1972；Jones and Simeo Neto，1987）。

由于山羊和绵羊在旋扭相思树（*Acacia tortilis*）和牧豆树（*Prosopis chilensis*）的广泛定居及种群建立中非常有效，所以它们被应用于半干旱地区的种子扩散（Ahmed，1986）。牧豆树和相思树幼苗至少在 4 个陆地上普遍出现于有蹄类动物的粪便中（Archer and Pyke，1991）。这些硬粒种子的迅速扩散证明了牲畜作为种子扩散载体的能力（Brown and Archer，1987）。另外，在 Chihuahuan 沙漠的研究表明，将含有四翅滨藜（*Atriplex canescens*）、碱生鼠尾粟（*Sporobolus airoides*）、蓝黍（*Panicum antidotale*）和格兰马草（*Bouteloua curtipendula*）种子的明胶药丸喂养阉牛（Barrow and Havstad，1992），大约有 95%的复原种子在 72 h 内通过阉牛，彻底复原率分别为四翅滨藜 10%、碱生鼠尾粟 46%、蓝黍 62%和格兰马草 0%；而被摄取 48 h 后，种子的萌芽率分别为四翅滨藜 15%、碱生鼠尾粟 50%和蓝黍 40%。

2. 种子被食

食种子动物的选择性消费影响植物群落的物种组成（Everett et al.，1978；Whitfond，1978；Kelrick and MacMahon，1985；Kelrick et al.，1986）。这种选择性极大地影响着一些修复措施的后果，特别是撒播种子。由于啮齿类动物和蚂蚁的危害，有些生态系统中种子的损失率达 30%～80%（Archer and Pyke，1991）。例如，在一个老年野生群落中，非草属草本植物种子的损失率为每天 3%～45%（Mittlebach and Gross，1984）。在北美和以色列，啮齿类动物是干旱半干旱地区的主要食种子动物，而在南美、澳大利亚和南非，蚂蚁成为主要食种子动物（Kerley，1991）。在南非的开罗，小型哺乳动物运移种子的方法有别于在北美和以色列沙漠，但却类似于澳大利亚和南美沙漠中的情形（Kerley，1991）。

小型食种子动物（如蚂蚁）会影响植物的密度，因为它们在种子密度较低的情况下仍具有很高的觅食能力。在 Sonoran（Daridson et al.，1984）和 Chihuahuan 沙漠（Davidson and Samson，1985）通过控制研究发现，清除蚂蚁（专食小粒种子）可以增加成年植物的密度。食种子的脊椎动物扩大了被食种子类型和大小的范围，但它们更喜食大粒种子（Davidson，1993；Heske et al.，1993）。这表明种子被食，特别是大粒种子，将会妨碍植被的演替，而小粒种子被食则影响较小（Davidson，1993）。由于大型食种子脊椎动物的选择性，可以改变植物种的组成和演替的方向（Davidson and Samson，1985；Samson and Phillippi，1992）。试验表明，排除专食大粒种子的啮齿类动物将减少短生活期植物的多样性和生产力（Samson and Phillippi，1992）。大粒种子被食还延缓了加利福尼亚丛林的演替过程（Louda，1982）。然而，对山艾树草原的研究表明，可溶性碳水化合物的含量较之种子大小成为决定啮齿类动物对种子选择性的更重要的指标（Kelrick and MacMahon，1985）。

选择性的种子被食会影响自然生境的修复，特别当种子被撒播在土壤表面时（Nelson et al.，1970）。在 Chihuahuan 沙漠的袋鼠较之牲畜对植被影响更大，因为它们可以觅食种子、储藏种子和破坏土壤（Heske et al.，1993）。在华盛顿州的半干旱内陆地区的一个研究中，在典型的播种阶段将草种以“自助餐”的形式摆放在地上，调查当地栖息的 25 种鸟类对种子的消费状况（Goebel and Berry，1976）。结果表明，鸟类更喜食多年生草类的种子，而不是一年生草类的种子。在以撒播为主要形式的干旱半干旱地区，鸟类通过它们的觅食选择性可以抑制目的物种的定居（Goebel and Berry，1976）。

可以采取以下措施来减少种子被食，但是结果也会因地而异：①设计具有较小周长/面积比的生境；②在不可预测的时间或食种子动物种群数量较少的时候撒播种子；③撒播超过动物危害数量的种子；④通过措施增加栖息地中以食种子动物为食的鸟类和哺乳动物的种群数量；⑤使用药剂毒杀啮齿类动物，减少食种子动物的数量；⑥对种子染色以避免被食。

尽管很少有修复项目能够设计出大而且完美的栖息地，或者在捕食者种群数量处于最低谷时进行播种，但是以上措施有时也会很管用。例如，在某一年对毗邻生境进行播种可以增加周长/面积之比，减少捕食者种群扩大的潜力（Archer and Pyke，1991）。另外，还可以采取措施错开对毗邻生境的播种，让食种子动物种群数量恢复到毗邻生境播种前的水平（Archer and Pyke，1991），因为对毗邻生境进行连续若干年的播种会增加食种子动物的数量。

让捕食者饱食对于大多数自然生境条件来说显得代价太高，但对某些特殊情况非常实用。例如，据研究，只要提供向日葵和扭叶松（*Pinus contorta*）种子的比例为 2∶1 就能将啮齿类动物对松树种子的消费由 85%降低到 28%～58%（Sullivan and Sullivan，1982）。另据研究，在增加向日葵种子后，花旗松（Douglas fir）幼苗的定居率由 5%增加到 50%（Sullivan，1979）。尽管在自然生境修复过程中采用让捕食者饱食的方法还没有被广泛地试验，同时没有提出一个总的有效的建议，但是它的应用前景令人着迷。

在一些地方，通过栖息地管理、啮齿动物的药杀和种子染色可以减少种子损失。通过增加猛禽和哺乳动物数量可以减少啮齿类动物种群的数量。改善猛禽的巢穴和栖息木的结构（MacMahon，1987），以及为哺乳动物设计安身之地(Archer and Pyke，1991)，可以减少种子的损失。毒杀啮齿类动物和种子染色可以减少撒播种子后因啮齿动物和鸟类捕食的种子损失（Vallentine，1989）。啮齿动物毒剂减少了啮齿动物的数量，种子染色破坏了食种子动物的觅食方法，降低了其识别种子的能力。但是，如果这些种子数量丰富的话，食种子动物将会找到新的觅食方法。

第5章　修复植物筛选

如果不是只依靠自然恢复的形式，而是借助修复植物的引入来实现生态系统的修复，那么必须从以下两个方面入手：①通过改善生境条件来满足目标植物生长发育的基本要求；②筛选能适应当地生境条件的植物。修复植物的选择，不仅要能充分利用当地的资源条件，而且要对改善微观生境条件、提高资源利用效率也有一定的促进作用。本书始终强调自然生境的自我修复过程，即随着时间的推移，植物会逐渐适应修复地的生境条件，实现受损生境的自动修复，但在这个过程中人们通过系统研究受损生境的修复机制，可以科学地指导自然生境的修复过程。

要为每一个生境景观分区筛选出适宜的植物种或物种组合是一个系统而全面的决策过程，需要综合考虑诸多因素（表 5.1）。过去，许多生态修复的项目，修复效果在前期阶段表现得十分显著，但最终还是没有达到目的，究其原因主要在于所选择的植物生态适应性比较差。生态适应性好的植物不仅仅在现有的生态条件下能够正常生长和发育，而且还要能够充分应对生态条件的突变，并能在改善当地微生态环境的同时，对污染的水质和氮循环过程有所修复。正因为某些植物具有对生境修复的功能，所以，这些植物也被称为“生态系统的工程师”(Jones et al.，1994；Lawton and Shachek，1997)。可见，正确选择修复植物，对促进生境内部、周边区域及生境内生物与环境之间的互利关系有着十分重要的意义。不过，在阐述修复植物选择的基本原理前，有必要对应用于生态修复的过程调控法做简单说明。该方法是以生态系统功能的修复为主要目标，对修复过程十分重视，虽然它并不一定要把原来生境中的特定植物或植物类型进行全貌复原，但也不排除重新造就一个与过去生态系统相似的自然生境。

种植某种修复植物时，首先要确定种植方法，究竟是采用种子播种、育苗移栽、扦插还是整株移植，这需要根据不同植物种类而定。同时，种植材料（种子、种苗）要充足，费用要合理，并且能够适时种植。另外，还要考虑下面 4 个问题：①这种植物需要异地购买或租赁其他设施吗？②这种植物的正常生长还需要其他的矿质元素或盐基阳离子吗？③为了避免被动物采食，这种植物还需要防护吗？④种植这种植物值得其他额外的花费和麻烦吗？

表 5.1　选择适宜于不同生态区域的植物或植物混合种时需要考虑的因素

制订明确又能达到的修复目标（第 1 章和第 8 章）
以修复受损生态过程为目标（第 2 章和第 3 章）
以调控植被变化为目标（第 4 章）
考虑实现修复目标的时间进程（第 1 章和第 4 章）
以提供物质产品和服务功能为目标（是供应草料、木材、饲料、薪柴，还是土壤保持、水资源管理及水质）（第 1 章、第 3 章、第 4 章及第 8 章）
从生态、实践、经济以及对辅助性设备需求角度出发，考虑对植物潜在的制约性（如种子成本、有用性、质量及播种期等）（第 1 章、第 4 章、第 5 章、第 6 章及第 7 章）
明确植物对现有及未来条件的适宜性
气候条件（包括异常气候现象）（第 4 章）
演替阶段（第 4 章）
微气候条件（第 4 章）
土壤状况（水分、生物、紧实度、养分含量、酸碱度、侵蚀因子）（第 2 章、第 3 章及第 5 章）
干扰形式（动物采食或烧荒），病虫害危害（第 4 章）
确定每个待修复生境中植物的种间搭配
通过管理实现能够提供物质产品和服务功能的目标（第 1 章和第 4 章）
快速稳定待修复生境并恢复被损坏的生态过程（第 2 章、第 3 章和第 5 章）
提供合适的遗传和功能多样性（第 2 章、第 3 章和第 5 章）
与邻近的生境景观组分及其他物种协调发展（第 2 章、第 4 章、第 5 章、第 7 章及第 8 章）
改进生境条件（微环境条件、水文条件及土壤和养分状况），并建立自生恢复过程（第 2 章、第 3 章、第 4 章、第 5 章及第 6 章）
明确植物的种子、苗木及其他器官的用途（第 5 章、第 6 章及第 7 章）

注：相关内容在表中做了章节标注，供深入学习参考

5.1　植物种及其种间搭配

越来越多的实践表明：通过育种手段或定向选育的方法可以克服植物本身存在的一些缺陷，但利用这种途径所获得的植物，在自然生境中仍存在着较为严重的不足。例如，在干旱半干旱生态区域，当水肥充足时，人们自然会从产量和品质角度出发，选育出饲料植物类型，但这种高产优质的饲料植物却不能很好地适应水肥不足的生态条件。事实上，在干旱条件下，许多高产植物的适应性特别差。Johnson 等对 29 个冠状冰麦草品种的水分利用率进行了比较研究，结果表明高产植物品种的水分利用率比较低，水分利用率（WUE）与产量呈反比关系(Johnson et al.，1990)，可见，水分不足的自然生态系统对低产的植物品种比较有利。

许多高产的植物对养分不足的环境适应能力也较差。在养分不足的条件下，

植物逐渐适应了低肥环境，并表现出以下特征：植物生长缓慢，吸收的养分少，产出低，草食动物和腐解生物对其危害也小（Grime and Hunt，1975；Poorter and Remkes，1990；Poorter et al.，1990；Aerts and Peijl，1993），从而有效地吸收利用了养分元素（Flanagan and Cleve，1983；Coley et al.，1985；Coley，1988；Brant et al.，1992；Hobbie，1992；Aerts and Peijl，1993）。相反，许多为自然生境选育的植物或植物品种，生长速度快、品质优良，物质循环快，养分易流失。将其种植在贫瘠的土壤上，如果养分元素不能持续供应，必然会导致生态系统出现不稳定的状况（Burrows，1991；Myers and Robbins，1991）。当能量补给不足时，种植这些高产植物就需要考虑植物养分需求与养分有效性匹配是否合理。在低氮水平的自然生境土壤上，如果早期连续种植植物或种植高氮植物，最终结果会令人失望的（Burrows，1991）。所以，定向选育的修复植物品种虽然在自然生境修复方面发挥了重要作用，但也时常遭到那些主张利用本地植物品种来修复自然生境的学者极力反对。

因此，为了提高修复植物的适宜性，就需要制订一个完善的植物品种筛选方案。完善的修复植物筛选方案应具备以下3个条件（Jones，1997）：①该植物品种是相对重要的，仅有个别性状缺陷；②简单的操作方法不足以克服该品种缺陷；③植物选育的方法能够克服品种缺陷，并能从生态学、生理学及遗传学角度解释清楚。

在几乎所有的环境中，植物都可以生长，只是在极端环境中生长较差。由于恶劣的环境会抑制植物的生长和生产潜力的发挥，致使人们不得不为生态条件的改善而花费更多的时间。如果植物在多变的生态条件下（即生态幅度宽阔）能够旺盛生长，那么这种宽生态幅内的植物就会被用于生态修复。这类植物之所以被应用，至少有3个方面的原因：①不需做专门的定位研究，就能稳定地在该生态区域定居生长；②具有较宽的生态幅，从而减少了环境变化的影响；③繁殖系数高和营造技术成熟（Coppin and Stiles，1995）。以上也是能够适应各种环境的植物标准混合种的基本特征，这个混合种无论在实践中如何应用、如何评价其操作性、要采用何种附加设备、对管理投入要求如何等，其结果都是可靠无疑的。

自然生境的修复项目总是期望在生态修复的同时，也能给人类带来一些物质产出和精神享受（如水土保持、水质、水量、生物多样性、美学、饲料、木材、野生动物栖息地等）。但这些修复植物怎样才能符合预定的目标呢？当前自然生境修复植物混合种的筛选要考虑以下5个方面：①本土物种；②物种多样性；③功能多样性；④集合规则；⑤生态系统的自我调节能力。

5.1.1　本土物种

由于本土物种与当地环境具有很好的协调性，因此，大多数自然生境的在修复时，刚一开始就利用本土物种的做法还是比较妥当的。这是由于本土物种长期生长在当地，已经适应了当地的气候条件，且能与当地的其他物种协同生长；另外，本土物种引发生态危机的可能性很小，除非有其他生态危机的出现（如落后的放牧管理）。利用本土物种修复自然生境时要考虑两个重要方面：①适合当地环境的当地遗传资源是由哪些组成的；②这点也是最有争议的，即应用外来品种时要考虑哪些环境因素。

1. 种源

人们对从修复地以外引进种子或种苗来修复自然生境存在着明显的分歧。其中一种观点认为：外来物种适应性差，且会导致本土物种的遗传污染，使其生活力和竞争力下降，因此是十分危险的做法（Knapp and Rice，1994）。所以有人就建议当地植物品种应该来源于以修复地为中心的东西 160km，南北 330km 以内的范围（Welch et al.，1993）。但也有人认为，草本植物从 100m 以外、木本植物从 1km 以外搜集种子到修复地种植也是不安全的，这也有可能导致本土物种的“遗传污染”（Linhart，1993）。

遗传污染即基因渗入，包括杂交、回交以及回交种的混交等形式。基因渗入造成了本土物种基因的稀释，所产生的杂交种适应当地环境条件的能力比较差（Linhart，1993）。但我们可以把“基因渗入”看作是自然选择的一种形式，适者生存，不适者被淘汰。杂交种有时更适应当地的条件，严格划定引种距离是不现实的，而且也不能得到遗传学和物种进化学理论的支持。基因渗入在自然界的植物中不仅普遍发生，而且成为植物进化的重要途径。由于基因渗入而产生的遗传变异，经常会形成一些更能适应当地环境条件的新的植物基因型。在一定的生态位上，这些源于其他物种的植物，由于其遗传组成中渗入有其他物种的遗传物质，它很有可能比 F_1 杂交种的繁殖能力高，适应能力更强。

较大地理尺度内的植物品种的遗传变异性要比较小尺度内的植物品种的遗传变异性大，寿命长的木本植物品种的遗传变异力要比寿命短的木本植物品种大（Linhart，1993）。典型的异花授粉植物，如果在群体内仅仅靠风力传粉受精，其遗传变异与自花授粉的遗传变异力没有多大的差别（Linhart，1993）。植物品种的遗传变异力与当地的条件有关，如地理位置、土壤条件、种群结构的显著差异会形成独一无二的遗传组成。值得强调的是，植物品种在下列几种情况下不会发生遗传变异：①大多数的海洋物种；②有严重种群制约的物种；③表现型塑性高的物种（Linhart，1993）。

多基因来源导入法是指，把从比较大的物种范围内收集的不同基因型植物类型进行混合种植，然后根据植物不同的生态适应性，从中筛选出植物品种的方法。这种方法与植物育种方法相结合就是所谓的植物品种的聚同分异筛选法

(convergent-divergent)(Munda and Smith，1993)。聚同分异筛选法是指多基因来源的天然杂交种，经过人工循环选择后而获得具有广泛适应性的植物杂交种的方法。首先，在指定的生态区域内，对多基因来源植物种进行群内组配，得到多基因来源天然杂交植物种群（聚同阶段）；其次，把这些种群种植在所指定区域的不同生境，然后以不同生境为目标生态区域选择植物类型（分异阶段）；接着又把这些植物类型的种群从指定区域的不同生境收集后，继续回到原地进行群内二次组配（二次聚同阶段）；这一过程不断重复直到获得具有广泛适应性的遗传材料（至少都要在指定的区域进行）(Jones，1997)。

要在恶劣环境种植植物，最好从相似的地方收集种子。在干旱半干旱区域，由于种子（或移植的苗木）适应性差经常导致植物种植失败。商业化的种子很少提供种源的充分信息，因此，见多识广的种子收集者喜欢在与恢复点条件相似的区域来收集种子（Van Epps and McKell，1978）。他们往往能从自然基因型中筛选出可以在修复点正常生长的植物种。收集和利用适应性好的植物要满足以下 4 个条件：①有特殊的生态型；②商业化的种源不多；③直接利用能力高；④商业化可能性不大。

2. 外来种的应用

外来种在自然生境修复中有作用吗？如果有，那么它在什么条件下才有用？一般来讲，本土物种应该重返到原来生境中，因为他们在那里的适应性好且能够容易完成修复的目标，但是，在下列情形中，本土物种却不是最好的选择。例如，原有的生态环境已经完全改变，致使本土物种不能定居繁衍；社会经济条件变化，使本土物种不能为人们提供生活物质和服务而逐渐被淘汰。这种情况下，人们就应该考虑外来种或者外来种与本土物种的混合应用。外来种对生态系统功能的修复有一定的作用，且与生态修复的总体目标以及修复目标的完成程度紧密相关（Hobbs and Mooney，1993）。

我们必须区分有问题的外来种及有基本功能和经济作用的外来种。在任何情形下，外来种虽然不会大范围地改变生态系统的特性和过程，但它会一直对生态系统产生冲击（Vitousek，1990）。在自然系统中，经常可以看到外来种引起生态系统崩溃的实例（Mack，1981；Vitousek，1990；Lodge，1993；OTA，1993；Lonsdale，1994；Cronk and Fuller，1995），而且会导致生态系统过程的彻底改变（D'Antonio and Vitousek，1992）。野葛（*Pueraria lobata*）、风信子（*Eichhornia crassipes*）及野蔷薇（*Rosa multiflora*）等，这些被认为很有修复价值的植物曾被广泛地引入到美国，但最后均成为恶草（OTA，1993）。19 世纪 40 年代，人们认为野葛（*Pueraria lobata*）生长速度快、容易繁殖且适应性强，能够有效地控制水土流失，所以，在美国东南部被广泛地种植，现在野葛的肆意蔓延却变成了严重的生态问题；紫花珍珠菜（*Lythrum salicaria*）是很有观赏价值的花卉植物，但它却是湿地生态系统的主要杂草；黑木金合欢（*Melaleuca grandiflora*）通过与佛罗里达湿地生态系统植物的强烈竞争，迅速改变了湿地生态系统的地形和土壤条件，导致该湿地系统严重退化（OTA，1993）；在澳大利亚，橡胶藤（*Cryptostegia grandiflora*）形成30～40m厚致密的灌木层而使其他植物窒息死亡。可见，要预见外来植物会带来什么样的问题是很难的（Mack，1996），因此，在引进外来种时要特别小心。外来种的引进范围要严格限制在该物种种群已经建立但尚未带来生态问题的区域以内。

有些外来种能很好地适应生态复修区的条件且在一定程度上会超过生态修复的目标。冠状冰麦草类（*Agropyron cristatum* 和 *Agropyron desertorum*）和一些非洲画眉草（*Eragrostis lehmanniana* 和 *Eragrostis curvula* var. *conferta*）能承受牲畜踩踏，在被损生境中容易定居存活，且能很快控制当地植物的生境，即使在干旱半干旱条件下也容易定居繁衍，所以在美国西部地区被广泛种植（Hull and Klomp，1966；Hull and Klomp，1967；Marlette and Anderson，1986）。冠状冰麦草也具有限制植物多样性的能力（Marlette and Anderson，1986）。在亚利桑那州东南部，弃牧20多年后，种植非洲画眉草的区域内当地动植物的种类要比种植当地多年生优势草的区域少，这说明非洲画眉草也可以限制植物的多样性（Bock et al.，1986），目前，非洲画眉草在亚利桑那州东南部种植面积至少有14 500hm^2（Anable et al.，1992）。与功能健全的当地草地系统相比，非洲画眉草支配的区域物种多样性比较低。由于冠状毛冰麦草和非洲画眉草定居后形成的种群比其他物种要稳定，因此它们被广泛用于生态修复中，这一特性对解决物种丰度问题很有作用。

在植物利用研究领域，有这样一个公理，即具有明显兼容性的当地物种不一定能与其他物种协同进化。一些专家认为，还没有证据证明有一种“能够与很多物种协同进化并形成复杂机制来实现共生平衡且生活力旺盛的植物群落”。由此可见，对由当地物种和通过聚同分异筛选法选择的物种所组成的稳定顶级植物群落进行争论是没有现实意义的（Johnson and Mayeux，1992）。

外来草种通过导致土壤和植被退化，产生长期的负面影响。在北美，改变当地植物品种，如在草原上不论种植冠状冰麦草还是种植俄罗斯黑麦草（*Elymus junceus*）都会引起植物根的总量、土壤有机质含量以及使干燥土壤团粒聚合的单糖含量降低（Dormaar et al.，1995）。在干旱半干旱地区，冠状冰麦草不能覆盖的土地面积是当地植物种的10倍多（Lesica and Deluca，1996），尽管覆盖面积小，冠状冰麦草的地上生物累积量比当地植物种要多，而地下生物量相对较少。地下生长慢，所产生的根系碎屑和根系分泌物也就较少，微生物的活动也不会很强，这样就会提高土壤团粒结构的稳定性（Lesica and Deluca，1996）。与当地草地相比较，冠状冰麦草植丛密集，水稳型土壤团粒少，土壤有机质和有效氮也较低（Biondini et al.，1988）。冠状冰麦草能够给土壤提供较多的有机质，而供应的有机氮却很低，一半以上的有机氮是由当地植物来提供的（Klein et al.，1988）。这就会增强土壤有机氮的矿化过程（此即所谓的激发效应），即增大了土壤净有机氮的矿化量（Lesica and Deluca，1996）。当土壤有机氮被耗尽时，植物的产量也就不会增加。在这些情况下，即使引进植物也不能保持土壤的理化特性。

5.1.2　物种多样性

物种的多样性对选择植物品种有很重要的作用。物种丰富的生态系统稳定性高，能够抵抗异常的气候变化和病虫危害。人们普遍认为：在一个成熟的种群中，不同生态位的物种之间会相互弥补，并可以减少相互之间的直接竞争（Whittaker，1970）。有证据证明，生物多样性可以缓冲人和自然因素对生态系统稳定性的干扰（Smith，1996；Tilman，1996）。但物种多样性并不仅仅是用来维持生态系统稳定性的。

物种丰富的生态系统所具有的稳定性、抵抗风险能力以及自我恢复能力更多地来源于功能的多样性，而不是物种的多样性。尽管有证据表明，生态系统功能的多样性与生态系统短期的稳定性相关（Van Voris et al.，1980），但功能多样性并不是仅靠增加物种多样性就可以实现的。一种功能可能是由几个物种或者是由具有多个功能的特殊物种来实现的，物种和生态功能之间并不存在着一一对应的关系（Haila et al.，1993）。尽管目前人们尚不清楚正常的生态功能是否必须由物种多样性来保证，但物种多样性对保证生态系统功能的正常发挥却是毫无疑问的（Hobbs，1992b）。生态修复和保持的过程要在哪个层次进行是当前生态修复所面临的困难所在，是在片断层次上还是在广阔范围水平上？具有基本功能物种的引入将有助于生态系统功能进一步完善，而遗传多样性对协调解决当前利益和长远利益的矛盾则十分有用。

5.1.3　遗传多样性

研究者十分重视可以有效修复自然生境的植物优良品种的选育工作。尽管合适的植物品种能提高生态修复成功率，但在不断变化和不可预测的条件下，遗传变异力较低的植物品种是不利于生态修复的。况且自然生态系统本身就有多变性和不可预测性，植物品种就不可避免会在生态修复效果上产生这种差异。许多遗传变异力高的自然物种完全可以适应异常气候、土壤和地质条件变化（Stutz，1982）。当把适应性好的植物品种引进到与它起源地生态条件相匹配的环境中时，就会起到很好的修复效果。同样地，如果要向生态条件多变的环境引进植物，这种植物则应该具有较高的遗传多样性，才能提高植物在生态修复点定居生长的成功率（Stutz and Carlson，1985）。但也有人认为，采用遗传多样性混合种会抑制其对当地条件适应性的演进（Guerrant，1996）。

由于缺乏有效适应生存条件的植物品种，因而，种内遗传多样性在生态修复中的作用被认为更为重要。可以提高遗传多样性的方法有两个：①从自然多样性高的种群中筛选种子；②把多基因来源材料的种子混合种植。人们对种内遗传多样性品种的筛选措施褒贬不一，单基因来源的支持者认为确保当地植物遗传物质的完整性是植物适应当地条件的根本所在，这是因为与“外来”遗传材料进行杂交时，会出现远缘杂交的不亲和现象（Guerrant，1996）。他们明确地反对把“已经杂交组合的遗传材料”应用于生态恢复。现在普遍认为，种内DNA总量的变化可以有效地促进植物个体在多变的生境中充分利用微气候或者临时的生态位（Mowforth and Grime，1989）。

多基因来源遗传材料可以把物种基因多样性与某一生态位点或生态相似的位点结合起来（Jones，1997），从而有助于降低风险。把从一个区域不同地方收集起来的遗传材料与大批量自花授粉植物组合成一个复合群体，这个群体至少部分材料适应种子来源地。这种观点的支持者认为，多基因来源遗传资源的引入会提高遗传多样性进而促进植物对未来环境条件的适应。种子公司现在销售的混合种是由多达15个基因型（不同遗传来源或相似物种的）组成的复合种。如果不同基因型混合种子繁育是在灌溉和施肥条件下进行的，那么种子抵抗风险的能力就值得怀疑。几乎混合种子繁育的途径都是从整个种群的群系中来筛选的，而不是在整个种群中进行的，这样，异花授粉和自花授粉植物种子繁育措施就要力求保持甚至进一步地提高植物遗传多样性（Munda and Smith，1993）。

从实用角度出发，多基因来源导入法也承认：要为一个特殊的生态区域提供充足的种子是相当困难的。因为许多植物在适应性不明确情况下，若基因来源单一，那么从这些植物上获得的能够在生产应用种子量也就不会很多。所以，草本植物要在数十米或更小的范围内、木本植物在100～300m的范围水平上验证它们的自然遗传变异力，其结论当然是有问题的（Linhart，1993；Knapp and Rice，1994）。而且，当生态修复位点范围比较大时，特定基因库的实用性就不会很大。

遗传变异的重要来源是染色体组的变化，即染色体重组或染色体加倍（Stutz，1982；McArthur，1991）。染色体重组的植物通常可以适应不同生境，并与不同生境或自然生境的物种相适应，虽然迄今尚未查明，但这种特征在一些物种上得到了表现（Stutz，1982；McArthur，1991）。例如，四倍体山艾树（*Artemisia tridentate* ssp. *vaseyana*）是源于二倍体的山艾树染色体的加倍重组，但它比二倍体的山艾树更能适应比较干旱的环境（McArthur et al.，1998）。

植物筛选方式对植物的基因流动速度及植物的适应性也有着重要影响（Rice

and Knapp，1997）。基因流动就是遗传物质从一个种群转移到另一个种群的过程，简单地讲，就是把外来植物的遗传物质通过一系列途径转移到当地植物体内。植物的授粉方式不同，其基因流动速度也有很大的差异。例如，风媒花植物基因流动速度比虫媒花植物基因流动速度快（Jones，1997），自花授粉植物的基因流动速度相当低。另外，基因流动速度大的杂交植物种可以超越自然选择的影响，所以，如果植物的基因流动速度大，自然选择的能力就会下降，甚至可以有效地避免环境梯度的强烈影响而创造出适应当地条件的种群（Rice and Knapp，1997）。当然，在某些条件下，基因流动也可以产生新的理想遗传类型（Jones，1997）。

生态景观的稳定性与植物保持最低水平的遗传多样性有一定的关系（Linhart，1993；Knapp and Rice，1994；Urbanska，1995），生态景观会制约物种和种群持续进化，进而也会制约其后代的适应力（Frankel，1974）。如果植物具有足够的遗传变异力，并让其通过自然选择过程来形成适应环境的特征，那么，这些植物种就能很好地适应不断变化的环境条件（Harris，1984）。

5.1.4　功能多样性

复杂的植物种搭配对保证生态系统功能的完整性有用吗？如果生态系统的物质流量和能量流量都比较稳定的话，如在许多物种单一的生态系统内，由于生物量的控制通常是靠资源限制来实现的，那么，如何搭配植物就显得不是多么重要（Ewel，1997；Hooper and Vitousek，1998）。由于物种多样的群落要比简单的群落具有更复杂的生态过程，植物种搭配要考虑系统内的捕食关系、共生关系、授粉方式及养分循环过程等，所以，科学合理搭配植物种也十分重要（Ewel，1997）。而且越来越多的人认为，通过不同植物的搭配可以完全实现生态系统功能的修复（Ewel，1986；Westman，1990；Ewel et al.，1991；West，1993）。可见，根据植物个体对某种特殊生态条件的变化的适应性和抵御能力，把植物（或植物其他组织）划分成若干个功能植物类群相当重要。单因子生态学观点过于简单化了生态系统的功能和过程，致使人们难以准确描述植物种是如何在特定的生态系统内发挥作用。

尽管生态系统的每个功能都是很重要的，但在生态系统和气候环境中，哪些因素是限制性的应该明确。例如，在水分胁迫的环境中，植物应该具有促进水分循环过程（如水分渗透、水土流失、土壤结构发育等）、提高水分利用率、改善微生态环境的功能。在土壤养分严重耗竭地区，植物种应该能增强养分吸收、获取、保持对耗竭养分的利用效率。值得强调的是，生态系统修复时应以系统中被损的原初过程（水分循环、养分循化及能量获取过程）修复为重点，至于生态系统的其他功能则可以靠生态系统自然发育过程或者靠人工途径来逐步修复到原来的状态。

由于人们不能把所有的功能植物种群（或植物功能同位种团）都纳入到植物混合种内，所以，搭配植物时就要重点考虑那些可以调节或支配生态系统过程的功能植物种群（Walker，1992）。能够调节或支配生态系统过程的功能型植物应具有以下特征：①可以改良土壤资源利用、使用的效果；②可以在群落中调整捕食关系（养分结构）；③可以减少灾害性因素（如火灾）发生的频率、严重度和范围（Vitousek，1990；Chapin et al.，1997）。也可从下面 5 个方面对功能性植物的重要性进行评价：①生态对策；②繁殖对策；③授粉方式；④对生境的稳定及主要生态过程修复；⑤功能性冗余。

1. 生态对策

生态对策是指一组具有相似遗传特性的生物种的生态策略，这些生物种广泛存在于不同物种或种群之间（Grime，1986）。尽管生态对策在技术应用过程中还存在一些概念上的混乱（Burrows，1991），但它可以建立一个简明的生态框架体系，有助于人们全面掌握生态系统的信息或各个环节。

植物在某个区域内成功定居并生长依赖于其生态对策。植物生长速度缓慢（环境胁迫下）、生物量降低（人为干扰下）等会对植物的生长产生不利的影响（Grime，1977；Grime，1979）。外部环境的胁迫因素（如光照不足、缺水、缺肥以及极端温度等）会导致植物生长缓慢，而人为因素（如烧荒、放牧、机械损伤等）会导致植物生物量降低。显而易见，环境胁迫和人为干扰会以不同的强度或频度共同对植物产生伤害，但仅仅考虑其出现频度与强度大小两种情况时，它们就以 4 种不同组合形式对植物产生伤害。其实，这 4 种组合形式中，在环境胁迫强、人为干扰大的条件下会导致植物死亡；而在其他任何一种形式下，植物以相似的适应性和可以预见的方式来应对胁迫和干扰，并在演进过程中形成不同的植物类型（耐胁迫型、竞争型、丛生型）（表 5.2）。这种分类方式虽然考虑到了植物对一系列特殊环境条件的反应（如资源可用性和胁迫范围等），却忽略了植物本身的一些特性，因而也有不足之处（Smith and Houston，1989）。概括地说，生态对策理论有助人们筛选出生命力强的植物来增强其生存能力。在严重退化自然环境中，环境胁迫强、人为干扰大的情况很多，截至目前，仍然没有一个生态对策可以有效地应对这一状况，只有尽可能地减轻环境胁迫和人为干扰对植物的危害程度（Coppin and Stiles，1985）。

表 5.2　三种类型植物的特性比较及其在生态恢复中的应用

	竞争型植物	耐胁迫型植物	丛生型植物
植物特性			
适应的条件	竞争激烈	非生物胁迫	人为干扰
生活型	草本、灌木、乔木	地衣、草本、灌木、乔木	草本
寿命	长或较短	长到很长	很短
开花频率	通常每年一次	间歇性开花	多次开花
繁殖生长的比例	小	小	大
最大的相对生长率	快	慢	快
光合及矿质养分的吸收	季节性，整个养分生长期	机会性，与养分生长无关	机会性，与养分生长相关
叶片物候学特征	生叶期充足，生叶潜力最大	常绿，生叶方式多变	生叶期短，但潜力大
叶型	叶片宽大，叶脉发达	叶片小，外被角质，叶针型，多肉质	形态多样，叶脉发达
光合产物及养分储藏	一部分用于养分器官的生长发育，一部分储藏起来以满足下个季节生长的需要	储藏在叶片、茎干以及根系中	储藏在种子中
根茎比	中	高	低
根叶组织的寿命	较短	长	短
有无养分的过度消耗	无	有	有
死亡率	密度制约的	非密度制约的	非密度制约的
对胁迫的反应	迅速地进行养分生长	规模小、反应迟钝	迅速地从养分生长阶段转入殖长生长阶段
植物特征在生态恢复中的应用			
	适宜于养分生长充分，竞争剧烈的地方（像生长密度大的草地） 适宜于通过林间播种来实现养分生长的地方 适宜养分生长充分的湿地、林地、草地以及灌木地 适宜能迅速完成养分生长的地方	适宜于非生物环境恶劣的地方 适宜于沙漠和严重缺水的生态系统 适宜于土壤贫瘠的地方 适宜于酸性土壤 适宜于地表覆盖严实的林地 适宜于紫外线辐射强、有极端温度的高海拔地方 适宜于土壤钠离子或其他有毒物质含量高的地方	适宜于受高度干扰的地方 适宜于干扰频繁发生的地方 适宜于地上部移植后需要迅速和短期稳定的地方 适宜于具有短而不可预料的生长条件的地方

资料来源：Grime（1979，1986）

胁迫作用强是严重受损生境的一个典型特征。其他植物也会诱导产生胁迫(如浓密遮阴或矿质养分短缺等)(Grime，1986)。由于植物对周年不断的一种或多种竞争性胁迫的耐性是不同的，因此，在这种情况下，想借助形态适应和季节性生长避过胁迫不太可能(Grime，1986)。所以，在恶劣的环境下，耐胁迫植物要能自我调节生长中心，降低养分器官的生长发育过程，以确保已经成熟的个体存活下来(表5.2)，只有这样，植物才能在胁迫强度和生存难度都大的环境中存活下来(Grime，1977；1979)。

在竞争性的环境中，竞争型植物可以支配大量的养分条件，因而受到的外界干扰也很少(表5.2)。在生长过程中，竞争型植物在养分保证的条件下，养分生长十分迅速，这与生长慢、具有多年生长结构的耐胁迫型植物形成明显对比(Grime，1977；1979)。所以，在竞争条件下，多年生植物就要能够迅速地从土壤中获取养分，产生新的叶片和根系，以增加其覆盖度，提高竞争能力(表5.2)。可见，在一个成熟的生态系统或者养分生长潜力大的被损生态系统中，竞争型植物的应用是十分有效的。

在肥沃的环境下，人为干扰会促进生活周期短、生长快、繁殖系数大的杂草的生长发育(Grime，1986)。在生态演替前期阶段，杂草都是些生活周期短、繁殖系数大的草本植物(表5.2)；在人为干扰的环境中，繁殖系数大的杂草也很普遍(Grime，1977；1979)。所以，在人为干扰条件下，正确选择可以支配系统的丛生型植物，会有助于被损生态区域的尽快修复。因为被损生态区域的处于生态演替的前期阶段，顶级物种还没有定居，就谈不上生存和繁殖，所以修复的难度大。如果这些难度可以预料，那么，在贫瘠的培育土上，种植丛生型植物[如生命力强的一年生、二年生和(或)寿命短的多年生的草类]，即使不能生长繁殖，它们在生态演替前期阶段也具有重要的作用(DePuit，1988b)。正确选择丛生型植物或拓荒型植物，可以通过下列途径加速生态系统的演替进程：①固定土壤；②增加土壤有机质；③增加土壤养分；④竞争性地消除非期望的拓荒型植物。

在功能完整的生态系统中，植物生长与养分供应是协调一致、同步进行的，但多数生态系统水肥供应仍具有脉冲性。所以选择植物时，应从以下3个方面来考虑植物生长和养分供应的协调性：①季节性生长与养分供应的匹配性；②不同的生长方式(地上生长和地下生长)；③对可预料的干扰的不同应对方式。不同季节性生长方式可以确保植物周期性对水肥条件的需求。在湿润的冬季，喜冷植物可以降低土壤水分的淋溶损失，因此，在仅有夏季才降雨的生态环境中，种植这类喜冷作物的作用就不大。

2. 繁殖对策

植物为了适应特殊的生长环境形成了许多的繁殖对策（Lovett Doust，1981；Lovell and Lovell，1985；Grime，1989；Kotanen，1997）。虽然许多植物通过种子可以繁殖，但养分器官繁殖对策为开拓新的生态区域提供了一个新的途径，并可以形成一个很有价值的生态植物类群（表 5.3）。由于植物修复自身损伤的能力取决于植物自己，因此，在指导生态演替和培育植物混合物种时，要充分考虑植物的繁殖对策（Grime，1986；Coppin and Stile，1995）。这一点，对指导人们为生态修复位点筛选有潜在支配力的植物种类很有帮助（表 5.3）。

表 5.3　植物常见的繁殖对策、功能特征及其应用

植物繁殖对策	功能特征	可发挥繁殖优势的条件
养分器官繁殖	可以在养分生长点萌发出新枝并附着在母株上直到发育完好	在低度受干扰的、有生产力或无生产力的生境
密集生长（phalanx）	可以使无性系分株或分蘖紧紧地靠在一起，严格限制其他植物进入其生长的领域	长期不受干扰的稳定的生境
扩散生长（guerilla）	爬蔓植物形成较长的茎节或匍匐枝，可以迅速生长并扩散到邻近的开阔地带	在轻度到中度干扰或空间异质化的地方（如烧荒、动物采食、土壤因素）
在养分生长的间隙进行季节性繁殖	靠种子或养分生长点繁殖独立的后代	有季节性的、可预见的气候或受生物因素干扰
种子宿存或孢子库	使种子或孢子周年休眠或休眠 1 年多	有在空间上可以预测、但时间上不可预测的干扰
可大量广泛扩散的种子和孢子繁殖	靠种子或孢子扩散（最初靠风力扩散）繁殖大量的后代	在难以接近的地方或有不可预测的空间上干扰
幼芽宿存繁殖	靠具有长时间的幼芽阶段的独立种子或孢子繁殖后代	在干扰度较低的无生产力的地方

资料来源：摘自 Lovett Doust（1981），Lovell 和 Lovell（1985），Grime（1989），Kotanen（1997）

3. 授粉方式

在生态修复过程中，人们更多地注重生态基本过程的修复和风媒花植物的利用，而对自然界植物的授粉方式考虑很少，这也是很正常的。风媒花植物在裸子植物、禾本科植物、灯心草科植物、蓼科植物中最为普遍，在其他科属中，个别植物也属于风媒花植物。授粉方式对植物的繁殖是至关重要的。多数的虫媒花需要昆虫来完成传粉过程，但对一些植物来讲，鸟和哺乳动物也是很重要的传粉者。传粉者是许多植物得以长期生存的根本所在。尽管许多传粉者比较普遍而且流动性高，但传粉者的缺乏会使生态修复相当困难。当修复位点范围比较小，且在相近植物中没有合适的传粉植物时，这种现象最有可能发生（Majer，1989）。例如，多年生草原植物——皇家捕虫草，当其种群由多于150个个体组成时，其种子的发芽率还是比较高的，但当其种群较小时，它的发芽率在种群内和种群间会有很大变化。导致种子发芽率降低的原因主要有：①育种方式不正确致使所筛选的群体变小；②增加了非虫媒花的比重等导致蜂雀等传粉者的传粉作用降低。

4. 生境稳定性及主要生态过程修复

通过以下方法选择出合适的植物可以稳定生境，并对被损的生态过程进行修复：①增加地面的障碍物（障碍物可以固定土壤、保持养分、增加有机质并防治水土流失）；②提高土壤养分的保持能力；③与生态系统内部的养分循环体系协调一致。类似的方法还有很多，如减少土壤养分流失、增加土壤养分、提高土壤pH以及应用其他养分物质等（表5.4）。

表5.4 改善土壤养分和pH条件的植物选择

生境条件	可选择的方法	功能特征、相关措施及办法
土壤含氮较低或通过增施氮可以促进目标植物生长的生境	固氮植物	能够固定大气中的氮素［如豆科植物的根瘤菌联合固氮，蓝绿藻（bluegreen algae）放线菌类共生固氮］（Lawrence et al.，1967；Garcia-Moya and McKell，1970；Tiedemann and Klemedson，1997；Jeffries et al.，1981；Langkamp and Dalling，1983；Marrs et al.，1983；Vitousek et al.，1987；Myers and Robbins，1991；Aronson et al.，1992；Reinners et al.，1994）
酸性土	种植吸收阳离子的植物	通过根系将巨大土壤空间的盐基阳离子聚集在土地表层（Zinke and Crocler，1962；Alban，1982；Kilsgaard et al.，1987；Choi and Wali，1995）
缺磷或水分不足	接种共生菌根	在缺磷的条件下，通过接种菌根菌可以增强对磷的吸收（Reeves et al.，1979；Janos，1980；Trappe，1981；Chiarello et al.，1982；Fleming，1983；Read et al.，1985；Borchers and Perry，1987；Miller，1987；Newman，1988；Allen，1989；St. John，1990；Harper et al.，1992；Aderson and Roberts，1993；Herrera et al.，1993；Haselwandter and Bowen，1996）
	选择局部具有多分枝根系的植物	可从更大面积的土壤中获得养分物质（Savill，1976；Harper et al.，1992；Toky and Bisht，1992）
养分严重不足	种植生长慢的常绿木本植物	由于养分吸收能力弱，降低了对养分的需求；由于植物组织寿命长和分解慢减缓了养分循环过程，并将养分保存在系统内（Bryant et al.，1992）
有利于植物快速生长的生境	种植生长快速的草本及木本植物	在竞争条件下能够及时获得养分以满足快速生长的需求（Grime，1997；Chapin，1980）

植物的物理特性对其生境的稳定性有决定性的影响（表5.5）。坡面的稳定性取决于坡面植物是否具有以下特征：①能够形成均匀一致的覆盖层（至少70%）来覆盖土表；②有密集且伸展范围较大的侧根系统；③生长迅速；④能够抵抗暴雨冲刷；⑤能够抵抗机械损伤；⑥能够形成腐解慢的枯枝落叶层等(Morgan and Rickson，1995c)。由于坡面稳定性及地表植物状况对土壤流失有很大影响，所以植物根系结构相当重要。直根系植物在护坡过程中几乎都失败了，而密集的侧根系统通过与表土的粘合增强了表土的抗冲刷能力，从而增强了坡面的稳定性（Styczen and Morgan，1995）。依据植物这些特征，可以对植物的护坡作用进行评价。一般而言，耐胁迫型植物对防治坡面的水土流失有重要作用（Coppin and Stiles，1995）。

表5.5　用于护坡及控制坡面侵蚀的植物种的功能要求及其特征

功能要求	植物特征	首要考虑的因素
固定土壤并增加土壤强度	根系能最大限度地发展到达要求的深度（如到达滑动层的下面）	深根植物 能够固着土壤的砧木 合适的土壤剖面条件
消耗土壤水分	土壤中的根系发达，叶片蒸腾面积大（如叶片表面积）	根系发达的植物 地上部分周年生长 土壤水分收支平衡 土壤含盐量及植物耐盐性
保护地表免遭压实	植物的地上与地下部分在土表能旺盛生长 具有迅速自我恢复的能力	选择生长期短的植物 管理 土壤肥力 土壤承受践踏的内在能力 固定土壤材料的应用
防止地表的水力与风力侵蚀	植物的地上与地下部分能旺盛生长 能迅速定植建群 覆盖度均匀一致	侵蚀风险性 抵抗径流的特性 地表条件 植物选择 固定土壤材料的应用
固定埂坎和水道	在水分不断变化的湿地条件下能够生长 见效快 根系固定 地上部能吸收波浪冲击力 可以降低流速高的水流冲刷强度 具有自我恢复能力	注重具有生态防护功能物种的选择 生长习性 管理 固定土壤材料的应用
提供庇护物	地上部分生长高度及密度适宜 发育快	物种选择 植被密度 结构配置

资料来源：摘自于 Morgan 和 Rickson（1995a）

利用植物可以有效降低靠近地表的风速，从而减轻土壤风蚀的程度。植物可以降低土壤风蚀的途径有：①枝叶降低风速；②枝叶阻挡浮尘；③植被覆盖土表；④根系增强对土壤径流的抵抗力；⑤植物地上部分通过遮阴、吸水及蒸腾作用等控制土壤水分等（Morgan and Rickson，1995c）。

5. 功能冗余

功能冗余是指功能同位种团的物种之间可以相互交换的范围或程度。一定程度上功能冗余对保持生态系统的基本功能很有作用。它是一种降低整个系统破裂可能性的应急措施，功能冗余可以用于防止系统物种的流失（Hobbs，1992a）。虽然功能冗余似乎会降低物种组成的重要性，但同位种团功能冗余不会被作为减少其他物种的借口或理由（DeLeo and Levin，1997）。即使两个功能相同的物种，在一些细节上彼此之间还会有些差异的。因此，在系统中并入更多的功能出现冗余时，弄清楚植物在系统中的功能是非必要的，尽管人们不可能完全弄清系统内物种的所有功能。可见，功能冗余对人们判断系统中哪个物种在生态系统中的功能作用最大是很有帮助的（Hoppin，1992a；Walker，1992）。

表型可塑性是指单个基因型的植物所能表达出的不同表现型的能力大小。在条件变化比植物繁育速度快的地方，表型可塑性大的植物的适应性更强（Rice and Knapp，1997）。当一个物种因其他物种流失而改变它的功能时，表型可塑性就会增加其功能冗余。对流失物种补偿能力越大，植物的功能冗余就越大（Warker，1992；Frost et al.，1995；Johnson et al.，1996）。有人认为，植物可塑性的大小与植物遗传异质杂合性负相关（Knowles and Grant，1981），特别是在环境剧烈变化的条件下（Geber and Dawson，1993）。所以，表型可塑性高的植物对增加功能冗余的可能性很大。

5.1.5　整合规则

尽管有些植物物种的缺失不会引起系统功能彻底改变，但其他种的缺失则会产生严重后果。因而，根据这些植物在生态系统中的作用，把它们分别称为生态系统的“乘客”或“司机”（Walker，1992）。被称作“乘客”的植物对群落影响很小，而被称作“司机”的植物却对群落有着很强烈的影响。这种做法虽然过于简化了这些植物的作用，但足以说明一些植物（或者是功能同位种团）要比其他的植物在生态修复中更为重要些。假如确实是这样的话，人们最关心的还是把这些被称作“司机”的植物如何应用在被损生态系统的修复中。在更全面地掌握了这些关系后，人们提出了生态系统的整合规则来指导生态修复工作。整合规则就是描述怎样把植物种群引入到群落中的一个原则（Diamond，1975）。越来越多的事实表明，在资源极为短缺的条件下，整合规则对生态修复具有重要作用（Wilson et al.，1995b），在功能紊乱的自然系统中整合规则的作用更为显著。

整合规则可以这样理解，它是阐明在特殊的环境下，生态系统有哪些特征和功能（即功能同位种团）以及向生态修复点引入植物时的最佳顺序是什么。掌握了这一理论，人们就可以从重要的功能同位种团在哪里或者重要的功能同位种团在什么条件下才能出现的角度出发，采用一系列植物模块（building-blocking）（功能等同的植物种）重新组建被损的生态系统。由于人们对生态系统发展过程的了解不很全面，那么，对未来生态系统的修复来讲，整合规则也就不可能很准确。由于在相似的群落中也存在着植物种群，所以一些不很具体的规则（未必了解很精确）完全被用来指导相似生态系统的建设。这一点在湿地生态群落上已经得到了验证，尽管湿地生态的群落是确定的，而且可以预测，但湿地生态系统在发展过程中仍存在一些随机性的因素，强烈地影响其发展过程（Weiher and Keddy，1995）。虽然不存在很精确的整合规则，但整合规则已被用于湿地生态系统（Keddy，1992；Weiher and Keddy，1995）、新西兰雨林生态系统（Wilson et al.，1995a）、沙漠啮齿动物群落（Fox and Brown，1993）、草地群落的建设中（Wilson and Roxburgh，1994）。目前，整合规则对生态系统的修复来讲还不是很有用的，至少是对陆地生态系统用处不大。

要完全理解整合规则，就必须更好地掌握功能同位种团、被称为生态系统“司机”的植物种、关键种、关键联结种的特性。关键种是指具有特殊功能的植物种（Westman，1990），如豆科植物或者能够共生固氮的其他植物被看作是关键种；纳米比亚沙漠的灌木（*Acanthosicyos horridus*）能够固定沙子和改善微环境（Klopatek and Stock，1994），所以也被看作是关键种。可见，关键种是有利于植物定居建群和其他植物生长发育的物种。但关键种不仅仅是植物，有时可能是一些啮齿类动物。例如，在Chihuahuan-Sonoran沙漠群落交错区，袋鼠（*Dipodomys* spp.）在一定程度上可以促进灌木定居建群，而没有袋鼠区域的灌木草原会逐渐变成草地系统（Brown and Heske，1990）。啮齿动物的打洞行为被认为是灌木定居建群的基础。在缺乏袋鼠的区域，草类植物与灌木相互竞争，使灌木退出系统。在自然群落中，关键种可能很少，或者是很普遍而没有被确认（Krebs，1985）。这一概念进一步演绎推断就会形成泛化的关键种假说，该假说认为：在不同规模水平上的陆地生态系统的景观，是由一系列小的关键性植物、动物和非生物过程来控制并组建的（Holling，1992）。

尽管关键联结种在总生物量中仅占很小一部分而不被重视，但其在生态系统功能中起着生死攸关的作用（Westman，1990）。关键联结种可能是关键种，也可能不是关键种。最典型的关键联结种是菌根真菌（West，1993），它通过与维管植物所固定的碳水化合物的交换，进而促进植物对磷和水分的吸收。在一些被损的生态点，如果菌根真菌缺乏时，就会延迟维管植物的修复重建。

整合规则的目标就是要修复生态系统最基本的功能，促进生物的交感作用，实现被损生态系统的自我修复。目前，整合规则仅是为自然生态系统确定出关键的功能种和其他重要的组分。自然生态系统修复的最初阶段不可能把所有生态组分都包括进去，以应对系统中罕见的干扰、气候及突发事件。所幸的是，随着时间的推移，经过自然修复，有关的功能生态系统会变得丰富多彩，并对功能多样性和功能冗余进行整合，可以促进自然生态系统的自我修复。

5.1.6 自我调节

自我调节是指在特定的条件下，植物及植物功能群组通过自我改造来适应某种特定生态系统的过程，植物的自我调节作用也可用来对植物及其群落进行分类（Mitsch and Cronk，1992）。根据环境的变化，自然系统通过改变或替换物种、重组食物链和协调各个物种间的关系等过程，最终会自我设计形成一个适应新环境的体系（Mitsch and Jorgensen，1989）。生态系统的自组织能力是生态工程的基本功能。在这里，生态系统的管理被看成一个“选择发生器”（choice generator）和“匹配环境与生态系统的促进器”（Mitsch and Jorgensen，1989）。因此，生态系统的管理就是要培育自然系统自组织的能力而不是竭力控制它们（Hollick，1993）。

尽管“自我调节”这一术语没有被自然系统管理者广泛认识，但在自然系统修复过程中得到了不同程度的应用。当最有效的混合种子没有确定时，自然系统管理者往往会种植很多种植物。在贫瘠或异常生态条件下，引入多种植物种是确保生态系统修复的重要形式。由于生态演替过程决定演替结果，因此，为了巩固和发展低投入的湿地自然系统，自我调节被认为是最为有效的方式（Mitsch and Cronk，1992）。实际上，自然系统最初阶段通常是被人们不期望的植物所支配，但要是有适宜的水文条件，这种现象是暂时的。虽然系统修复的初始阶段要选择草种，但最终修复还是要靠系统自己。外来种的应用有利于系统自组织能力的增强。当外来种被引入到适应性强的综合系统时，它们通常不能支配系统（Odum，1989）。但这些外来种在容易改变的环境中会带来很大的生态问题。

自组织系统的首要目标关注的是生态系统的功能而不是系统预先确定的组成结构。非生物环境通过自组织系统可以决定其发展方向，例如，人们可以通过对生境水文条件的调控来控制湿地的生态类型。这一方法对具有特定功能的湿地系统十分有效。自组织湿地系统可以有效地净化污水、通过雨水淋溶掉多余的养分、降低矿山排酸的酸度、减少河道下游沉积量等（Mitsch et al. 1989；Mitsch，1992；Mitsch and Cronk，1992；Flanagan et al. 1994；Reddy and Gale，1994；Weiher and Keddy，1995）。但当土地利用的目标是从修复的生态系统中获得某种特定产品（如野生生物定居、高质量饲料、木材或其他植物品种等）时，自组织系统的低产出却不是人们所期望的结果。通过改变非生物环境（如养分、水分及微生态环境等）或采用调控生物的措施（如烧荒、除草剂、物理处理植物）可以调整植物类型的变化。但改变非生物环境会促使植物形成自我保持系统，而采用调控生物的措施却可以迅速改变植物类型，其结果是很容易理解的。

5.2 植物繁殖器官的选择

在选择了用哪种植物或哪些植物的混合种来进行生态修复后，紧接着要干的事情就是到底用植物的哪一部分来进行生态修复。是用种子？还是种苗？或是植物其他的组织器官呢？在决定用植物哪部分进行生态修复的同时，还需要考虑恢复的成本与效果、植物材料的有无及效果、设备情况、土壤稳定性、实现恢复目标的时间进程，以及其他植物的外观形态等因素（表5.1）。在一个特定的生态修复点条件下，这些因素都有很重要的作用。

5.2.1 种子

生态修复时，种子是最易获得的种植材料。与其他种植材料相比，种子更容易繁殖、收集、清杂、储藏、运输、混合、播种和推广。在适宜的条件下，种子更容易在生态修复点定居繁殖。如果生长条件好且可以预知今后生态条件的变化趋势，那么，种子则更有利于建立良好的植物群落。种子发芽出苗过程中，如果经常遇到干旱或虫害威胁，那么，育苗移栽的方式就更方便有用。具有休眠特性的种子或者寿命较长的种子，在条件不适宜时，会一直等候多年，直到条件适宜时才会萌发出苗并建立生态群。目前，种子播种技术是草本植物种植中最常用的技术，在木本植物的种植中也被广泛采用。

种子直播要比育苗移栽或利用植物其他器官种植更有优势，因为种子相对便宜而且适应性强。许多种植物的种子可以在市场上买到或从当地植物上采集到。草场建立之所以都采用种子直播，是因为草本植物种子产量高、生长方式简单，便于机械收获，并有利于种子的推广应用。

木本植物利用种子直接播种结果难以预料，失败的可能性很大（Harmer and Kerr，1995）。因此，林地建立时，育苗移栽要比种子直播好（Stevens et al.,1990）。但在条件比较苛刻的生境中（如开垦好的地方、陡坡区以及人们难以到达的区域等），种子直播要比育苗移栽易于操作，并在增加植物种类和遗传变异力等方面更有潜力，且植物地上部分要比育苗移栽形成的地上部分更富有自然外观性（Harmer and Kerr，1995）。虽然一些植物种类更适宜于育苗移栽，但无论是在适宜环境还是不适宜的环境中，种子直播要比育苗移栽花费更低（Packham et al.，1995）。在英国，选择林地种子时要考虑：①播种量大、适应性强的种子宜于直播，而细小的或昂贵的种子则不宜选用；②种子的质量要好；③种子量要充足（Harmer and Kerr，1995）。

1. 种子质量

由于种子质量变化的空间很大，所以种植高质量的种子是很重要的。当种子中含有大量的无活性成分、杂物、草种、未成熟或损伤的种子时，这种种子是不能用于播种的。在许多国家，法律要求种子要有标签，因为种子标签可以反映出种子的许多重要信息。农民在当地进行种子交易时，种子标签通常不作要求，但种子公司在出售种子时，必须要有种子标签。种子标签要标注出种子的类型、品种名称、纯度、无活性种子（在暂短发芽期不能发芽的种子）含量、其他作物种子、杂草及杂物的含量、种子发芽率（不含无活性种子）以及保质期（从种植质检之日起到种子质量下降之日）。

在特定的条件下，适宜的播种量受土壤条件和播种机械的影响，播种量与单位面积纯发芽种子（pure live seed，PLS）的数目有关，PLS是指所有种子中有活力种子的百分率，它可表示为：

$$\text{PLS} = \frac{(\text{发芽率}\ \% + \text{硬子率}\ \%) \times \text{纯度}\ \%}{100} \qquad (\text{式 } 5.1)$$

种子纯度通常会由于种子含有杂物、秸秆以及草种而降低。种植含有杂草的种子会抑制期望植物的生长繁育，而且会将特别有害的杂草引入到新的生态区域，因此，质量越好的种子，杂草含量就越少。在豆科植物中经常见到一些硬子（种皮过厚的种子，也称“铁子”），虽然在较短发芽率测验期（10～30天）内不能发芽，但它却是有生命且能生长发育的种子，这些种子播种后需要较长时间才能萌芽。由于种子是以容积或基于纯发芽种子的比率形式进行销售的，所以人们必须对其进行选择性比较。纯发芽种子的价格要比容积种子的价格贵些，纯发芽种子价格（Cost_{PLS}）的计算方法可以表示为：

$$\text{Cost}_{\text{PLS}} = [(\text{容积种子价格}\ /\text{kg}) \times 100/\text{PLS}] \qquad (\text{式 } 5.2)$$

式中，容积种子价格是指单位未调整重量的费用。

在许多自然环境中，播种是引入新的植物类型最重要的方法。但在许多区域，大量高质量种子的获得却是一个严重而持久的问题。草本植物或一些非禾本科植物的种植与收获可以采用标准化的农艺措施，但灌木植物种子的生产经常要求有改良技术措施或手工收获（Monsen，1985）。用于商业化的种子生产是比较容易实现的，但自然环境恢复的种子需要更多的生态型，在这一点上，种子生产商是难以满足的。因此，自然环境恢复时就需要从自然环境的植物中收获种子。自然环境条件是难以控制的，所以从自然环境中收获的种子必然会带来种子质量问题（McArthur，1988）。但是，通过不断努力来获得高质量的植物种子是值得的。

2. 种子的采集

草本植物种子可以利用大大小小的机械收获或者手工采收，甚至也可以采用一些小的手工工具来采收。对于一些难以用机械采收的木本或者灌木植物，手工采收种子是很必要的。由于木本植物种子量少，所以手工采收种子也很实用。在种子采收前，虽然大风或降雨会导致一些种子掉到地面，但采收种子时，还是要尽量地去采收成熟好的种子。采集的种子也不必将其清洗干净或拣掉杂物，但必须知道种子的纯度和发芽率。

在美国，2/3 有活性且未受损的木本植物的种子，当经过种子加工和发芽率测试后会出现不能发芽的现象（Klugman et al.，1974）。休眠的种子在发芽前需要进行特殊的种子处理。湿度、温度、光照条件单独或三者的相互组合会打破种子休眠（Klugman，et al.，1974）。同时，也可以选择化学或物理的方法来处理种子。植物种子的休眠理论知识有助于人们选择种子处理的方法来促进种子发芽，但未经处理的种子在后续的几年中也会逐渐发芽。

进行木本植物种子的采收时，如果要保证对当地木本植物基因库遗传的充分表达（Weber，1986；Barnett and Baker，1996；Packman et al.，1995），以下的建议就需值得考虑：①从距离至少 100m 以外的 15～25 株植株个体上采收种子；②从健康的、尚未受胁迫的植株上采收种子；③从发育好的优势树上采收种子；④不要从远离同一树种的植株上集收种子；⑤严格从成熟的果实中采收成熟的种子；⑥尽可能从树冠的不同部位（主干、侧枝或地下根茎）采收种子，因为这些种子通常在不同时间或经过不同种质资源杂交形成；⑦尽可能采集一般生境中所有植物种类的种子。许多植物种，同一个种植物的相似种（近缘种）成熟时期也是不同的。

3. 种子储藏

种子含水量、储藏温度以及相对湿度会影响储藏种子活力。多数的陆生植物种子储藏时，种子含水量的范围为 5%～14%；淀粉类植物种子储藏时，种子含水量要低于 14%；油料类植物种子储藏时，种子含水量要低于 11%（Harrington，1972；1973）。种子含水量低于 5%时，种子细胞壁因为失水撕裂或种子内酶活性丧失而导致种子活力损伤（Apfelbaum et al.，1997）；而水分含量较高的种子（>14%）容易被细菌和真菌感染而受损；当种子含水量超过 30%时，无休眠现象的种子会发芽出苗。

对浆果类种子采集和加工要有专门的技术，果实收集回来后要及时榨汁并慢慢干燥以避免种子受损，如果种子不需立即种植，则要妥善储藏。这类种子储藏 1～10 年后仍然具有活力，但不同植物类型不同，其活力大小也有所不同，这些种子在当年种植最好。多数豆科植物的种子，如果比较干净和干燥，其经过加工处理后，在一般条件下也能很好地储藏。有些植物种子收获后，其活力仅仅能保持几天、几个月，最多不超过一年（Hartmann et al.，1997）。许多温带地区春季成熟植物种子掉到地上后就会很快发芽，而且种子寿命也相当短。

有效的种子储藏方法主要包括：在温湿度控制的条件下，利用敞开的容器储藏；在有干燥剂并冷藏的条件下，利用密封的容器储藏；用聚乙烯塑料袋或带盖的塑料桶储藏；用纸袋或粗麻布袋挂在冷凉干燥的环境中。当种子含水量低于14%时，有些种子在密封容器中储藏时会受冻（Apfelbaum et al.，1997）。储藏期间，保持种子储藏容器干燥，防止被老鼠等危害是很重要的。虽然种子中的杂物，如虫卵、土粒以及带真菌孢子的材料不会对种子产生伤害，但却会带来一些病虫害的危害，所以储藏前，要对种子储藏容器进行消毒处理，放置杀虫剂密封熏蒸24h后，通风晾干，然后储藏（Ffolliott et al.，1994）。

根据种子储藏特性可分为通常型、顽拗型和中间型三种截然不同的储藏形式（Murdoch and Ellis，1992）。通常型种子储藏时（包括多数草本种子、非禾本科植物和作物种类），干燥过程不会产生伤害。在一般条件下，随着种子含水量和温度的降低，种子寿命会延长（Roberts，1973）。在有干燥剂的条件下，当水汽压可以下降到－350MPa时，种子寿命会增加（Ellis et al.，1989）。这类种子在储藏前应该统一晾晒。聚乙烯塑料袋虽有很好的防水性能，但它并不影响CO_2和O_2的正常交换，因而是比较好的种子储藏容器（Smith，1986），既可以避免过多水分的累积，又可以保证种子胚呼吸和种子继续存活所需气体的交换。

顽拗型种子储藏时是不能进行干燥的（Roberts，1973），当种子潜在的渗透压严重地降到－5.0～－1.5MPa或相当于植物组织永久萎蔫点时，这类种子就会死亡。顽拗型种子的特性主要在多年生木本植物种子上表现最多，如可可（*Theobroma cacao*）和橡胶（*Hevea braziliensis*）；热带水果如鳄梨（*Persea americana*）和芒果（*Mangifera indica*）；温带地区的橡树（*Quercus* spp.）和栗子树（*Castanea* spp.）也属于顽拗型种子（Murdoch and Ellis，1992）。

咖啡（*Coffea arabica*）、番木瓜（*Carica papaya*）、油棕榈（*Elaeis-guineensis*）等植物种子储藏通常采用中间型储藏方式。这类植物种子遇到低温或干燥过程水汽压为－250MPa～－90MPa时就会受到伤害（Murdoch and Ellis，1992）。一些温带树木，像山毛榉树（*Fagus sylvatica*）就属于中间型储藏形式（Gosling，1991）。

4. 带有种子的覆盖物

在恢复难度较大的修复地，如沟壑、坝堤、泄洪道、排水沟、沙丘以及风蚀坑等，铺盖带有种子的秸秆是很有效的办法（Vallentine，1989）。由于带有种子秸秆商业用途不大，因此，通常在一些传统的种植区域，以种植当地草原植物为主时才利用这种形式。应用秸秆的优势在于能够增加植物多样性，而且秸秆可以促进植物定居建群。但秸秆也有一些不足，主要表现在：在一个区域，单个秸秆很少能包含所有可能的植物；夏季收获可能错过许多春季和秋季开花的植物；收获和铺盖秸秆需要投入较大的人力而使这项技术的开支增大，但对急需进行恢复生态的区域值得优先考虑这种形式；种子播量很难确定。秸秆的收获最好是在种子接近成熟，但尚未脱落掉到地上之前来进行。每公顷秸秆的用量至少是2000kg，但有些修复地秸秆的用量是这个数量的 2 倍多。秸秆的用量与种子用量关系不大，但结合整地应用秸秆是最有效的。

5. 带壳种子与无壳颖果

须芒草属（*Andropogon*）、假高粱属（*Sorghastrum*）、黄茅属（*Heteropogon*）、孔颖草属（*Bothriochloa*）及裂稃草属（*Schizachyrium*）（图 5.1）的植物种子为带壳种子（种子带有颖壳和芒）或无壳颖果。虽然这些属的种子都带有颖壳，但经过精选加工后，种子出售时就成为了无壳颖果。这些无壳颖果经过精选，种子的单价就会增加。这不仅可以减少种子用量、降低运输成本，而且有利于播种机流畅下种。带壳种子播种时下种不利，而且需要特殊的播种机械来播种。相反，无壳颖果下种便利，而且发芽快，但播量很难调节。如果没有精量播种机，种子的实际播量要比预期的高。带壳的野牛草（*Buchloe dactyloides*）、百慕大草（Burton and Andrew，1948）和去壳的种子发芽迅速，而且在恢复点能快速定居建群。但在贫瘠而多变的条件下，延长种子发芽期可以确保播种的成功。如果去壳种子迅速发芽后却又死亡，那么没有去壳的种子可以为植物定植建群提供一次机会。

6. 来自表土层的种子

把表土和表土层附随的种子移植到在生态恢复点上，可以改善恢复点的土壤条件并增加恢复点的物种。移植表土的好处是显而易见的，既可以移植表土附带的植物种子和微生物（Perry et al.，1989），又可以带来其他的好处。在湿地中进行表土移植相对普遍，但在很多自然环境下，由于成本过高使其实用性不好。当把表土作为种子时会产生以下几个问题：表土中所含种子量不清楚；植物种类组成不协调，表土移植后的植物定居建群与原来位点的物种群也存在较大差异；原来位点没有的有害杂草在新的位点可能成为优势物种。在原来位点上也可能因为土壤移植后产生新的问题，这是由于来自表土层的最有希望的种子不总是有用的。例如，林地表土通常被禾本科植物和系统演化初期的木本植物所支配（Wade，1989），而这并不是大多数恢复工程的目标。

图 5.1　由于种子的外形各异，所以播种时选择的工具也不尽相同

第一行是非禾本科牧草的种子，从左到右依次是：伊利诺合欢草（*Desmanthus illinoensis*）、雏菊（*Engelmannia pinnatifida*）和得克萨羽扇豆（*Lupinus texensis*）。底下一行的杂草种子从左到右依次为：鸭毛状摩擦禾（*Tripsacum dactyloides*）、裂稃草（*Schizachyrium scoparium*）、芒稗（*Panicum coloratum*）和垂穗草（*Bouteloua curtipendula*）。带壳的种子如裂稃草属（*Schizachyrium*）都有芒和颖耳，这使得它们很难通过播种机，所以需要一些特殊的机具。不过通常育种的过程仍然不需要去掉所有的种子器官只留下一个裸露的种子。例如，一些杂草（如垂穗草属 *Bouteloua*）的小穗和非禾本科牧草（雏菊 *Engelmannia*）花的柱头在种植时并不被去除，因为其中含有很多的种子

5.2.2　整株植物

对一些物种定居建群而言，移栽整株植物是唯一可行的方法（Munshower，1994）。例如，在许多干旱条件下，移植适应好、耐干旱的灌木是唯一有效的选择（Van Epps and McKell，1980）。由于一些寿命长的木本植物的种子很少能发芽并且养分体生长很慢，所以利用种子直接播种效果不好。自然生态系统不宜于利用种子直接播种，但在特定的气候条件下，这些特点使植物较好地适于定居建群。在短期且不可预料的环境（如干旱半干旱环境）中，由于整株植物躲过了高风险的发芽过程与苗期阶段，所以采用整株植物移植的方式是很有效的。在恶劣的环境中，采用苗木移栽的方式要比利用种子播种的方式可靠。移栽的植物生长快并且能充分利用较短的生长季节，虽然这种方式单位成本较高，但省掉发芽期

和幼苗期的跳跃性的生长方式有助于植物定植建群。直接播种的方式在可以预测并适宜的植物生长季节最有用。移栽整株植物对植物定植建群很有价值，这种植物通常是：①靠养分器官繁殖；②种子发芽率很低；③幼苗的生活力弱（DePuit，1988a）。野生苗、裸根苗以及容器苗都是移栽的重要对象。

1. 野生苗

野生苗是从自然生长区域挖出并移栽到恢复区域的苗木（Munshower，1994）。这在乔木、灌木以及草本植物应用很成功，在木本植物上更为普遍。但由于成本高、在自然环境中成活率低，因此，与直接播种种子和移栽方式相比，野生苗很少应用。移栽柳枝稷（*switchgrass*）对降低沟谷侵蚀十分有效。虽然柳枝稷分枝性能很强且定居建群迅速，但沟谷的侵蚀力和泥沙沉降力可以使其苗木死亡，因此，把沟谷附近的柳枝稷苗木移栽到沟谷中是很实用的方式。

2. 裸根苗

裸根苗在起苗移栽前需要在户外苗圃中生长8～10个月甚至更长的时间。起苗后，要将根系所带土、枝、根及叶片清除掉（图5.2）。裸根苗储藏时可以捆扎成束，运输过程中放在湿纸、纸板和塑料容器中。为了防止裸根苗在运输过程中失水变干，可以用苔藓、枝叶或事先准备好的混合剂来处理根系。与容器苗相比，裸根苗通常比较坚硬（older），容易运输、成本低，而且不受根系约束。在适宜的条件下，裸根苗和容器苗定植建群都很容易，但在干燥或者其他恶劣的条件下，容器苗更容易定植建群（Vallentine，1989；Barnett，1991；Brissette et al.，1991）。

3. 容器苗

容器苗是在温室条件下培育的苗木，或是在装有土壤、蛭石、泥炭等植物生长介质的复合培养器或单株培养器等户外设施条件下培育的苗木。容器苗规格大小形状多样（图5.3）。如果利用泥炭、纸张、布条、纸板以及可降解的容器育苗，可以把育苗器与苗木一起移栽；但如果育苗器是用塑料或金属做的，在移栽前就要把根系受阻的苗木从育苗器中拿出，再进行移栽。许多可重新利用的育苗器里设有竖直棱条（即根系整枝系统），这可以减少苗木根系的相互盘旋。反复利用这些育苗器可以分摊起初较高的投入。在温带林地、干旱半干旱生态系统以及湿地生态系统中，容器苗被广泛采用，在其他许多地区，容器苗也是很常见的。

图 5.2　准备移栽的裸根苗（右）和容器苗（左）

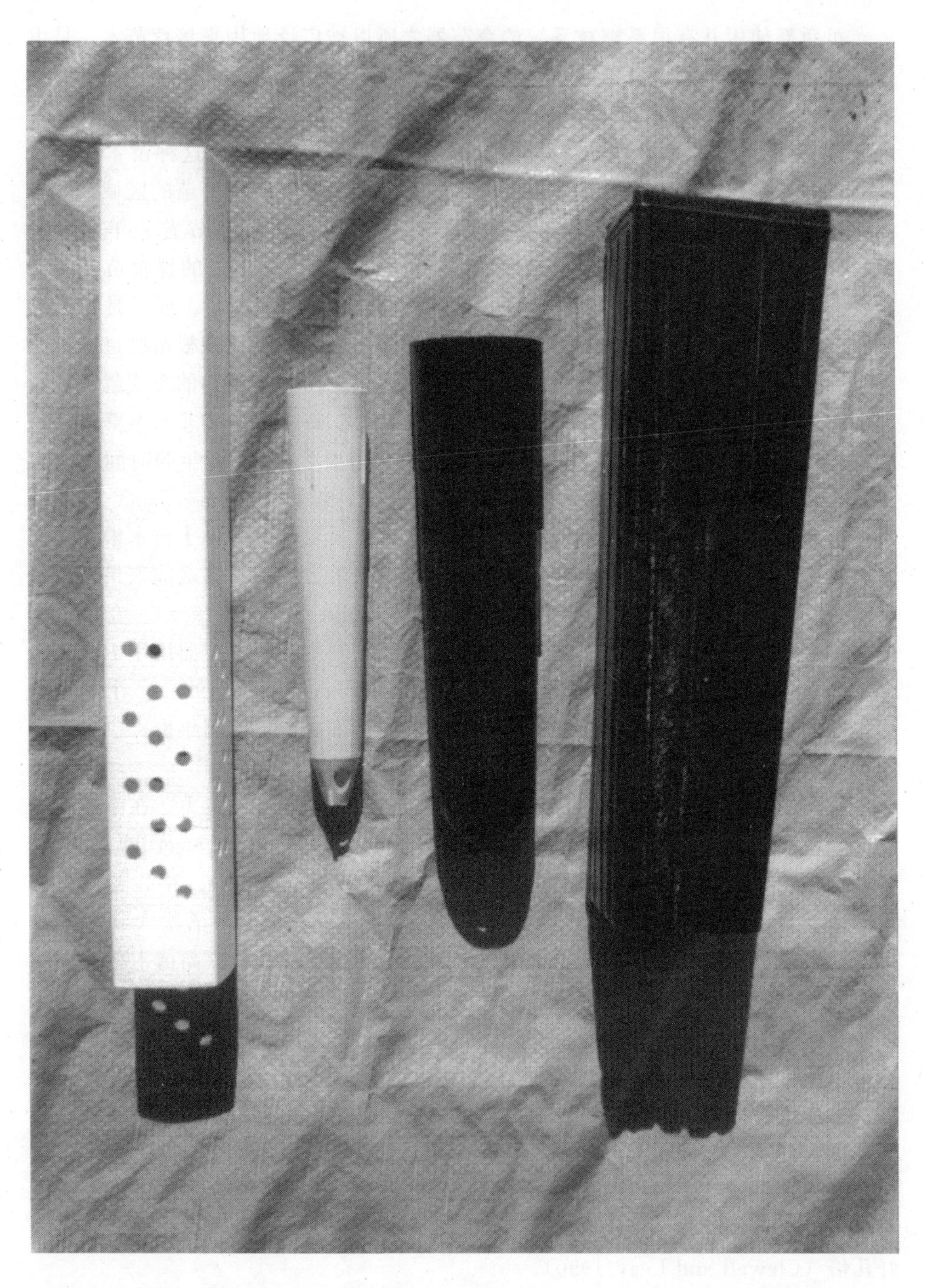

图5.3 准备和纸质育苗器一并移栽的生长纸质容器苗（左）及可重新利用的塑料容器苗
在许多方面，两种形式都很有用，在恶劣环境中，移栽根系庞大的苗木成本较大但移栽成活率很高

可重新使用并有根系整枝系统的育苗器之所以被广泛地用来培育苗木，是由于这种方式的成本低而且有效。在美国的东南部地区，火炬松（*Pinus taeda*）和沼泽松（*Pinus elliotti*）在育苗器中生长12～14周，美国长叶松（*Pinus palustris*）生长大约16周（Brissette et al.，1991）后即可移栽。这种苗木快繁方式对木材生产体系来说具有很明显的优势。有必要时，在春季育苗的区域，苗木移栽就在当年的秋季进行，这样要比移栽裸根苗的方式整整节省一年的时间(Brissette et al.，1991)。在肥沃的滩地进行早春育苗，火炬松的裸根苗与容器苗的表现一样（Barnett，1991）。但在贫瘠的地方进行晚春育苗，或者是在不利生长的地方以及严重受损的地方进行树木定植时，容器苗则比裸根苗胜过一筹。

在干旱半干旱的生态系统中，移栽定植木本植物苗木最可靠的方式就是容器苗的移栽（Vallentine，1989；Munshower，1994）。许多灌木和非禾本草本植物的裸根苗，要移栽到干旱半干旱地区的牧场前，需要生长1～2年的时间，但容器苗在生长12周后即可移栽（Vallentine，1989），细长（40cm×5cm）的纸质育苗器越来越多地被用来为沙地培育灌木苗木。纸质育苗器有助于苗木根系的发育，特别是可以用下部灌水的方式取代从上部喷水的方式。在移栽前如果不需要移动，纸质育苗器育苗也是很有效的育苗方式（Felker et al.，1988）。在半干旱的南得克萨斯州，对比研究了纸质育苗器和可重新利用塑料育苗器用于 *Prosopis alba* 和 *Leucaena leucocephala* 苗木定居建群（Felker et al.，1988）。在干旱年份，纸质育苗器的苗木存活率要比塑料育苗器的苗木高，但湿润年份，二者差异不大（Felker et al.，1988）。

容器苗要比种子苗和裸根苗更具竞争力和忍受恶劣环境的能力。在南加利福尼亚，一年生杂草会抑制海岸鼠尾草灌木丛的恢复（coastal sage scrub），所以，容器苗在恢复中就会发挥重要作用（Eliason and Allen，1997）。在北美的莫哈维沙漠，当苗木在塑料管中长到76cm高时，移栽成活率就会显著增大（Holden and Miller，1993）。此外，在干旱条件下，根系深度和体积对提高苗木移植成功率有明显影响。

在湿地生态系统中，容器苗被广泛应用，这是因为直接播种的苗木生长慢而且后果不可预测。对禾本科植物而言，裸根苗是很难利用的，在条件很好的地方，木本植物的裸根苗生长得也很好，但在裸根苗难以生存的恶劣地方，容器苗照样可以存活（Clewell and Lea，1990）。在生长季节内，容器苗移栽期比裸根苗长（Clewell and Lea，1990）。考虑到经济成本，由于容器苗通常被移栽到裸根苗难以存活的地方，而且移栽的难度较大，所以容器苗的成本会比裸根苗高出好几倍（Clewell and Lea，1990）。

与裸根苗相比，容器苗有下列优势：①在温室条件下，苗木可以随时种植；②苗木存活率比直接播种和裸根苗移栽高，所以对稀有种子来讲，容器苗更加有效；③生长速度快，缩短了培育高质量苗木的时间；④运输过程中，容器苗不易受损；⑤容器苗容易储藏；⑥移栽期比较长；⑦容器苗根系完整，移栽后发育较好；⑧移栽后，容器苗不易受环境干扰；⑨经过 1 或 2 个生长季节后，容器苗的根系庞大，植株健壮高大（Munshower，1994）；⑩在恶劣的条件下，容器苗在大田的存活率高（Vallentine，1989；Barnett，1991；Brissette et al.，1991）。

4. 草皮

建立赛马场和高尔夫球场可以草皮移植形式迅速完成（把生长有植物的土壤浅表层进行移植），但这种方法费用太高，因而限制了其在自然恢复过程中的应用。草皮移植可用来迅速恢复被损害的生态位点，但最好限定在严重侵蚀的地方或者急需恢复的地方（Munshower，1994）。通常是把牧场草皮移植到修复地。草皮移植是转运植物、土壤生物、养分繁殖体、矿质养分以及有机质最有效的途径。

5.2.3　其他繁殖器官

利用匍匐枝、地上根茎、块根、块茎、叶状枝或其他植物器官进行无性繁殖

图 5.4　中国陕西榆林附近活动沙丘，休眠柳树的茎干（1～2m 长）被垂直扦插其中，仅有 4～10cm 露出地面。柳树很快定居繁育并有效地控制了沙丘的移动

是常见的。在温室或大田中，新的植株可以通过不定芽来繁殖并用于移栽。海岸百慕大草（*Cynodon dactylon*）很少会产生种子，所以利用茎干或匍匐枝扦插成为其最可靠的繁殖对策（Burton and Hanna，1985）。采用茎干扦插移植比较便宜而且比较适宜于乔本植物或灌木植物。在河岸生态系统中，柳树类（*Salix* spp.）就是通过枝条来繁殖的（Monsen，1983），在许多国家这种方式被用于活动沙丘的固定（图 5.4）。

第6章　整地与种植地管理

有针对性地处理种植地环境是影响修复方向的一项有效措施，因为生境条件的改变可以影响修复的方向。精心设计的整地措施甚至可以增加一定数量的物种，而在具有大量砾石或植被的生境中，整地技术主要集中在一些机械使用的改进上。

精心设计的整地与种植地管理方式需要考虑微环境条件下植被生长发育的长期效益。可用以下3种方式处理生境和利用繁殖体：①不进行处理（自然恢复）；②改变种植地条件，依靠天然种子传播机制（人工辅助的自然恢复）；③针对性地改变种植地条件，认真选择混交物种（人工恢复）。

6.1　自然恢复

自然恢复是一种既不需要人工整理种植地也不需要人工种植的自我恢复方法(表6.1)。这种方法由于不需要人为管理的投入，所以具有一定吸引力。自然恢复过程的方向和速度受以下几方面的限制：①目标种的定居数量不足；②非目标植物占据优势；③食草动物严重危害植物生长。详细评价这些潜在的相互影响有助于获得适宜的恢复方式。第4章对自然恢复方式已做过讨论。

表6.1　自然恢复、辅助自然恢复和人工恢复方法的比较

方法	描述	优点	缺点
自然恢复	种植地几乎无变化，依靠天然传播种子机制	无劳力和机械费用；不干扰土壤；不需要购买种子和育苗；无病虫害问题	母树幼小时恢复缓慢；减小了初始密度、植物种类、株行距或时间的控制；不从母树采种减少了(或推迟)收入；也许需要疏伐树木；竞争植被也许减少恢复的成功；物种的变化难以引导
辅助自然恢复	选择性改变种植地条件，依靠天然传播种子机制	费用适中；需要中等工作量的劳力或机械；不需要购买种子和育苗；病虫害问题很少；控制竞争的植被；选择性改变种床条件可诱导物种的变化	母树幼小时恢复缓慢；在不同时间的中、强度土壤干扰下需要保护性的恢复土壤条件；延迟植物定居和土壤干扰增加了侵蚀；费用高于自然恢复；减少了初始密度、植物种类、株行距或时间的控制；不从母树采种减少了(或推迟)收入；也许需要疏伐无商业价值的树木
人工恢复	选择性改变种植地条件，人工选择植物材料	能良好地控制株行距、植物种类和初植密度；控制竞争的植被；不限制或依靠天然母树；可诱导物种的变化	费用高，劳力或机械需求高；一些植物种的病虫害也许严重；混交物种选择不当也许达不到目的或不能持久

注：引自Barnett和Baker (1991)，并做了修改

自然恢复进程缓慢，结果难以预测（Harmer and Kerr，1995）。在一定的时间内出现的特定群落可能不令人满意。物种迁移需要若干年的时间，在干扰后物种迁入尚未开始的情况下更是如此。例如，对英格兰中西部的 47 块废弃地的研究发现，10 年内只有 30％的地块被一种或多种木本植物所占据，甚至在以后的 25 年内也几乎没有变化（Harmer and Kerr，1995）。自然恢复用于增加种群数量比产生一定的物种群落更为有效。

由于植被的演替部分地受不同物种的影响，所以在自然恢复过程中景观结构是一个关键因素（Whisenant，1993）。各种景观组分的安排方式部分地决定了一个繁殖供体或受体所处的生境条件。在较大的受损景观中，如果存在一些小的受损的植被和土地斑块，自然恢复的能力将受到很大抑制。例如，在亚利桑那州，大面积沙漠变成耕地，只剩下面积很小的原始沙漠（Jackson，1992）。面积为 22 万 hm^2 的圣克鲁兹流域过去大部分土地被耕种，而现在大约有一半面积的土地被废弃。土壤次生盐渍化、缺乏天然种源和气候干旱限制了这些地区的植被恢复（Jackson，1992）。现在，该地区的大部分面积由风媒物种（酒神菊 *Baccharis sarothroides*）和动物传播物种（绒毛木豆 *Prosopis velutina*）所占据。而原有的长命优势种（滨藜 *Atriplex polycarpa*）种子较重、扩散能力差（Jackson，1992）。因为费用较高，仅靠传统的人工播种方式已不能解决大范围的植被建设问题。

自然恢复产生的景观通常以来自周围生境的外来物种占优势，而且这种情况可能会持续几十年。例如，在英格兰，自然恢复常常产生以种子轻、易被风和鸟传播的植物种（柳树和桦树）占优势的群落（Harmer and Kerr，1995）。这些植被稀疏，没有商业价值。自然恢复是通过自身作用实现植被的完全定居和生长。而辅助的自然恢复和人工恢复可以引导恢复的方向和速度。

某些植被管理措施（如除草剂）常被用于杂草丛生的生境（Harmer and Kerr，1995）。大部分严重的杂草问题发生在肥沃的土壤上。而在贫瘠的土地上由于植物竞争性小，自然恢复往往很易成功（Harmer and Kerr，1995）。例如，在加拿大安大略省废弃的石灰质陡坡上，自然恢复产生了多样化的植被（Ursic et al.，1997）。在靠近陡坡的地方，生境恢复年龄和树木密度对植被组成和丰富度有很大的影响。

6.2 辅助自然恢复

辅助自然恢复是指当地生产的种子通过自然方法到达需要恢复生境的过程（表 6.1）。因为这种方法可行实用、成本低，种源充足，已被广泛地用于牧场和森林（Barnett and Baker，1991）。我们可以采用有利于某些植物定居的种植地整地方式控制，或者通过天然方式影响恢复的速度和方向。第 4 章描述了不同种植地的植物定居的事例（见不同生境可用性和安全生境部分）。

在森林采伐迹地，如果不进行人工播种造林，就会被周围能够自然播种的林木所占据。辅助的自然恢复依赖于采伐迹地保留的少数母树和起遮阴作用的树木群落。在美国东南部，砍伐森林之后，依赖保留母树的方法重建松树林（Stoddard and Stoddard，1987）。保留母树方法有以下优点：①减少了劳力及设备费用，投入的资金少；②改善了生境；③由于母树结种子要持续数年时间，这种方法受低产母树的影响较小（Cubbage et al.，1991）。但是，对森林而言，这种辅助自然恢复方法有一些缺点，主要包括：①可能有太多的幼苗；②幼苗太稀或者分布不规则；③因清除杂草而增加费用；④木材产量低；⑤散生树（特别是针叶树）易被暴风吹倒；⑥如果不毁掉新生树木，很难拯救母树；⑦这种方法阻碍了新物种的定居（Stoddard and Stoddard，1987；Cubbage et al.，1991）。由于这些原因，在北部的松树林区，保留母树的方法成效较低（Stoddard and Stoddard，1987）。根据对英格兰南部的 30 个生境的研究表明，母树的生存并不能确保它们后代的定居和生存（Harmer and Kerr，1995），原因是：①母树结种量太少；②动物过度啃食种子；③被其他植被竞争排斥；④放牧时毁坏母树。

保留母树的最小数量取决于生产种子的树种和树木本身。大多数情况下，每公顷至少保留 10～25 株母树。虽然哺乳动物或鸟类可能使种子传播到很远的距离（第 4 章），但是，大部分风力传播的种子落在几倍母树树高的范围之内（Greene and Johnson，1996）。母树应当至少保留 5 年或者直到大量更新苗木出现。如果有大量的种源，那么自然恢复成功的关键因素是采用有效的整地方法和控制植被的竞争（Barnett and Baker，1991）。最有效的整地方式取决于树种。例如，美国黄松（*Pinus ponderosa*）大粒种子需要一个裸露的矿质土壤种植地。一些树种在种子产量很低时也需要矿质土壤种植地（Barnett and Baker，1991）。一般来说，对于南部的松类，在采伐期间的干扰使大量的矿质土壤裸露，刺激其适当恢复。

这一方法同样也适用于破坏的草地和残留的灌丛植被，它减少了资金投入，而自然恢复又相当耗时。这种方法的目的在于管理生态系统的自然生产者，而不是引进外来物种。

6.3　人工恢复

人工恢复方法非常适合于生境退化严重、不能仅依赖于自然恢复的地区，或者需要尽快实现恢复的地区（表 6.1）。人工恢复通过增加种子数量，改善生境条件和物种，主动调控有利生境出现的机会。当控制了种植地条件和植物种类时，就影响了修复的速度和方向。人工恢复通过合理设计与管理，能够引导和加速自然恢复的进程。播种为什么失败？确定分殖造林或植苗造林等人工恢复策略对于解决这一问题很有必要。

6.3.1　播种失败的原因

播种失败可能是在种子萌芽、出苗和苗木生长阶段出现了问题（Decker and

Taylor，1985；Vallentine，1989；Harmer and Kerr，1995）。在美国东南部，由于采用技术不当，大部分松树的播种失败（Barnett and Baker，1991）。失败的原因与不适宜的生境、播种时间和整地方式以及种子品质差、播种量过少等密切相关。在得克萨斯州西部，种草的成功与种植地整地的程度、降雨和温度有关（Stuth and Dahl，1974）。在英国，林地播种期间出现的最严重问题是鸟鼠危害、发芽率低和杂草竞争（Harmer and Kerr，1995）。

在自然生境播种中涉及许多不确定因素，而这些因素大多与不可预测的天气有关。人类不能影响天气，但是，合理的种植地管理技术会减轻严酷环境条件带来的不利效应。有效的整地和栽植方法可以减少失败（Coppin and Stiles，1995）。为了获得切实可行的方法，需要考虑取得成功的可能性和失败的后果，并提出各种可能的替代方案。

1. 种子萌发和出苗

许多因素影响种子的萌发和出苗。播种后种子可能处在不适宜的土壤水分和温度条件下，极端温度会降低种子的发芽率，过低或过高的土壤水分会限制土壤中的氧气供应。种子的品质差和种植地土壤的贫瘠会引起大多数种子萌发障碍。种子品质差、播种技术不当、种子受害和土壤表层板结会造成出苗困难。检验种子品质、选用优质种子、采种后立即播种能减少种子品质差所带来的问题。种子储藏的条件也会影响种子的品质，大粒种子比小粒种子更耐储藏。如果没有病虫危害，低温干燥的条件能延长储藏种子的寿命。

种子和土壤的良好接触能给种子提供水分。在覆盖有较厚枯枝落叶的土地上播种，种子和土壤不能紧密接触，种子不易萌发和出苗，应对种子周围的土壤进行压实。过多的有机物质阻碍种子和土壤的紧密接触，或者阻碍条播后土壤的封闭，也会引起类似的问题（Marshall and Naylor，1984）。减少枯落物数量的整地和播种技术，能使种子和土壤紧密接触，减少条播后的水分蒸发，从而增加了出苗率（Marshall and Naylor，1984）。

播种太深、土壤板结、干燥、风蚀、水蚀、啮齿动物和昆虫危害、过多的土壤盐分和霜冻都会降低种子出苗率。鸟类、啮齿动物和昆虫常常在种子萌发前取食种子，尤其对暴露在地表而未盖土的种子危害更为严重。土壤板结是导致草本植物幼苗死亡的一个主要因素（Rubio et al.，1989）。

2. 幼苗的定居和生长

不利的生境条件或有限的资源常常限制苗木定居。植物并不直接消耗温度、土壤 pH、盐性或土壤容重等生活条件，但是，这些条件影响幼苗定居。我们从而采用合适的种植地整地技术、选择适宜的种植时期和植物种类从而改善这些限制条件。植物生长消耗光、CO_2、水分和养分资源。这些资源有的虽然数量有限，但可以持续利用（如光照），而有的数量有限，却可以被储存或消耗殆尽（如贫瘠土壤中的养分、干旱环境下的水分）。生境条件和资源之间的区别相当重要，因为它揭示了早期控制杂草的重要性。例如，杂草消耗水分不利于种苗的生存，甚至在清除杂草以后也是如此。在同一生长季节，杂草消耗了部分氮素以至于不利于种苗的生长利用。因此，早期控制杂草比晚期更为有利，特别是当限制幼苗生长的因素本是一种资源时更是如此。

无论是自然恢复还是人工恢复，幼苗的定居和生存主要是与生境上具有萌发能力的种子数量有关，而不是与现有种子总量有关（Harper et al.，1965）。整地良好的种植地可以控制杂草，改善环境条件，提高资源有效性。采用精细的整地和播种技术进行播种时需种量较少，失败风险小，费用较低。因此，精心规划、整地和种植地管理特别重要。

6.3.2　整地与种植地管理

整地与种植地管理是大多数自然修复活动所关注的主要问题，因为它需要集约劳动和消耗能量，常常决定修复的成功与失败。整地方法可以改善种植地条件，促进幼苗的定居和生存。整地可以修复受损土壤的渗透、径流和养分循环过程，确保幼苗的生存。理想的种植地应该是：①具有适宜播种的土壤深度；②土壤颗粒细小；③不过于疏松或过于紧实；④无杂草生长；⑤具有适量的地表覆盖物或枯落物（Vallentine，1989）。这些条件有利于大多数播种的植物，而其他植物种可能需要矿质土壤、遮阴或者防护植物。

在自然生态系统中，无杂草的种植地会增加草本植物、灌木以及乔木的定居和生存（Evans et al.，1970；Nelson et al.，1970；Stuth and Dalh，1974；Evans and Yaoung，1975；Evans and Yaoung，1978；Roundy and Call，1988；Vallentine，1989；Munshower，1994；Snow and Marrs，1997）。杂草的竞争是播种失败和幼苗生长衰退的主要原因。杂草通过持续利用光照资源、消耗养分和水分等有限资源减少了幼苗生存。在这两种情况下，出土早的幼苗比周围出土晚的幼苗较为有利，这种种植地竞争产生了一个优势层，淘汰了小的植物个体（White and Harper，1970）。幼苗的存活主要取决于该优势层的形成（Ross and Harper，1970）。控制杂草对目标植物群落的增长和生产力具有持续效应，例如，粉砂壤土上种植火炬松10年后，在犁沟或垄沟播种仍有较高的成活率，并且比种在长满杂草的种植地上的幼树高1.0～1.5 m（Lohrey，1974）。

整地与种植地管理的目的是为植物创造安全的生境。良好的措施可以有效地控制干扰类型、干扰强度、干扰季节，并且能分散干扰作用。它决定了安全生境的可用性。措施的选择主要依赖于现有的植被种类、数量和土壤因素，如坡度、盐渍化、石砾、土壤的可蚀性、土壤质地和深度等。使用的播种机械、费用限制、障碍物和原有植被的价值也影响了种植地土壤整理方法的选择。不同的整地和种植地管理方法产生不同的效应，但它们都涉及杂草控制这一主要问题。常用的整地和种植地管理的方法有：①机械或人工方法；②化学方法；③焚烧清理方法；④生物方法；⑤覆盖方法（在下一节阐述）。

1. 机械和人工方法

刚采伐的森林迹地有直立和倒地的木质残留物。整地（焚烧、旋耕犁破碎、劈碎）之前，要重新处理或移去这些残留物（Lowery and Gjerstad，1991）。在栽植树木之前，要将这些残留物劈碎或碾碎（图 6.1）。这些活动会使大面积的矿质土壤裸露，为了避免加速侵蚀，在易蚀土壤和坡面的整地时要特别注意这一问题（Lowery and Gjerstad，1991）。

图 6.1　得克萨斯州东部林区用于整地的滚动破碎机，该机械破碎木质残留物，粗糙地表，有利于种植

虽然人工作业是有效的，但是应用耕作或其他专用设备能使地表裸露和变得粗糙，清除现有植被，有利于种植。常用机械整地涉及标准化的农业技术，如犁地、松土、旋耕或耙耱等。人工整地技术是利用劳动力进行精耕细作。耕作机械集

约化程度高，但很难用于陡坡和石质山坡。耕作机械压轧土壤也会带来其他问题。机械和人工整地方法可以疏松土壤，减少土壤表层板结，积蓄水分，降低风速和极端温度，有利于幼苗生长。在种植前，翻耕土壤表层会提高发芽率和成活率。例如，在苏格兰的荒地和泥炭地，生长在干扰土壤上的幼树数量是未干扰土壤的 10 倍（Miles and Kinnaird，1979），类似的效应也出现在许多其他生态系统之中。

耕作整地促进了幼苗生长，同时也增加了土壤侵蚀的风险。在风蚀和水蚀不严重、降水量不是最大限制因素的地方，通过耕作整理种植地非常有效。但是，在沙壤、坡面和其他侵蚀情况下，这种方法更容易引起侵蚀。在土壤疏松和坡度超过 20％的地方，耕作一般是不可取的（Banerjee，1990）。

虽然清除现有的植被会加速土壤侵蚀，但不清除竞争植被却减少了幼苗的定居和生存（Banerjee，1990）。清除植被后易起风沙、埋没或裸露种子、毁坏幼苗。增加土壤表层糙度的犁沟可减少许多问题，但对大部分设备而言，使得播种时确定种子位置的难度增加。在半干旱和干旱的自然生境上，将种子置于犁沟底部时存活率最高。在垄上或者阳坡（北半球）上种草，幼苗死亡率高（Hull，1970）。在适宜气候和土壤持水能力强的地方，苗木栽植在垄上较好。

表土和下层土壤紧实是整地过程中常见的问题（Brown et al.，1978；Berry，1985；Cotts et al.，1991；Davies et al.，1992；Sopper，1992）。深松（图 6.2）是用力拉动钢耙疏松表层紧实的土壤，耙间距相同，齿长 45cm 以上（Munshower，1994）。深耕可以有效减少表土和下层土壤紧实所带来的不利影响（Berry，1985；Ashby，1997；Bell et al.，1997；Luce，1997）。澳大利亚西南部铝矿开采后，采用深耕的方法疏松紧实土壤，促进了赤桉林植被的恢复（Ward et al.，1996）。深耕可以增加半干旱放牧区的降水利用率（Wight and Siddoway，1972），有助于怀俄明州西部的废弃道路上的天然林恢复（Cotts et al.，1991）。

在种植牧草（东非狼尾草 *Pennisetum clandestinum*）后 2～4 年内，土壤紧实问题得到很大的改善，表层和下层土壤孔隙度和团聚体增加，地表板结减少（Bell et al.，1997）。在管理良好的牧场，土壤稳渗率比农地增加了 4 倍（Bell et al.，1997）。虽然草本植被不能降低 15cm 以下土层的紧实度，但是，土壤中的动物活动和根系交错增强了紧实层中的导水性能。

犁地可以改善板结或紧实的表层土壤，消灭竞争的植物。深翻（图 6.3）可以使有机物质与土壤混合，深埋杂草种子，防止杂草萌发。深松或旋耕可消除土壤表层板结，消灭浅根杂草。在条播之前耙地可以破碎土块。

何时犁地和怎样犁地通常取决于土地利用现状和期望种植的植被。目的是在适宜时期和整地工作量小的情况下，除去地块中的杂草。在杂草种子多的地方需要采取其他措施，减少杂草对播种的影响。一年生和多年生杂草丛生的地块需要经常犁地，或用除草剂清除杂草。

图 6.2　在得克萨斯州西部为了蓄水，必须对紧实土壤进行深松（0.4～0.6 m），有利于种植

图 6.3　用深翻板犁疏松紧实土壤，将枯落物埋入土内

种植草本植物时，建立稳定的种植地是整地一个重要的组成部分（Decker and Taylor，1985）。稳定的种植地可以保持土壤表层水分，易于控制播种深度。机械整地结束时要确保种植地土壤疏松，渗透性好，便于机械播种，播种后使土壤和种子紧密接触。机械整地最大的问题是种植地过于疏松，压实种植地能在较长时间内提高表层土壤的保水能力。压实地表对水分适宜的土壤有效，而对干旱、轻质地的土壤效果不大。在湿润条件下进行滚压是非常有害的，因为平滑的表面更容易遭受风蚀和水蚀（Vallentine，1989）。在条播前进行滚压非常有效（Hyder et al.，1961），撒播后滚压可以覆盖种子，对于耕作播种后种子与土壤接触不紧密的种植地，要压实土壤（Vallentine，1989）。

条播要求种植地相对平整，而撒播则要求种植地相对粗糙。旋耕犁后接镇压器可为条播创造良好的种植地。有弹性的耕作镇压器比光滑的镇压器更加有效，因为它们可以适应不平坦的地形，使土壤更为平整。旋耕表层10cm的土壤可为撒播创造良好的种植地。

旋耕链式造洼犁（disk-chain-dikers）是将旋耕犁焊接在一串小洼犁上。履带式拖拉机拉动旋耕犁时造洼犁发生旋转，每公顷产生40 000个10cm深的菱形小洼（Wiedemann and Cross，1990）。这种设备能改善耕作、平整地表和产生小洼（图6.4）。该设备需要大马力的履带式拖拉机，对整理灌木丛生或有木本枯枝

图6.4　旋耕链式造洼犁（disk-chain-dikers）耕作后产生无数小洼，然后进行撒播。该图片引自 Harold Wiedemann

落叶地块非常有效。整理后的种植地很适宜飞播。履带式拖拉机或旋耕犁—小洼犁后连接撒播播种机可进行播种操作。这个设备不能覆盖种子，然而，播后的降雨使侵蚀的土壤进入小洼覆盖种子。

用重型滚动造洼机（roller imprinter）（图 6.5）可以在地表产生许多小洼，更好地控制下渗、径流和土壤侵蚀（Dixon，1990）。在竞争植物少、土壤沙质或疏松的生境中建造小洼最为有效（Clary，1989）。因为小洼能收集雨水，故在干热的莫哈伏地区建造小洼是最有效的直播技术（Holden and Miller，1993）。种子常常撒在造洼机前面，镇压后种子和土壤紧密接触（Anderson，1981），或者撒在造洼机后面，以便溅起的土粒覆盖种子。在疏松的土壤上使用这种机械会深埋小粒种子（Roundy et al.，1990），因此，在造洼机后面撒播小粒种子更为有效。

图 6.5 用重型滚动造洼机在地表产生小洼，在滚动造洼机前面撒播的大粒种子经该机械机耕作后进入小洼，而小粒种子在滚动造洼机后面撒播。该图片引自 Warren Clary

2. 化学方法

化学方法至少有两种：①用除草剂控制杂草；②用聚丙烯酰胺聚集土壤颗

粒，防止土壤板结。尽管化学方法常常与机械方法相结合，但也可单独使用。与机械控制杂草相比，化学控制杂草有许多优点：①保留稳定的种植地；②不增加侵蚀；③更适合于粗糙的岩石地；④有时比机械方法更有选择性；⑤保持土壤水分；⑥费用低；⑦播种时可以随时应用（Vallentine，1989）。但是，除草剂也有缺点：①不能控制所有杂草；②含有草灌杂物的种子播种时很少采用；③土壤表层残留的枯枝落叶影响种植和幼苗生存。

除草剂通过控制竞争植被促进目标物种的生长。这就要求除草剂要有生理选择性，同时，对除草剂的应用要有选择。合理应用具有生理选择性的除草剂会控制植被竞争而不危害目标物种。危害播种植物的除草剂只有在特定的时间或土层位置才能应用。内吸性除草剂可直接喷洒于杂草叶片，或者在种植前使用（假定它们在土壤中无持续性作用）。灭生性除草剂通过消灭杂草，防止土壤水分损失，维持休闲地。与机械耕作休闲相比，化学休闲技术很好地控制了风蚀和水蚀，并且能减少费用（Good and Smika，1978）。

在美国东南部，除草剂在造林整地中的应用日益增多，其原因是：①新型除草剂种类多；②对土壤的损害最小；③比机械方法便宜；④使用除草剂后苗木长势更好；⑤控制木本植物竞争的时间长（Lowery and Gjerstad，1991）。在化学方法除草的同时采用火烧可以增强对竞争的植物的控制，减少碎屑物数量，便于种植操作。

在华盛顿东南部，春季应用除草剂后进行火烧，灌木蒿（*artemisia* spp.）定居增多（Downs et al.，1993）。在内布拉斯加的研究结果证实了天然草原植被修复过程中应用除草剂控制杂草的价值（Martin et al.，1982；Masters，1995；Masters et al.，1996）。在大须芒草和柳枝稷生长过程中可用莠去净（一种除草剂）控制杂草。如果没有莠去净，则可用异丙甲草胺除草剂（Masters，1995）。在大须芒草、柳枝稷、小须芒草、黑心菊（*Rudbeckia hirta*）、紫色三叶草（*Dalea purpurea*）、伊利诺斯合欢草（*Desmanthus illinoensis*）、小冠花（*Coronilla varia*）、金光菊（*Ratibida columnifera*）等草本植物生长期，用咪唑啉酮除草剂能有效地控制杂草（Masters et al.，1996）。

在种植地整理过程中也可应用其他除草剂，由于它们仅用于一些特殊的生境条件和植物种，本文不再赘述。因地方法律规定和植物种耐性的不同，不可能对除草剂的应用提出统一的建议。土壤和环境因素大大影响除草剂的移动和存留。所以，有效的化学整地方法要求全面了解除草剂对物种和环境的影响。掌握除草剂知识、除草剂在当地环境中的状态，在自然生境修复过程中选择应用除草剂可以产生有效的方法。

聚丙烯酰胺（PAM）是土壤调节剂，可以减少土壤板结，增加水分入渗，促进出苗生长（Wallace and Wallace，1986；Rubio et al.，1989；Rubio et al.，

1990；Rubio et al.，1992)，即使在低的浓度下也如此（Wallace and Wallace，1986)。应用小颗粒状或液态的PAM通过絮凝细小土粒，把它们粘结在一起，可以减轻严重的板结问题。这些水稳性团粒抗侵蚀能力强，传导性能好。例如，在新墨西哥坚硬板结的土壤上，应用PAM增加了草种的出苗（Rubio et al.，1992)。

3. 焚烧清理方法

在种植地整理中采用规范的焚烧清理方法有多种用途。在森林中，焚烧清理能促进一些树种的自然恢复，减少枯落物对家畜、野生动物或种植机械设备的影响。在草场上，焚烧能清除干扰机械整地的草本枯落物，更易于进行林间播种。但是，焚烧清理方法的误用会加速土壤侵蚀，破坏土壤性质。可喜的是，规范地应用火烧技术能够使专业人员完成整地任务。

在清除残留物的过程中，应用焚烧的效果随环境条件、可燃物质的数量和分布而变化。清除残留物焚烧时的条件比维持其燃烧时的情况更加危险。枯枝落叶的燃烧需要干热的环境条件。高强度的焚烧清理会破坏一些目标物种。所以，必须详细评价预期效益和焚烧的破坏潜力。

针叶林带用两种焚烧方法（Van Lear and Waldrop，1991)，一种是分散焚烧，另一种是成堆或成行焚烧。成堆或成行焚烧比分散焚烧清除的木质残留物多。机械化种植前，清除大块的残留物是很重要的。堆积木质残留物时，要尽可能减小造成的干扰，使腐殖质、表层土和矿物土保留在原地。

规范化的焚烧清理可以改善树木自然恢复所需的裸露种植地土壤。在美国东南部，轻度的焚烧能够改善火炬松林的物种组成（Van Lear and Waldrop，1991)。在周围有适宜母树的皆伐地块，轻度焚烧促进了松树的定居。在美国西南部，焚烧地块的美国黄松（*Pinus ponderosa*）种子萌芽率高于半腐解层较厚的地块。幼苗发达的主根可以防止秋季干旱脱水和抵抗冻害。在未焚烧、半腐解层较厚的地块，花旗松幼树根系发达，而在焚烧地块，没有长出发达的主根（Sackett et al.，1994)。

4. 生物方法

种植地整理的生物方法包括用保护作物、预先种植作物和木本植物来改善土壤和小气候条件。这三种方法需要两次分开种植，种植期不同。保护性作物和木本植物与目标物种同时生长，在种植期望植物之前对预先种植的作物进行收获。有效的恢复方法不仅关注最初的植物生存以及它们继续改善种植地的自然过程，也关注利于外来植物自然繁衍（Danin，1991；Jones et al.，1994；Whisenant，1995；Whisenant et al.，1995)。

保护作物，又叫伴生作物，它有助于湿润地区草场建设和灌溉牧场的改良。在上述条件下，种植多年生植物前后种植保护作物有以下优点：①可以降低风蚀和水蚀；②杂草竞争小；③保护幼苗免遭风和高温危害；④在多年生植物完成生长发育之前，保护作物可以提供饲料。但必须从时间或空间上控制保护作物的竞争，增加多年生植物的定居。在大部分干旱半干旱山区，保护作物推迟了多年生植物的定居，但降雨量很高的年份除外。在加利福尼亚南部沿海的蒿属灌丛，常用一年生豆科植物作为保护作物（Marquez and Allen，1996），但它们大大降低了加利福尼亚艾蒿（*Artemisia californica*）的生存。在水资源短缺的山区或土壤肥力低的地区，保护作物应用较少。

燕麦和大麦是种植多年生植物的常用保护作物。普通黑麦对于一种良好的保护作物来说竞争性太强，小麦竞争性次之。用以下方法可以减少保护作物的竞争：减少燕麦或大麦的播种量，维持在7～11kg/hm^2；保护作物和多年生物种呈垂直或带状条播；提早收获保护作物（Vallentine，1989）。

在退化的酸性土壤上，匍匐草本植物可以增加有机质和pH，提高阳离子交换量，积累养分（N、P、K），提高了土壤肥力（Choi and Wali，1995）。这种草本植物也可作为木本植物的保护作物，它可以捕获风传播的种子，有利于杨、柳和桦树的自然繁衍（Choi and Wali，1995）。

在播种多年生植物之前，种植一年生作物，收获后留茬直播多年生植物，称为预种作物。预种作物非常有效，因为这样可以：①减少风蚀和水蚀；②降低蒸发；③减少杂草；④保护幼苗免遭沙害；⑤降低种植地极端高温；⑥冬季拦雪，增加土壤水分；⑦增加经济收入。在美国南部的大平原地区，预种作物的方法是最成功的种植地整理方法。在风蚀和水蚀严重的干旱环境条件下，这种方法最为有效。预种作物可以减少土壤表层干旱和雨后板结。在田纳西州中北部的残留枯落物中播种，成功率达88%，而在耕作种植地上播种，成功率只有67%（GPAC，1966）。

在怀俄明州，春季播种小粒作物，秋季留茬混播多年生牧草。与在干草覆盖或破碎秸秆覆盖的土地上播种相比，这种方法效果好，因为覆盖物遭受水蚀或风蚀后损失少，处理费用低，为覆盖播种的75%～95%，并且很少出现杂草问题（Schuman et al.，1980）。留茬也可增加水分入渗。高粱、意大利小米、红尖小米、日本小米和珍珠小米是常用的预种作物。

重要的是预种作物要成行播种，行距不大于50cm，而且收获时不能落下种子，因为这样会在下一个生长期内造成自生的作物与播种的牧草产生强烈的竞争（Vallentine，1989）。冬小麦也可作为预种作物，但要在春末播种，以防止春化和产生种子。饲用高粱可以在夏季种植，并在霜冻之前不结种子。

豆科植物可作为预种植物，因为它可以：①覆盖地表，防止土壤风蚀和水蚀；②改善土壤耕性；③减少杂草生长；④增加益虫数量；⑤增加土壤 N 素；⑥促进微生物活动。土壤有机氮有利于多年生植物种的定居。最近的作物研究结果证实了豆科植物在荒地作为活性覆盖物或作为预种作物的价值。与玉米套种的苜蓿抑制了杂草生长，提供氮素，并且增加益虫，起到了生物控制害虫作用（Grrossman，1990）。三叶草（*Trifolium subterranean*）有望作为大豆和花茎甘蓝（*Brassica oleracea*）的活体覆盖物（Grrossman，1990），因为这种草春末自然死亡后覆盖地表，减少夏季杂草的生长。三叶草也可作为预先种植的作物进行种植，等到温暖季节来临时，在三叶草的种植地（经过或未经除草剂处理的带状地块）上再种植多年生植物。然而，这种方法的可行性在一定情况下受到限制，如要求同一年份的土壤含水足以维持三叶草和暖季植物生长。

带状种植是预种作物的一种类型，已被应用于北美大平原半干旱区风蚀危害严重的地方。带状种植是将多年生牧草播种在机械耕作的休闲带（10cm 宽）上（Bement et al.，1965），在相似大小的交替草带上种植一年生作物，如棉花、小麦或高粱。草带建成后，以前的作物带休闲一年，下一年再种植牧草。这种方法与同年在整个地块上种植多年生牧草相比，可以降低风蚀危害。

人工林可用于改变微环境条件，微环境的变化适宜天然繁衍或人工种植森林内部植物种（Uhl，1988；Lugo，1992；Brown and Lugo，1994；Guariguata et al.，1995）。在波多黎各地区，人工林改善了土壤和微环境条件，更易于天然物种的入居（Lugo，1992）。人工林也可以通过吸引携带种子的动物而加速天然物种的定居。潮湿、湿润的热带人工林不会保持单一的结构（Lugo，1992），因为当地天然树种会侵入外来树种所组成林分下层和林冠层，如果生境破坏不严重，天然林将替代外来种组成的人工林；在生境破坏严重的地方，最终出现天然树种和人工造林树种组成的混交群落（Lugo，1992）。在美国维吉尼岛，将生长迅速的豆科树木作为保护作物被认为是在原来生境上恢复自然森林的最好的方法（Ray and Brown，1995）。在哥斯达黎加退化地营造人工林可以改善微环境，减少杂草的竞争，有利于热带林的恢复。同样，在澳大利亚西部的森林中也发现，适宜的树冠层有利于天然树木的生存（McChasney et al.，1995）。

在特定的生境上配置不同树种克服了阻碍天然树种繁殖的限制因素，利用人工林恢复林分的丰富度是很有效的（Lugo，1997）。森林冠层恢复后，微环境发生变化，吸引来携带种子的动物。然而，有些人工林树种抑制天然树种（Murcia，1997），动物传播种子并不常常完全有效。虽然人工林可以为天然树种产生有益的环境，但也不要指望动物将所有物种传播到人工林中（Parrotta et al.，1997）。

6.4　特殊生境的整地与种植地管理

在缺水、盐渍化土壤或活动沙丘等环境条件下，需要采用不同的技术措施。

6.4.1　缺水生境

在缺水环境条件下，种植地管理措施会带来很大的益处（Weber，1986）。水分不足在干旱半干旱生态系统中是普遍存在的，也出现在湿润环境中严重退化的生境和盐渍化土壤。因为在这些地方降雨强度大，间隔期长，水分易散失。甚至在相对高的降雨地区，特别是土壤条件差的地方，水分限制着植物的定居和生长。

聚集径流的整地措施需要更多的投入，但在许多地区是一种最可行的技术（Weber，1986）。一些旱地农田中采用胶乳、沥青和蜡处理地表，收集径流（Ffolliott et al.，1994），但是，这些方法在自然生境中的应用并不普遍。在自然生境中最常用的策略包括一些收集或聚集径流和雪的方法。

1. 收集雨水

用坑田和等高垄沟收集雨水的益处是直接的、短期的（Vallentine，1989）。整地后的使用期限取决于深度、降雨和侵蚀率等因素。然而，尽管它们的使用期较短，但有利于寿命长、持续影响生境的植物的定居与生存。在印度毁坏的矿地上，种植植物改善微生境的效益在 20 年后尚可监测到（Jha and Singh，1992）。在干旱、半干旱的生态系统中，栽植灌木改变微环境、截获土粒、养分和繁殖体的集水技术具有长期的效应（Whisenant，1995；Whisenant et al.，1995；Whisenant and Tongway，1995）。

在地表修建的集水洼地提高了苗木的成活率（图 6.6），大大提高了干旱生态系统的农业生产力（Reij et al.，1988）。微集水区主要收集 100m 以内的径流（Boers and Ben-Asher，1982），并且在无溪流的地方是有效的（Matlock and Dutt，1986）。在坡度、降雨特征、径流速率和植物种需求所决定的高径流系数和持水面/集水区比率的干旱地区，这些方法是最适宜的。在内盖夫大沙漠北部（年均降水量 99mm），在 32 m^2 内微集水区种植的滨藜（*Atriplex halimus*）成活率为 95%，而只靠降雨的苗木死亡率达 100%。另外，微集水区增加了生产力（Shanan et al.，1970）。在亚利桑拉南部（年均降水量 150～200mm），4 年后微集水区使绿毛滨藜草（*Cenchrus ciliaris*）的生产力增加了 5 倍（Slayback and Cable，1970）。在印度的焦特布尔，坡下部鱼鳞坑（60cm×60cm×60cm）栽植的灌木更容易生存（Tembe，1993）。

由于不同年份的降雨量不同，集水方法不能完全保证成功。在非常干旱的年

图 6.6 爱达荷州滚动造洼机产生的小洼种植地，这种微环境能减少水分损失，有利于苗木的定居。该图片引自 Warren Clary

份，即使在集水环境下播种，也可能会造成失败。在湿润年份，集水常常是不必要的。但在平水年，集水促进了苗木的存活，增加了植物产量。与其他减少风险的措施一样，集水增加了成功的机会，但未能将失败降低到最小程度。确定适宜的集水方法时需要了解和掌握当地的降雨类型和苗木成活生长的需求。

2. 栅栏积雪

应用栅栏可拦截降雪，增加有效水分。沿高 1.2m 的积雪栅栏种植 7.6m 长的向笔柏（*Juniperus virginiana*），苗木成活率从对照的 70%增加到 90%；欧洲赤松（*Pinus sylvestris*）苗成活率从 0 提高到 90%（Dickerson et al.，1976）。栽植在栅栏附近的杜松（*Juniperus*）苗高生长比对照增加了 33%。乔木防护林和灌木林具有相似的积雪效果。

6.4.2 盐渍化土壤

在干旱、半干旱地区，盐渍化土壤是自然和人为干预下的水文条件恶化的结果。在可能发生盐渍化的地方，整地可以修复这种恶化的水文状况，包括种植植物以增加蒸腾耗水，降低地下水位，修建深排水沟或高垄（Ffolliott et al.，1994）。

盐渍化土壤的整地技术应减少盐分在地表的积累，使盐分向下层移动（FAO，1989）。有两种途径能有效地克服澳大利亚西部的盐化地苗木生存问题（Malcolm，1991）：一是在其他地块或温室培育苗木，然后用发育良好的苗木移植过来，可以避免种子萌发和苗木生长受到限制；二是将苗木栽植在自然形成或人工修建的微生境中（生态位）。当用机械修建专用种植地时，可将有机物覆盖在种子周围（图 6.7）。在澳大利亚西部，先在修建的“M”形垄上进行直播，再用有机材料覆盖其上，呈“V”字形，效果很好（Malcolm，1991）。这种种植地整地方法通过收集雨水促进了种子的萌发和盐的下渗。有机材料覆盖可减少地表板结，增加渗透性，降低蒸发，保护种子，促进苗木生长发育。“M”形垄的高度取决于降雨的多少（一般在 175mm 以上）（Malcolm，1991）。

图 6.7　等高播种机将耐盐灌木（滨藜）种子播种在垄上，降低盐渍化土壤的有害效应。该图片引自澳大利亚植被恢复公司

其他有效的种植地整地方法也可以改善土壤水分、盐分和温度条件。例如，沟垄种植增加了土壤水分对苗木生长的有效性，减少了蒸发耗水（Evans et al.，1970）。沟垄整地也增加了天然降雨使盐分下渗的有效性。在半干旱地区，深垄

沟的苗木成活高于浅垄沟（Roundy，1987）。深耕增加了根系数量，提高了土壤渗透速率和盐的下渗，从而促进了苗木生长（Smith and Stoneman，1970；Sandoval and Reichman，1971）。然而，深耕和垄沟整地至少在两种情况下会出现问题：①块状板结的粉壤土（Roundy，1987）；②耕作时下层钠质土会与表土混合（Mueller et al.，1985）。耕作块状板结土壤能引起小土块的下陷和移动，超过种子的播种深度（Wood et al.，1982）。这些地块不需要进行耕作，可用机械压实垄沟，进行播种（Roundy，1987）。深耕使表土与下层钠质土混合，降低了苗木的存活与生长。

含钠量低的水分或硫酸钙下渗改善了钠质土壤。硫酸钙中的 Ca^{2+} 代换 Na^{+}，凝聚黏粒形成团聚体，酸性阴离子降低了 pH（Loomis and Connor，1992），Na^{+} 也随大量水分下渗。由于灌溉水少，种植耐盐性植物更符合实际。在盐化地栽植耐盐性的植物是一种切合实际的方法，常用的是木本植物，在干旱和半干旱气候条件下，栽植几种耐盐灌木树种（滨藜属 *Atriplex*）。尽管耐盐植物能够耐盐，但也需要特殊的栽植措施以确保成功（Malcolm，1991）。耐盐植物栽植在适宜的生态位，能降低土壤含盐量。这些生态位出现在特殊的微生境和一定的时期，降雨使这些生境的盐分淋洗，产生一个短暂的机会（Malcolm，1991）。随着降雨增加和由于覆盖减少蒸发，延长了有利时机，这对生长快的苗木成活有很大益处。

6.4.3 活动沙丘

由于会引起扬沙、拔根或沙埋，移动沙丘对植物的生长发育极为不利。在干旱和半干旱环境条件下，植物只能生存在某些类型沙丘的局部生境。一些类型的沙丘几乎无植被生存，如横波状沙丘、新月形沙丘和格状沙丘（Floret et al.，1990；Tsoar，1990；Thomas，1992）。因为只有在干旱和湿润地区的稳定沙丘才有植被，在制定修复对策之前，认识稳定沙丘的内在潜力非常重要。

使活动的沙丘稳定有许多技术，但这些技术的费用常常超过土地的市场价值。在某些情况下，当活动沙丘未达到稳定之前，采用禁牧和对现有植被施肥是一种有效的措施（Eck et al.，1968）。反复施肥可以增加生物量，使移动沙丘稳定。

即使在土壤和气候对植被生存具有潜力的地方，如果不加以保护，简单的播种或栽植很难奏效，应采用沙障保护，减少拔根、摩损伤害和沙埋（Kavia and Harsh，1993；Ffolliott et al.，1994）。虽然要完全控制沙子的流动是不可能的（Watson，1990），但可用石子、土壤、化学物质和石油产品覆盖活动沙丘，或用树枝建立分流篱笆沙障（Ffolliott et al.，1994）。例如，在马萨诸塞的沙丘喷洒 1403 或 2807L 石油，大大减少了土壤侵蚀（Zak and Wagner，1967），种植两年半以后，覆盖条件良好，无土壤侵蚀发生，木本植物能正常生长发育。不幸的是，沥青覆盖物通常会防止木本植物的定居（Zak and Wagner，1967；Eck et al.，1968）。在得克萨斯的研究发现沥青覆盖斑块并不十分令人满意（Eck et al.，1968），沥青覆盖斑块周围无植被定居，风蚀损坏一年生的斑块。

为了切合实际，建议在种植的前一年用当地材料，如树枝、稻草、麦秆、铁路旧枕木、杆柱、土埂等，在地上沿垂直主害风方向构建沙障。如果主害风来自两个以上的方向，种植前沙障可采用方格排列。风速、坡度和沙丘类型都影响沙障的空间排列（Ffolliott et al.，1994）。印度 Jodhpur 附近建立的沙障能稳定活动沙丘（Kavia and Harsh，1993）。平行排列保持 2～5m 的间距，但沙丘顶部较窄，而较大的行距出现在迎风面和丘间凹地。这些沙障显著地增加了灌木和乔木的生长。

活动沙丘的持续和稳定需要用植被来覆盖（Books et al.，1991）。虽然草本植物覆盖对沙丘的固定是有用的，但乔、灌木覆盖更为有效，因为它们比草本植物生存时间长，能接纳更多的风沙颗粒，降低风速作用大。选择固沙植物时应考虑以下几点：①根系发达；②耐强风；③抵抗流沙磨损；④耐土壤流失或堆积；⑤繁殖能力强。

6.4.4 覆盖

种植地覆盖能减少土壤侵蚀（Siddoway and Ford，1971），降低极端温度，保持土壤水分，提高种子发芽率，促进苗木生长（Zak and Wagner，1967；Eck et al.，1968；Singh and Prasad，1993）。因为覆盖改变了种植地的性质，覆盖的类型和数量影响植物种的定居（Luken，1990；Munshower，1994）。改善种植地条件的覆盖材料包括秸秆、干草、木屑、树皮、泥炭、玉米棒芯、污泥、甘蔗枯叶、有机肥、塑料和石油合成产品等（Luken，1990；Singh and Prasad，1993）。在干旱环境和杂草丛生的地方，覆盖效果最好（Winkel et al.，1991；Singh and Prasad，1993；Roundy et al.，1997）。在新泽西，栎树（*Quercus* spp.）枯落物覆盖减少了草本植物的生长，从而促进了木本植物的生长（Facelli and Pickett，1991）。种植地覆盖通过减少其他物种的竞争，提高了花旗松和杜松（*Juniperus monosperma*）的生长（McDonald et al.，1994；Fisher et al.，1990）。然而，在杂草不严重或者用等高耕作控制侵蚀的地方，不需要进行覆盖（McGinnis，1987）。

有机物质能提供和补充土壤养分，改善土壤的固持性能（表 3.3）。在低的水分条件下，应将快速分解的植物叶片和缓慢分解的植物叶片进行混合覆盖，这种混合覆盖可以提高保水性能，减缓 N 的释放，延长有效 N 的供应期（Seneviratne et al.，1998）。黏结剂可将有机物质（如木纤维）固结到土壤上，因为化学黏结剂能抑制种子萌发，应引起注意（Sheldon and Bradshaw，1997）。机械破碎覆盖物进入土壤可防止地表风蚀和冲刷。

砾石、石头、岩石和石油也可用于覆盖。在有限水分条件下，砾石覆盖可提高发芽率（Winkel et al.，1991；Winkel et al.，1993）。在印度的干旱地区，砾石覆盖减少了造林地的水分散失，且在大风的条件下更稳定（Mertia，1993）。在北极区阿拉斯加的干扰立地自然恢复和人为恢复过程中，砾石、石头、岩石覆盖促进了幼苗的定居和生存（Bishop and Chapin，1989b；Bishop and Chapin，1989a）。岩石覆盖保护木本植物幼苗免遭极端温度和食草动物的危害，在幼苗周围放置 3 个以上 10～20cm 直径的石块能提供足够的热量和减少蒸发（Bainbridge et al.，1995）。

第7章 修复植物种植技术

播种、分殖或植苗是为待修复生境引入植物种最为常用的技术。直播是将种子按照一定的密度或者株行距播种于一定深度的土壤中。撒播是将种子撒在土壤表面。在严酷环境条件下，植苗——栽植完整的植株（野生植株、容器苗或者裸根苗）或者分殖——插、埋植物组织（匍匐茎、根茎、鳞茎、球茎或茎段）是最可靠的方法，但成本较高。有效的种植策略包括最适宜的种植时间、播种量、种植深度和最适用的设备等，目的是在最理想的条件下和最适宜的时间内将苗木、植物组织或器官植入或者将种子播入土壤中。

7.1 直播

与移栽相比，直播有许多优点。多数生态修复项目宁愿使用种子而不是苗木，因为种子与苗木相比不仅成本低、容易储藏和运输，而且更容易采集或者购买。这种灵活方便而又相对廉价的特点，使得直播在许多情况下成为最常用的种植方法。特别是在交通不便、地形复杂，或者土壤条件使栽植完整苗木有困难，费用过高或根本不可能进行栽植的情况下特别有用（Barnett and Bake，1991）。直播时需要优先考虑的和最为重要的工作包括：种子准备；播种时间、播种深度和播种量确定；最适宜的播种方法选择。

7.1.1 种子准备

许多植物在播种前，都要求采取一定形式的种子处理。这些处理可以解除延迟种子发芽的自然休眠机制，或接种能促进共生的固氮细菌。

1. 解除种子休眠

即使在理想的种植地条件下，一些种子播种后发芽仍然十分缓慢，甚至不发芽。在自然条件下，休眠妨碍了种子的及时发芽，其苗木存活的机会也更低。导致种子发芽迟缓的休眠机制通常有两大类：第一类称为深休眠或生理休眠，是由储藏在种子内部的脂肪、蛋白质和复杂的不溶性物质的不完全水解造成的休眠（Smith，1986），这些化合物的水解能使种子储藏的营养物质转化成更简单的、可为胚所利用的有机物质（糖和氨基酸）。自然条件下，一些温带树种的这些转化常发生在阴冷、湿润的条件下。因此，我们可以通过把种子放置于阴冷潮湿的泥炭（peat moss）中，或略高于0℃的湿沙中贮藏，以模拟这种自然条件

(Smith，1986)，此即所谓的低温层积催芽。另外一些树种则要求温暖湿润或低温干燥的层积催芽（Steffen，1997）。

第二种类型是指由于种子具有能够阻碍氧气和水分进入胚的不透性种皮而造成的种子休眠（Smith，1986)，一般称为强迫休眠。在自然条件下，交替的极端温度、微生物活动或者土壤颗粒摩擦可以使种皮破损而增加透性。这种破皮处理或打破不透性种皮的过程，可以使种子吸收水分和氧气。种皮的机械磨损或者化学软化将会解除这种休眠机制。将种子装入含有粗沙或者一些其他腐蚀性材料的容器中进行旋转搅拌，会使具有坚硬外壳的种子破壳。化学破壳处理包括热水、硫酸和硝酸浸种，以便破除种子坚硬的种皮。另外，种子被食草动物取食后，当种子通过消化系统时种皮也会开裂。

2. 接种固氮菌

为了确保种子（通常是豆科植物种子）生根后能有共生的固氮根瘤菌，需要进行接种。通常接种在播种前进行，即使种皮均匀涂上水基的菌泥（water-based slurry of bacteria）和富含糖、淀粉及复杂多聚糖的泥炭培养基（Heichel，1985)。这种混合物既为菌种提供了营养，也能使菌种更好地黏附于种子之上，有利于接种成功。虽然市售的接种黏着剂容易获得，但不含乙醇的软饮料也常被用来作为黏着剂使用（Steffen，1997）。

如果待修复生境目前种有相同的豆科植物或者最近种植过或一直种植这类豆科植物，那么就不需要接种。因为这些土壤中含有的根瘤菌群足以使播种的植物产生根瘤。然而，由于接种的费用相当低，因此播种前接种豆科固氮菌是明智的。天然根瘤菌在强酸性或者强碱性的、营养容易缺乏的、容易遭受高温或者水分胁迫的、容易接触杀虫剂或肥料的以及含氮量高的土壤中是难以持久稳固生存的（Heichel，1985)。因此，在这种情况下接种是非常重要的措施。接种菌体都有一定的保存与使用期限，并在标签上标明有效期。

7.1.2 播种时间

播种时间不当也难以使播种获得成功。由于发芽和幼苗生长需要充足的土壤湿度和合适的温度，因此最好的播种时间应该在能够为植物生长提供一段最长的有利条件之前进行。不幸的是，难以预料的事件或极端的环境条件常造成播种失败，甚至是在最好的播种时期（Ries and Hofmann，1996)。没有任何一个播种时段能确保成功，我们通常选择在最有可能为幼苗生长提供良好条件的一段时间之前进行播种。在大部分地区，我们按照季节温度和降水的类型来确定播种时间。

气候类型常使最适的播种时间呈现出可以预测的变化规律。冷季型植物种在地中海气候区（夏季干热、冬季湿冷），最合适的播种时间是在晚秋的第一场雨之前（Heady，1975；Lefroy et al.，1991）。播种后种子在晚秋发芽，这样在冬季低温来临之前苗木有足够的时间生长。在温带大陆性气候区（如美国北达科他州的曼丹人部落聚居区），冷季型植物在秋季播种更容易成苗、定居，然而暖季型植物最好的播种时间则在晚冬到中春季（Ries and Hofmonn，1996）。

在冬季主要以降雪为主，而植物主要生长季节却在短暂的早春时节，最合适的播种时间是秋季，同时要尽量延迟播种，以免种子在雪融化前发芽。而在雪融化后种子又能立即发芽，并充分利用干、热夏季来临之前的暂短生长季节进行生长，这一点是非常关键的。因为春季是这些地区一年中最好的生长季节，此期的每一天对植物来说都非常重要。对以雪为主要降水形式的地区来说，春播的效果并不理想，这是因为每当积雪融化后，播种机具能够进入播种地块的时候，主要的生长季节已经结束，同时此期土壤水分的储量也较低。

当然，秋播也有一些缺点：①秋播为鸟类和啮齿动物盗食种子提供了更长的时间；②吸胀的种子若遭遇干燥脱水将可能丧失生活力；③在春季遭受杂草危害的可能性更大（Lefroy et al.，1991）。另外一些情况下，则需要依据具体情况选择播种时间。要根据野生动物迁徙类型改变播种时期，以避免种植地新生幼苗被践踏破坏；秋季种植也有利于那些需要通过低温层积催芽才能解除休眠而发芽的种子。

在英格兰，许多阔叶林树种最适合于春季播种，但有些树种则要求秋季播种以满足其对低温的需要（Harmer and Kerr，1995）。在没有明显冷、热季节之分的热带季风气候区，应当在雨前或在最有利于植物生长的一个最长生长期来临之前播种。在温暖而降雨类型适宜于种植的地区（湿润的温带或亚热带地区），春季和秋季均可以播种。尽管春季是这些地区普遍采用的播种时期，但秋季播种却可以减少杂草的干扰危害。不同时期播种可以确保至少有一部分种子会发芽，即使在异常的环境条件下。多个不同的发芽时期可以确保定居种群具有更宽的遗传变异范围（Peckham，1995）。

尽管将种子播入无杂草的种植地上是最为有利的，但这种情况并不常遇到。将种子播入一个有竞争性的环境时，要求采用具有竞争性的植物种，同时要求播种时间要有利于播种植物种的发芽生长，因为植物种迁入群落的相对时间对竞争的结果有显著影响。例如，同时播种黑麦草（*Lolium perenne*）和长叶车前（*Plantago lanceolata*），收获的牧草中黑麦草的干物质量占总干物质量的 80%（Harper，1977）。如果在播种长叶车前草前 3 周播种黑麦草，则可使黑麦草干物质量的比例增加到 90%；但如果在播种长叶车前草后 3 周再播种黑麦草，则黑麦草的干物质量只占总干物质量的 6%，先期播种形成的种群直接控制着后期播种迁入的新幼苗。因此，早期迁入的幼苗有更大的优势，并不断增强他们掠夺后迁入幼苗所需资源的能力（Ross and Harper，1972）。

不同季节修复生境对播种机具的不同要求也影响着播种时间的选择，而这种要求主要由降雨类型和土壤质地所决定。对暖季型植物种，春季是最有利的播种时期，特别是主要生长季节在晚春和（或）夏季的气候区。沙质、排水良好的土壤可在早春进行整地和播种，这不仅能确保种子适时播入土中，而且春季耕作也减少了许多杂草的竞争。然而，质地黏重的黏土适耕性差，如果春季土壤过湿不宜耕种，则可在秋天进行播种（Heady，1975）。

7.1.3　播种量

播种量是指单位面积上播撒种子的数量或质量（kg/hm^2）。对混交林或混播草地，播种量既可以用每一个植物种各自的播种量来表示，也可用单位面积上全部混合植物种种子的质量表示。播种量的大小应以能够产生所需的植被密度和覆盖度为宜，不要过高，以便降低成本和减少自疏现象。播种量一般随着许多因素的变化而调整，这些因素主要包括：每公斤种粒数、净度、发芽率、种植地条件、生长习性、管理水平和种子价格。在借鉴所推荐的播种量时，必须了解它们依据的是纯发芽种子（PLS）还是混合种子确定的（式 5.1 和式 5.2）。

确定播种量需要了解植物种在当地的适应性、能否混交以及当地播种量等相关信息。在这类信息缺乏的情况下，可以采用一般的播种量标准值。在种草时，广泛使用的标准值之一是每平方米播种 200～400 粒纯发芽种子或者足以使每平方米有 10 个以上的植株。草本植物播种量常常随着种子大小而变化。Vallentine（1989）曾建议条播的合适播种量是：大粒种子（<143 000 粒/kg）100PLS/m^2；中粒种子（143 000～1.1×10^6粒/kg）200PLS/m^2；小粒种子（1.1×10^6～2.2×10^6粒/kg）300PLS/m^2；细粒种子（>2.2×10^6粒/kg）400PLS/m^2。这些指标值类似于其他人推荐的大粒种子 5.0～10.0kg/hm^2（Mueggler and Blaisdell，1955；Launchbaugh，1970；Hull，1972），或小粒种子 30g～3kg/hm^2，如画眉草属（*Eragrastis*）、黍属（*Panicum*）、早熟禾属（*Poa*），以及多数草本豆科植物（Kilcher and Heinrichs，1968）。草原牧场恢复指南要求的播种量指标值更高，达到 400～600PLS/m^2（Diboll，1997）。

尽管 100～400PLS/m^2的播种量好像是有些太高了，但如果考虑到发芽、出苗和定居过程中的损耗，则这些量是需要的。在所有播入土壤的种子中仅有 10%～30%能发育成幼苗，而其中只有不到 50%的幼苗能够正常存活下来（Decker and Taylor，1985；Vallentine，1989）。尽管 5%～15%的保存率似乎不高，但完全失败的情况也屡见不鲜。这些播种量指标值仅仅为我们提供了初步的参考值，实际使用时还必须依据当地的生境条件进行调整。例如，在干旱生态系统中要求每平方米达到 10 个植物，这是不切实际的，不少情况下可能需要对这些指标值进行调整。通常对播种量指标调整主要考虑以下 4 种情况：①生境、气候或种植地的条件；②播种方法；③杂草危害的可能性；④土壤侵蚀的可能性。

为了迅速固持土壤、降低杂草危害、弥补较高死亡率的影响，增大播种量是一种行之有效的方法。不良的生境条件和整地质量不高的种植地要求比较高的播种量，因为我们可以预料到这些地段的成活率不高。基于同样的原因，在撒播时我们往往将播种量加倍。这是因为撒播需要较高的播种量去补偿播种深度不均匀，部分种子未能覆土而裸露以及鸟类和啮齿动物盗食引起的种子损失（Vallentine，1989）。在苗木幼小且稀疏的生境中，幼苗难以发挥固持土壤作用，所以需要更大的播种量以便尽快形成植物群落，加速土壤的保持。较高的播种量也能减小杂草对幼苗的不利影响（Vallentine，1989；Stevenson et al.，1995），且这种减小作用在播种量较高而行距比较窄的情况下更为明显。与改善播种植物竞争能力的措施（某一种杂草的防治）相结合，窄行距控制杂草的效果将会显著增强。

在生境条件比较好的待修复区域，条播的播种量可以降低到 200PLS/m^{2}以下，但不应该降低到难以排除生境中杂草危害的程度（Munshower，1994）。尽管播种量与生境质量密切相关，同时也因具体环境条件而不同，但全面了解当地修复生境的情况，有助于提出一个比较准确的估计值。如果没有更多有关待修复生境的相关信息，在良好整地的种植地上，条播 200PLS/m^{2}的播种量应该是一个有用的初步估计。

对预计具有较高成活率的植物种，允许采用较低的播种量。土层深厚、坡度平缓、土壤水分状况良好并经过精细整地的种植地，也可以采用较低的播种量。在没有耙耕的种植地上，针叶树成林需要高质量种子 3.3kg/hm^2。但在充分整地的种植地上播种，1.5kg/hm^2 的播种量就足够了（Stoddard and Stoddard，1987）。在西澳大利亚，退耕还林（在以前的耕地上重建乡土木本植物种）的播种量一般在 0.4～1.0kg/hm^2（Lefroy et al.，1991），这一播种量相当于在行距 5m 的情况下每公里行长播种 200～500g（每 2km 占地 1hm^2）。在以补充现有种群为目的的情况下，采用较低的播种量是合适的。具有入侵性扩张能力的植物种(有强匍匐茎或根茎习性的植物种)，即使采用较低的播种量效果也很好。

1. 播种量对植物竞争的影响

播种量会影响播种后幼苗与杂草之间的竞争关系。因此，通过调整播种量可以提高播种植物种的成活率和生长量。植物单位面积产量会随着植株密度的增加而增大，但增加到一定程度产量下降。最终，更高的播种量不再引起产量的提高，这是由于可利用的资源限制了整个种群。这种密度-产量关系的上限（环境容纳量）符合种群生态学的重要法则——最后产量恒值法则（Kira et al.，

1953)。以多年生黑麦草（*Lolium perenne*）为例，在低密度条件下植株生长健壮、分蘖多，但随着播种量增大，每一植株产生的分蘖数迅速降低（Weiner，1990），苗木的大小分化现象加剧，越小的苗木越容易死亡。因此，在高的播种量条件下尽管单位面积产量增加了，但幼苗存活率却降低了。

在最初的苗木定居、生长阶段后，由于生长、繁殖和死亡相继进行，产量和目标植物种的密度也随着时间而变化。在既无杂草竞争、又经过精细整地的种植地上，一定的播种量区间内不存在长期的产量或密度差异。在最初的 3 年内，实验区以 4.4～52.8kg/hm^{2}播种量播种的扁穗冰草（*Agropyron cristatum* L.）植株密度随着播种量的增大而增大（Mueggler and Blaisdell，1955)。到播种后第 6 年，各种播种量条件下的种群密度基本相近。在英格兰，尽管较高的播种量能迅速消灭白垩质草地（chalk grassland，在白垩母质的土壤上形成的草地，草地土壤中富含白垩质，土壤偏碱性，植物中多豆科牧草）上的杂草，但相当低的播种量在重建目的植物种群和最终消灭杂草方面也很成功（Stevenson et al.，1995)。播种后 2 个季节，所有的播种小区与本地白垩草地相同，但没有播种的对照小区杂草成为优势种群，并且草地表现出向着物种丰富度减小（species-poor）的方向演化（Stevenson et al.，1995)。不幸的是，这种低播种量小区与高播种量小区最终能产生相同植被覆盖率的现象却并不普遍。在堪萨斯州（Kansas)，由于杂草的竞争，本地初期生长缓慢的草种播种后往往很难充分发育（Launchbaugh，1970)。因此，在很少有竞争植物的种植地环境下限制播种量过低也是明智的。

2. 结种较少的珍稀植物的播种

稀有和珍贵植物种通常采用非常低的播种量。人们常采用大面积撒播、低密度种植并希望这些植物种能在随后的生长过程中增加它们的种群密度。为了准确播种稀有和珍贵植物种的少量种子，常常要求采用精细地播种方法。小粒、硬粒种子通常会集中于种子箱的底部，导致其在整个播区分布不匀。同时，目前的直播机大多不适宜于少量种子的播种。填充剂（bulking agents）有助于小粒种子的均匀分布或者能使少量种子均匀地播种在大面积的待修复生境。常用的填充剂包括锯末、谷壳、糠、麦麸、粗玉米粉、蛭石或其他一些易于流动的中性材料，这些材料在潮湿时易发生黏结，会限制播种机具中种子的流量。沙子是有效的，但有磨蚀作用，易于损害播种机具。这种填充剂改善了播种机具中种子的流动和播区种子的分布。

7.1.4 播种深度

适宜的播种深度不仅要有利于种子出土，而且要能为种子发芽和幼苗生长提供可靠的环境。综合权衡种子大小（能量储存）和最优播种深度之间的关系表明，种子的播种深度不宜超过种子直径的7倍，以4～7倍最为合适（Welch et al.，1993）。同时，最优播种深度也随着种植地土壤有效水分持续期、种子大小、发芽要求和苗木活力而变化（Roundy and Call，1988）。

表层土壤虽然容易因小雨而湿润，但更容易因失水而干燥。小雨后表层土壤虽可使种子发芽，但由于土壤储水缺乏，种子发芽后极易干燥脱水。因此，埋深较大的种子更能抵御水分的快速蒸发损失。例如，在没有结皮的流动沙地干旱环境中生长的印度落芒草（*Oryzopsis hymenoides*），其成苗率随着播种深度（直到5～8cm）的增加而增大（Vallentine，1989；Young et al.，1994）。然而，播深较大的种子要求更多的能量以便使其光合作用器官伸出地面。因此，只有那些贮藏能量较大的种子在深播的情况下才能出土成苗（Harper，1977）。非常小的种子如果埋于表土之下出苗的可能性很小，因为它们常常要求光的刺激才能发芽。这些非常小的种子应该播种在较为坚实的种植地表面，并且在发芽前要始终保持湿润（Steffen，1997）。为了确保种子与土壤密切接触，播后应轻轻镇压。绝大多数大粒种子不需要光（Harper，1997），深埋后更容易出苗。深埋的优点在于，它能为种子发芽提供一个相对稳定的湿度和温度环境。

小粒种子，如早熟禾属（*Poa*）、画眉草属（*Eragrastis*）和鼠尾粟属（*Sporobolus*）的播种深度应该在3～7mm之间。非常小的种子应播撒在经过精细平整的种植地上，且种子不必覆土。例如，列曼画眉草（*Eragrostis lehmanniana* Nees）被播种在土壤表面是最有效的，因为当播种深度超过3～4mm时，这种草就不能正常出土（Cox and Martin，1984）。对种子非常小的植物种，将种子撒播在粗糙不平的土壤表面是最有效的，因为这类种子在土壤表面更易发芽、出土和成苗（Roundy et al.，1993）。通常这类种子播种后不需要特别的土壤整理，只要轻轻地耙耱、动物踩踏或者轻耙即可（Heady，1975）。小粒种子的灌木［绵毛优若藜（*Ceratoides lanata*）］播深应该在1～2mm，播深超过12mm将不能出土成苗（Springfield，1970）。三齿蒿（*Artemisia tridentate* spp. *vaseyana*）的种子也非常小，其播种深度也不应超过3～4mm（Jacobson and Welch，1987）。

正如任何一般规律都有例外和特殊情况一样，播种深度也不例外。例如，在湿润环境条件下，深播就没有上述优点，而坚实的种植地和种子被厚度适宜而疏松的表土覆盖则是成苗的关键（Decker and Taylor，1985）。总之，在沙土上深播后出苗比在黏土上深播后出苗更迅速，一个坚实的沙土表面是种子获得与土壤紧密接触的关键。

7.1.5　条播

只要种植地不是过分松软，条播就是获得一致的播种深度和均匀的种子分布的最好播种方法，它能在播种后的第一年就形成均匀一致的植被。如果使用恰当(表 7.1)，比较好的牧场播种机不仅能够在粗糙的、多岩石的生境中播种，而且能适合于多种类型、不同播种量种子的播种。同时，还能在播种后对覆盖种子的表层土壤进行镇压。在许多干旱、半干旱地区，条播产生的小垄沟能遮风挡光，保持播种沟内土壤水分，为幼苗生长发育创造不同的、重要的边缘地带，充分发挥边缘效应。

表 7.1　条播时常见的错误、出现的问题及解决办法

序号	错误	问题	解决办法
1	将作物条播机应用于待修复生境播种	使用不能在粗糙、富含石砾和木质碎屑的地面上播种的农用条播机播种，致使故障频发，修理频繁	使用为粗糙地面播种而设计的播种机，或在没有石砾或木质障碍物且充分翻耕的土地上使用
2	使用不能播种有绒毛种子的播种机播种含有绒毛的种子	具有绒毛的种子不能够通过种子箱中的捡拾轮(picker wheel)将种子拖进排种管(drop tube)，因此种子不能被播入土中	使用为有绒毛种子专门设计的条播机或使用能顺利通过传统播种机的光滑的种子
3	播种深度不合适	种子播种太深不易出土，播种过浅则易于干燥脱水	在播种时使用限深器来确保合适的播种深度，种植地需要平整、压实
4	将种子箱中有绒毛的种子压实	填塞压实的种子在种子箱中难以充分混匀，种子不能进入排种管或正常播入土壤中	有绒毛的种子放入播种箱后不要压实
5	没有及时检查排种管	种子(特别是有绒毛的种子)能阻塞排种管，阻碍种子正常播入土壤中	定期检查排种管，以确保种子通过排种管落入条播沟。卸下排种管清除障碍物(蛛蛙网、乌巢、啮齿动物的巢穴)
6	条播机运行速度过快	许多类型的种子不能够迅速、平滑地通过播种设备，所以播种不均匀	慢速播种或使用合适的播种机以便种子均匀通过并播入土壤中

与撒播相比，条播的效果更好。原因有以下几点：①条播抵御鸟类和啮齿动物危害的能力比撒播更强（Nelson et al.，1970）；②条播的种子处于一个相对有利的温度和土壤湿度环境之中，而撒播的种子则暴露在剧烈波动的环境中，且这种波动的条件经常造成种子发芽或苗木生长时断时续。一项有关不同播种方式的研究表明，撒播仅有一个草种形成了生长良好的草地，而条播则有 7 个草种形成了生长良好的草地（Nelson et al.，1970）。另一项研究（Hull，1959）发现条播的产草量是

撒播的 3～7 倍；③条播的播种量只有撒播的一半，前者 6.6kgPLS/hm^2，而后者 12kgPLS/hm^2。

为作物栽培而设计的谷类播种机，一般不适合于在常见的待修复生境中使用（Young and McKenzie，1982）。但在没有碎石、耕作良好的生境上，播种效果很好。具有碎石或木屑的不平整种植地，会妨碍或损害大多数谷物播种机的正常作业。精心设计的牧草播种机有坚固的部件和很强的清理粗糙地面功能（图 7.1），许多这种播种机能在具有中度地面枯枝落叶层的地块良好运行，大多数在火烧迹地、开阔且一年生杂草很少的地块和未整地作床且具有残茬的农耕地上运行良好。尽管牧草播种机被设计用于坡面、多岩屑土壤和残存木质碎屑的生境，但在良好整地的种植地上使用效果更好。

图 7.1　牧草条播机在粗糙不平的播区播种，它既能播种光滑的种子，又能播种有绒毛的种子；它能为每一播种行开沟、控制播种深度、压实覆盖种子的表土

牧草播种机通常播种的行距为 15cm 或 35cm。盛收期饲草总产量在播幅 25cm 和 45cm 的情况下没有大的差异（Vallentine，1989）。一般在半干旱区行宽应更大一些，而湿润地区行宽应更小一些。一些研究表明，产草量在定居生长初期随着行距变窄有增加的趋势，随后不同行距处理间产草量没有明显差异，到生命周期的后期产草量甚至有随着行距变宽而增加的趋势（Sneva and Rittenhouse，1976；Leyshon，et al.，1981）。窄行距的好处在于：①更好地控制杂草；

②所生产的饲草叶子所占的比例更高，茎所占的比例更低；③增加土壤的稳定与保护；④增强草地对践踏的抗性（Vallentine，1989）。

1. 套种

套种是在现有的草本植物群落中插播目的草本植物种，又称间播。套种一般最适合于下列生境：①遭受土壤侵蚀危害严重的地段；②不可能实施全面整地的地段；③现存的植被需要补充、改良而不是被完全替代的地段。

与全面整地和播种相比，套种地无论在播前、播种期间或是播种后，至少部分地得到了植被的保护，因此，套种地土壤侵蚀的危害减小。在现存的草地上引入豆科草本植物，能改善饲草的质量。套种的播种期与常规播种法相似，播种量通常为植被完全替代时播种量的1/3～1/2（Vallentine，1989）。在南达科塔（South Dakota）草地套种苜蓿（*Medicago sativa*）时，推荐的成苗密度是0.6～1.2株/m^2（Rumbaugh et al.，1965）。在北美洲西部，套种被用来为大型野兽、野禽越冬栖息地引入木本植物（Pendery and Provenza，1987）。

已经定居的原生植被与正在生长的苗木相比有很强的竞争优势，因此，在已经建成的多年生草地上直接撒播或条播几乎是不可取的，因为只有更具竞争力的物种在这种情况下才能定居和生长。来自于已经定居植被的竞争能力在下述几种情况下会被削弱：①在严重耗竭退化的丘陵、山地直播；②在秋季和（或）早春有降雨的地区，向已经定居的暖季型植被区播种冷季型植物种；③通过机械或化学除草剂除草的方法对定居植被进行带状清理，以减少已定居植被的竞争。

在退化自然生境的生态修复中，有几种用于套种的垄沟开沟器，其设计精巧、合理。一个设计是使用旋转的刀具去打碎位于每一个双圆盘开沟器前面的草皮（Smith et al.，1973）。大多数套种播种机利用一个垄沟开沟器去剥离、切开播种行的条状草皮，然后播种、覆盖并镇压。比较好的套种播种机，能有效地控制剥离草皮的深度、播种深度和适当镇压。最合适的播种带宽度决定于现存植被的生长状况、土壤湿度和套种植物种的竞争能力（Vallentine，1989）。一般垄沟的规格为宽20～25cm，深5～8cm，沟间距100cm。套种区植被竞争性越强或环境越干旱，用于套种的清理带则越宽。干旱的修复生境常常能从夏季的土地休闲和增大的清理带宽度中受益。这个额外加宽的清理带和休闲期能增加播种期土壤的水分储量（Bement et al.，1965）。垄沟中心的间距，通常因草地的环境条件而变化。在湿润肥沃的低湿草地，一般间距为0.7m；在半湿润的草场间距为1m；而在半干旱的草场间距为2m。清理带的深度也影响着补播的成功与否。较浅的清理带不足以完全移除原有的竞争性植被，而过深的清理带又会使补播的种子埋深过大（特别是在沙壤土上）。

崎岖的地形、多石砾的土壤或土壤侵蚀的危害均会妨碍许多修复生境植被恢复的种植工作。在这些生境中，我们可以通过除草剂对播种带进行清理，方法是在条播机的每一播种行的前端设置一个喷嘴，以喷洒除草剂（Waddington，1992）。对于正在发育的幼苗来说，向定居的植被喷洒触杀型除草剂，能减弱现存植被种与播种幼苗的竞争性（Vough and Decker，1983）。在海洋性气候区土壤水分充足的情况下，套种豆科草本植物时可用百草枯（1，1′-dimethyl-4-4′ bibyridinium ion）来控制已定居的现存植被的竞争（Bertholomew et al.，1981；Vough and Decker，1983）。百草枯是一种触杀型除草剂，只能杀死被喷洒的植物组织，而草甘膦［*N*-（phosphonomethy）glycine］等除草剂则是一种内吸传导型除草剂（药剂通过根、茎、叶吸收，传导至植株各部位），可使整株死亡。因此草甘膦比百草枯控制已定居植物竞争的时间更长（Waddington and Bowren，1976）。在萨斯喀彻温省（Saskatchewan）东北部的多年生草原牧场，使用草甘膦对现存草地植被进行带状清理，并在清理带套种豆科植物是一项非常有效的技术措施（Malike and Waddington，1990）。在进行过机械清理的带内条播，只需要将种子播入土壤即可。而在施行过除草剂化学清理的条带内条播，则要求下种前播种机必须穿透被喷洒过除草剂的死地被物层。只有具有独立悬挂式圆盘开沟器和足够重力穿透枯死草本地被物层的播种机才能胜任（Waddington，1992）。这种机具也必须有一个控制播种深度的深度限位器和一个使土壤与种子密切接触的覆土镇压器。对现存竞争性植被控制不当是造成绝大多数补播失败的主要原因，其他问题也会造成套种失败。结皮以及泥土黏附在播种机具上是在土壤质地黏重的生境中播种时所遇到主要困难。新套种的幼苗与现存植被相比适口性更好，因此在新近完成播种的生境中应该防止动物的啃食。留存于土壤中的地下茎和匍匐茎类植物种也将快速侵入套种带内，使套种的幼苗受到竞争威胁。

7.1.6 撒播

撒播的主要优点是播种速度快，费用低。而主要缺点有4个方面：①不能有效地控制种群密度和植株间距；②种子容易遭受鸟、兽盗食而损失；③与条播相比，种子发芽率和成苗率降低；④为了补偿发芽率低和种子被盗食的损耗，通常要求的播种量较大。当然，这些问题能通过播种前的精细整地、作床，播后覆盖以及镇压使种子与土壤紧密接触而得到一定程度的改善。

当播种面积较小时，可采用人工或半人工播种机撒播种子；但当播种面积较大时，使用各种类型的播种机具进行撒播会更有效。安装在飞机、农用拖拉机、小型卡车或全地形车（all-terrain vehicles，亦称沙滩车）（图7.2）上的种子（或化肥）撒播器，能很容易地在大范围内撒播种子。将本身含有待播种子的干草撒放在充分整地的种植地上，不仅提供了种子，也提供了地面覆盖，有利于增加成苗和苗木生长。在常规播种机具难以抵达的待修复生境，可采用水力播种技术种植，即通过高压水流将种子喷洒到播种地上。

图 7.2　安装在全地形车后部的小型撒播器

1. 种植地要求

除非播后覆土，否则撒播的种子几乎很少发芽和生长成苗。尽管撒播时种子没有被土覆盖，但经过覆盖之后的种子能提高出苗率和成活率。牵引链、管道、树或其他位于种植地上的物体会将许多种子覆盖。在新近翻耕的种植地上撒播后，使用碎土镇压器或其他类型的镇压器覆盖种子和压实土壤是很有效的，只要种子上面覆盖的土壤不被过分镇压（Vallontne，1989）。家畜高度集中的踩踏可使撒播的种子得以覆盖，有时也能增加成苗（Howell，1976），但这种方法不宜在大面积撒播区使用。

在新近用犁或松土机耕过的、具有 5～8cm 松土层的土壤上撒播，种子常常会在播后首次降雨期间被脱落的或移动的土粒所覆盖（Jordan，1981；Holechek et al. ，1989）。市场上流通的一些农机具，能在缓坡上或已结皮的种植地上形成许多小坑穴（图 7.3），而下次降雨会使松散的土壤将小坑中的种子覆盖。在整地不良的种植地上，小粒种子的植物种比大粒种子的植物种撒播更容易成功。撒播在石质土或粗糙、疏松种植地上的小粒种子，即使没有施行播后覆盖措施，也会落入安全且适合其发芽生长的小环境中。具有裂隙的岩石以及能捕获小粒种子的其他微小区域，能使小粒种子与土壤接触、发芽和生长。撒播后进行种植地覆盖也能改善种植地条件，然而所用的覆盖材料不应含有竞争性强的植物种子。

图 7.3　Kimseed 牌播种机正在裸露的、已经结皮的土壤上播种并形成小的集水穴。这种穴状集水的方法能极大地促进该播区幼苗的定居和生长。照片承蒙澳大利亚种植公司提供

在整地质量较差的种植地上撒播时，杂草往往是成苗的主要障碍（Nelson et al.，1970；Downs et al.，1993）。在美国华盛顿州种植疏丛型禾本科牧草时，发现撒播比条播成功的概率要小得多，其原因是撒播的大量种子被鸟类和啮齿动物盗食（Nelson et al.，1970）。6 周之内，98%的冰草（*Agropyron cristatum*）种子因被啮齿动物危害而损失。灭鼠剂能有效降低种子被盗食的损失。第 4 章论述了有关减少鸟类和啮齿动物盗食种子的方法。

2. 飞机播种

飞机播种简称飞播，是指用飞机来撒播植物种子的一种播种方法。主要适用于以下 3 种情况：①播种区面积较大（Barnett and Bateer，1991）；②必须在短期内迅速完成播种（Barro and Conard，1987）；③偏远而且人或传统播种机具难以进入的地区（Prasad ，1993）。一架用于飞播的直升机每天能播种树种的面积达 600～1200hm^2（Barnett and Baker，1991）。在美国西部飞播常被用来稳定和

保护那些由于火灾而裸露的坡面（Barro and Conard，1987）。如同其他类型的撒播一样，在犁耕过的种植地上飞播的效果是最好的（Hull et al.，1963；Nelson et al.，1970；Prasad，1993），在最新的火烧迹地上飞播效果也可能不错。使用压缩泥土包衣的种子进行大规模飞播的效果与没有整地的种植地上使用包衣种子播种相同（Hull et al.，1963）。

3. 覆草播种

覆草播种是指将包含有待播种子的干草，均匀铺撒在精细整地的种植地上的一种特殊播种方法。由于干草是获得许多乡土植物种子的唯一方法，因此覆草播种已经成为一种颇受人们喜爱的恢复本土植物种及其基因型（genotype）的播种技术。然而，由于每个植物种其种子形成与成熟的时间不同，一次收获的干草中待播植物种的多样性低、代表性差，许多乡土植物种缺失。用于覆草播种的干草，应该在重要植物种处于种子成熟期的盛期刈割、耙拢、干燥堆积或打包待用。干燥既可以防止在堆积或打包期间发霉或“发热”，也便于草的包装与贮藏（Vallentine，1989）。

对含有目标种或优势种的干草，要在该植物种的最适播种时间之前提前进行撒播。人工覆草播种一般劳动强度大，多在小范围植被恢复中采用。市场上出售的一些切草覆盖播种机，具有铡草和覆盖播种功能，可在大范围播种时使用。一般情况下每公顷播种量至少要达到2000kg干草。在水土流失严重的待修复生境，覆草播种的播种量还要加倍（Vallentine，1989）。在风蚀或水蚀严重地段，为防止撒播的干草被大风吹走或被地表径流冲失，需要对撒播的草进行固定。市售的干草折皱器、圆盘耙、垂直导向犁刀刃（vertically oriented coulter blades）或牲畜的短期践踏，都能够使撒播的干草得以有效地固定。

含有待播种子的干草，不仅提供了种子，而且具有保持土壤水分、减小土壤侵蚀，改善待恢复生境微环境条件的作用。长期以来，覆草播种已被用于控制沙漠扩张、防止沙地风蚀和恢复永久性的植被覆盖（Vallentine，1989）。在竞争性植物很少的情况下，沙壤土在覆草播种前一般很少或几乎不需要整地。然而，在大多数情况下（特别是质地黏重的土壤），需要对种植地进行精细的整理，并于覆草播种前及时进行翻耕。

4. 碎土镇压型播种机

碎土镇压型播种机利用种子计量箱，使种子落入两个重的瓦楞面镇压器之间。第一个镇压器将刚犁耕的土壤表面压成小而浅的凹槽，种子落入凹槽；第二个镇压器使种子覆土并压实，覆土厚度约0.5～2.5cm（图7.4）。尽管碎土镇压型播种机能在绝大多数地区播种，但在质地黏重而湿润的土壤上，由于土壤黏附，常常无法正常工作。

图7.4　碎土镇压型播种机运行在得克萨斯南部一个刚犁耕过的播种带上，这种播种机能形成许多小的凹槽，但种植地要经过精细翻耕

5. 水力播种

水力播种也称水播，是以高压力的水为载体撒播种子的播种方法。种子通常与水、肥料、覆盖物以及胶黏物质（稳定剂或黏着剂）混合。水播在需要快速稳定那些极易遭受土壤侵蚀的地段和常规播种机具难以抵达的地段（坡面过陡或其他限制性土壤条件）具有一定的潜力，它常被推荐用于具有高孔隙度的矿区（Munshower，1994）、道路（Carr and Ballard，1980）、不稳定的沙坡（Sheldon and Bradshaw，1977）和水库的水位降低区域等待修复生境的植被恢复（Fowler and Maddox，1974）。但对大多数受损自然生境的恢复来说，其播种成本过高。

尽管水播具有许多优点，但与常规播种技术相比在许多情况下仍难以发挥其优势（Sheldon and Bradshaw，1977；Roberts and Bradshaw，1985；Manshower，1994）。水播存在的问题常与下列情况有关：①当种子被混合并与覆盖物一起播种时，种子与土壤紧密接触的能力差（Rober and radshaw，1985；Munshower，1994）；②肥料对种子的毒害（Robercs and Bradshaw，1985）；③胶黏物质抑制种子萌发（Sheldon and Bradshaw，1977）；④覆盖材料和胶黏物质降低了土壤水分的入渗性能（Sheldon and Bradshaw，1977；Robercs and Bradshaw，1985）。

水播时最好不要将种子与覆盖材料和胶黏物质一同使用，这是因为播后随着水力覆盖材料和胶黏物质的干燥，许多种子将被悬于土壤之上或被这些物质与土壤隔离（Munshower，1994）。尽管这些悬空的种子也有可能发芽，但其胚根难以扎入土壤之中，苗木也因此而干枯死亡。在经过水播的生境条件下，使用水力覆盖物已有许多成功的事例（Munshower，1994）。

有些肥料对正在发芽的幼苗具有毒害作用，有些胶黏物质也能抑制种子萌发（Roberts and Bradshaw，1985）。肥料对幼苗的毒害作用是随着生境条件和气候条件而变化的。一些研究发现，种子和肥料同时播入的效果与他们相继播入与施用的效果相同（Fowler and Maddox，1974；Carr and Ballard，1980）；另外一些研究者推荐，肥料的施用应该推迟到种子发芽后（Roberts and Bradshaw，1985）。胶黏物质能有效降低风力或水力侵蚀对覆盖物的损失，但一个对比研究发现，没有任何一个化学胶黏物质曾经增加了播种后的成苗和幼苗的生长，相反一些化学胶黏物质还明显地降低了成苗与幼苗生长（Roberts and Bradshaw，1985）。此外，胶黏物质也降低了土壤水分入渗。播种后再应用纤维长、柔韧性强的覆盖材料是促进成苗和幼苗生长的最有效措施之一（Roberts and Bradshaw，1985；Munshower，1994）。

7.2 移植

移植是指用铁锨或其他专门设计的机具栽植野生苗木、容器苗、裸根苗、插条和根茎的种植方法，包括植苗和分殖。与直播相比，栽植野生苗、容器苗或裸根苗能增加植被恢复成功的可能性。在最难以预测和最不适宜于植物生长的环境条件下，直播的失败率高达50%～70%。在美国的莫哈韦沙漠（Mojave Desert or Mohave Desert），几乎没有直播成功的先例，而植苗则是最可行的替代措施（Holden and Miller，1993）。

人工植苗工具如点播器、植树锹（planting bar）、铁锨、匙形取土器（post-hole digger）或钻孔机均可被用来栽植乔、灌木树种的苗木（图7.5）。拖拉机和植树机是很有效的植苗机具，特别是在栽植面积大、栽植时间紧而劳力费用高的情况下更是如此。在栽植地很少有障碍物（如小树、侵蚀沟、树桩或岩石）的情况下，植树机的工作效率很高。在良好的条件下，这种植树机每小时可栽植苗木1000株（Stoddard and Stoddard，1987）。在具有快速、经济和高效优点的同时，这些直线形种植方式并不能重新建成类似于天然的植物群落。在美国东南部，手工植苗与机械植苗相比尽管漏植率更低，但手工植苗的栽植质量不太均匀（Long，1991）。

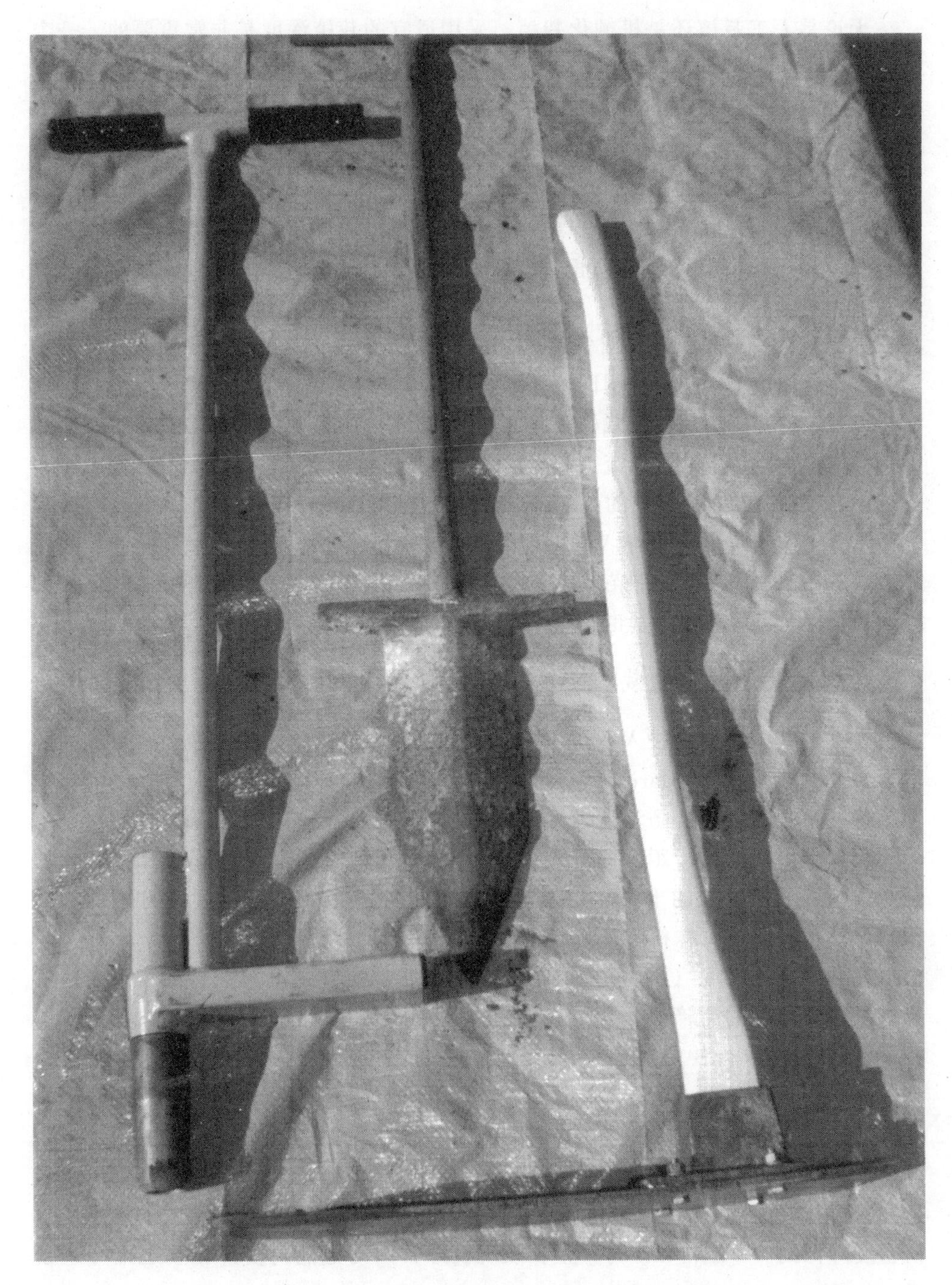

图 7.5　为自然生境修复中植苗而设计的手工工具

种子点播器（左）挖去一个土芯以便在坑中栽植苗木；KBC栽植锹（中）是石质土壤上植苗的最合适工具；栽植锄（Hoedads，also known as planting hoes）（右）被用来挖掘小的栽植穴

无论是人工栽植还是机械化栽植，采用适宜的栽植深度是非常重要的。一个比较稳妥的方法是，栽植深度与苗木栽植前在苗圃、容器或自然生境中的深度一致（Scoddard and Stoddard，1987）。一些植物种的栽植深度，即使比原来苗木生长时的深度深 1cm 或浅 1cm，成活率都会降低（Weber，1986）。在大多数情况下，根颈应该与土壤表面平齐，原因是第一个小根正好在根颈以下部位产生。对容器苗来说根颈通常在土壤表面，但对裸根苗来说要找到根颈的准确位置则相对较难。采用校准的植树机具和利用训练有素的手工植树工人是栽植成功的关键环节。

人工栽植便于采取有针对性的措施以提高成苗率，如苗木能被放入栽植穴的适当深度，回填土壤时可分层回填并踩实。栽植过浅、填土未完全踩实是栽植后苗木早期死亡的主要原因。从栽植穴底部挖出的湿润土壤可放置在地表，形成一个浅的树坑或树盘以蓄积地表径流，提高根系分布区土壤湿度。这些树坑在干旱或半干旱生态系统中是非常有效的（Von Carlowitz and Wolf，1991；Kavia and Harsh，1993；Ffolliott et al.，1994；Whisenant et al.，1995）。枯枝落叶层或森林土壤腐殖质可放置在苗木根部以增加苗木生长和尽快成林。苗木遭受太阳暴晒或大风吹袭的时间越长，栽植后的死亡率也越高（Long，1991；Girard et al.，1997）。

7.2.1　乔灌木树种的栽植密度

合理的栽植密度是投入费用、生长率、成熟时树体的大小以及经营目的的函数（Stoddard and Stoddard，1987；Le Houerou，1992），它随着树种、气候和生境条件的不同而变化。防治侵蚀的乔灌木栽植密度越大，防蚀效果越好。干旱生境不仅要求更大的株行距，而且要求铲除竞争性植被。在需要通过集水措施增加苗木存活和幼林生长的干旱、半干旱地区，栽植密度（相当于每株树的集水面积）取决于需要为每株树木所收集的水量（FAO，1989）。

在非常高的密度（10 000 株/hm^2）条件下，较大的滨藜属（*Atriplex*）植物种能达到最大的生产力，但植株变小并且死亡率增加（Le Houerou，1992）。相反，栽植的株行距越大，植株越大，生长越健壮。在北非（Le Houerou，1992）和以色列（Benjanmin et al.，1988），四翅滨藜（*Atriplex canescins*）或台湾滨藜（*Atriplex nummularia*）建议的栽植密度为 1500～3000 株/hm^2。北非的滨藜属饲料人工林，种植行距通常为 4～6m，株距 1～2m（Le Houerou，1992）。树体越小的树种，栽植密度要求越大。匍匐的、蔓生的滨藜属树种当栽植密度降低到 1000 株/hm^2时，生长表现良好，因为他们树姿开张，冠幅可达数米（Le Houerou，1992）。

对那些不需要生长到成熟林的树木（圣诞树、薪炭林、饲料林），栽植株行距可减小至 1.5m×1.5m，而对生产木材的用材林则另当别论。在株行距 2m×

2m条件下生长的树木，侧枝稀少，树干光滑，无枝节（Stoddard and Stoddard，1987）。乔木树种栽植的株行距几乎很少小于3m×3m（FAO，1989）。乔木树种栽植的株行距越大，其侧枝存留的时间越长，生产的木材枝节越多。乔木栽植株行距越小，树体越小，但对有效资源的利用效率越高，在较少的时间内生产的木材也更多。在以最大生物量生产为目标的条件下，较小的株行距是更有效的（薪炭林）（Ffolliott et al.，1994）。

7.2.2　野生苗

手工工具或专门的机具常被用来将野生苗木从其自然生境移植到待修复生境。常用的有单株移植、根丛（root pads）移植、草皮移植甚至更大的含多个植物的带土移植。由于掘苗过程中大量的根系已被切断而损失，所以栽植前绝大部分叶子要剪去（Munshower，1994）。这样可以降低蒸腾耗水，保证苗木体内水分平衡，从而增加了植被恢复成功的可能性。

具有根茎或根蘖的丛状灌木在植被恢复中具有较高的成功率。前端装载机（front-end loaders）从未经干扰的生境上移出含有许多木本植物根段的土块（Munshower，1994），这种根块应当被移植到修复生境上相似大小的栽植穴中，周围的空隙用沙或其他松散土壤填塞。

7.2.3　草皮

草皮上部3～8cm应该使用手工或机械草皮切割机起出，移植到经过充分整地、湿润的土壤上，并轻压以确保切断的根系与土壤紧密接触。深根性丛生草会形成一个很难起出和搬运的草皮。某些情况下要求利用更大截面规格的植物和土壤。在德国，截面积为90cm×130cm、深50cm的草皮被先期移植到了已经遭受破坏的、十分敏感的建设项目区（Bruns，1988）。这种方法是非常昂贵的，但对于挽救高度优先的区域来说又是非常有效的。

7.2.4　裸根苗

裸根苗被广泛用来重建木本植物群落（Munshower，1994）。苗圃培育的苗木应在休眠期起苗，然后被假植或贮藏在黑暗、冷凉而湿润的环境中直到栽植。苗木一旦从贮藏窖运输到修复生境，由于环境温度升高，生理活动增强，应该立即进行栽植（Munshower，1994）。裸根苗在栽植前应该覆盖其根系，因为一旦苗木根系暴露在阳光下或被风吹袭，苗木因根系失水往往难于成活而死亡（Ffolliott et al.，1994）。一项研究发现，欧洲赤松（*Pinus sylvestris*）裸根苗在晴朗而炎热天气，暴露在大气环境中10min后即有90%的苗木死亡（Laursen and Hunter，1986）。苗木一旦被从苗木窖转移到室外，如果栽植时间推迟，一定要对苗木进行保护。最好的保护方法是将苗木成捆放置于假植沟内，苗木根系用湿润土壤、泥炭或湿沙覆盖即可。如果用这种临时假植的方法保护，裸根苗能存活数天之久（Ffolliott et al.，1994）。

移植期间将苗木暴露于同栽植生境条件相似的环境，诸如降低湿度、减少营养供给、极端温度和日益增大的风中进行锻炼，能诱导休眠（Munshower，1994），这个过程能减缓生长、累积碳水化合物，使苗木对不良环境产生更强的耐性。这种诱导通常需要6～8周时间（Ffolliott et al.，1994），被锻炼的植物（炼苗）在与处理和栽植相关的胁迫条件中更易存活（Weber，1986）。裸根苗如果不进行适当炼苗，成活率是比较低的（Ffolliott et al.，1994）。与裸根苗不同，容器苗可以炼苗或不经炼苗直接栽植（Munshower，1994）。

精心栽植有助于裸根苗的成活。Ffolliott 等（1994）提出了手工栽植裸根苗的技术流程：

（1）清除栽植点的枯枝落叶，刮除表面干燥的土层。

（2）开挖栽植穴，其深度以使根系舒展，避免相互缠绕或窝根为宜。

（3）将苗木放入栽植穴，苗根紧贴穴内侧壁（上坡方向），深度以栽植后原根颈处与地面平齐为宜。

（4）用手扶正苗木，先将湿润土壤填于苗木根系周围，略向上提苗，以便根系舒展，踩实（也可用手压实）；再填土壤一次并用脚踩实，若需要或有可能再补充灌水。

（5）最后将松散、干燥的土壤或枯枝落叶覆盖于栽植穴之上。

7.2.5 容器苗

容器苗应该在休眠期栽植，以便确保成活、生长。栽植时苗龄多为6～7个月。一旦栽植，其根系生长速度远比裸根苗快。如果苗木暴露于恶劣环境条件的可能性不大，在秋季或春季栽植均可获得成功。栽植时判别最适苗木大小的标准一般是，苗木地上部分生长高度为0.2～1.0m（Weber，1986）。为了促进栽植后根系尽快扩展，栽植前应将泥炭容器的底部去除。生长在可重复利用的回收容器中的苗木，根系常发生畸形生长（根系缠绕），栽植后不利于根系的扩展生长。如果根系盘旋、缠绕严重（Lefroy et al.，1991），可在栽植前垂向切2或3刀，深达1cm（Ffolliott et al.，1994），并移去底部0.5～1.0cm的根丛层。

栽植穴大小应足以容纳育苗容器（带容器栽植，一般为可分解式养分杯）或携带养分土的苗木，栽植时土壤应湿润，并使土壤与容器壁或根系紧密接触以减少空隙。在干旱环境条件下，如果栽植前采用集水坑、垄沟或设置微集水区等集流整地措施，那么栽植穴土壤湿度会相对较高。补充灌水能明显提高成林率，即使补充灌水一次也有帮助（Ffolliott et al.，1994）。

7.2.6 插条

1. 木质插条

杨树（*Populus* spp.）和柳树（*Salix* spp.）常采用插条进行分殖造林，并且技术已相当成熟（Monsen，1983；Morgenson，1991）。在自然落叶和组织充分木质化后，自地面以上15～30cm处剪取杨树和柳树苗干，储藏于温度为－8～－2℃的苗木窖中，以防苗干被真菌感染或过早萌芽，直到春季将其插入平整、无竞争性杂草的种植地中。在许多情况下，也可以不经过储藏而直接进行插干。在中国陕西省的陕北地区，秋季后期采集1m长的柳树插条，立即插入待修复的沙丘，扦插深度以地上部分外露5～10cm为宜（图5.4）。这种沙丘土壤中含有充足的水分，可使插条生根、成活并正常生长。另外几项研究则建议，插条顶端应低于地面1～3cm，以减少插条切口水分损失，维持插条水分平衡（Morgenson，1991）。

当年生的、木质化较差的柔软茎段插条，可先将其插入营养杯或育苗容器中生根并生长，然后再栽植于待修复生境。具体处理方法是：先将当年生插条的下端（形态学下端）浸入适宜浓度、能促进生根的植物激素溶液中，一定时间后取出插条，放入栽培基质中并维持间歇性的薄雾环境（Evans，1991）。木质化程度高的茎段生根相对比较困难。尽管在绝大多数受损自然生境修复中，使用生根的茎段是相当费劳的，但在一些特殊情况下却是非常有用的。而且，这种技术促进了具有适宜于特殊修复生境的基因型植物的增加。

2. 根茎插穗

专门研制的叉形挖掘机或弹齿耙能采集匍匐茎或根茎插穗。用圆盘耙将鲜草打碎埋入湿润的土壤中能分殖形成更多的植株。根茎与地上茎相比对粗放经营管理的耐性更强。一个60～90cm长的根茎插穗，能形成茂密的植物群丛。根茎插穗的生长和定居状况可通过以下措施得以改善：

（1）插（埋）植于湿润的土壤中。

（2）使用刚刚采集的根茎插穗。

（3）尽量深插（埋），并压实土壤以减少根茎插穗干燥脱水。

（4）创造一个无竞争性杂草的插床环境（Burton and Hanna，1985）。

7.3 修复生境种植后的维护管理

在这一阶段，重新考虑以前的一些论点，重新评估与自然生境退化程度相关联的一些情况（表1.1），讨论退化程度如何影响植物种植后的经营管理。我们不应该忘记，如果退回到与该生境最初退化阶段相同的经营管理模式，那么则会造成该修复生境的再次退化。植物种选择不合理、修复后经营管理措施不当，是造成许多植被修复项目效益短暂的主要原因。退化自然生境常常被一些妨碍或降低自然生境成功恢复的非目的植物种所支配，如果不能很好地使这些潜在的竞争种迁出，则会显著地影响种植的目的植物种在定居早期的关键阶段对光照，水分和养分的需求。

种植的植物经过一定时间的生长后，应对种植的效果进行评估（Roundy and Call，1988）。尽管已经提出一些与成活相关的指标，但更常见的指标应该包括：①植株密度；②植株的分布；③长势；④植株生长发育阶段；⑤产量（Vallentine，1989）。自然生境受损的主要过程（水力、养分循环、能量获取）也应该作为栽植后评估的一个组成部分予以再评估。

7.3.1 草地

由于在最初阶段，多年生植物的生长主要以地下部分生长为主，因此，在第一个生长季节之后，大多数草原植物播种的直观效果还不显著。许多植物的种子，在第一个生长季节结束时还没有萌发，将会在接下来的第二、第三、第四年陆续萌发生长。即使播种地的生境条件很好、操作过程也很规范，三个生长季节也不会使草原得到基本的恢复。所以，对多年生植物生长情况的评价，应从第二个生长季节末开始，特别是对困难生境中植物的生长情况进行评价。精细整地可以减少早期的杂草竞争，同时大多数草原植物对杂草的竞争也有一定的适应性。所以，在前两个生长季节，不需要进行人工除草或使用除草剂除草，这样可以加快草原植被的生长发育（Thompson，1992）。

第二或第三个生长季节前，大多数草原植物种还没有长出高大的枝、叶，这时割除当年生杂草不会损害播种后萌发的幼苗。当地表植被覆盖度达到50%～70%时，割除播种植物冠层以上（15～25cm）的杂草（Thompson，1992）是非常有利的（Shirley，1994）。使用除草剂时必须格外小心，在不能确保除草剂对目标植物种没有伤害之前，不可在草本、灌木和乔木生长的区域播撒除草剂。尽管在较小区域除草剂的使用效果很好，但要将其推广到更大的范围还存在一定的困难。

第三、第四个生长季节过后，草原植被恢复区的地表可能已经积累了相当多的有机物质，可以考虑采用火烧。然而，有机物质的累积并不意味着采用火烧法就一定是适当的。火烧法是草原的一种长期的维护措施，而不是草原自然发展的方式，因为这是一种减少树木侵入的很有效的方法。火烧后，土壤侵蚀是一个潜在的危险，特别是在坡面上，这种危险更大。所以，在生长季节前土壤湿润阶段放火燃烧是最好的，这时火烧区的植被将会尽快恢复生长，减少了土壤处于裸露或无保护状态的时间，从而可以减小土壤侵蚀的危险。第五或第六个生长季节过后，尽管曾希望采用过量播种、人工割草或在小范围使用除草剂减少杂草，但杂草仍会带来一些严重的问题。

7.3.2　林地

在草本植物覆盖的修复生境，环境条件对于树木幼苗的生长发育极为不利。草本植物茂密的生境，通常需要在种植后开始的 3～5 年内控制杂草生长，或是控制杂草生长直到所期望的上层树木高度大于与之竞争的草本植物（Thompson，1992）。杂草对树木幼苗的危害主要是遮挡了树苗上方的光照。耕作、耙地、人工割草、除草剂，以及密实覆盖都会抑制杂草生长。在具有较高土壤侵蚀潜在危害的修复生境，应用机械松土、除草需要格外小心。在每棵树木周围保留 25cm 的缓冲区，可以防止对幼树产生物理性损伤；对地表 6～8cm 土层实施限制性耕作措施，可以减少对树木根系的损伤。利用除草剂除草时，应该选择适当的使用方法或是采用具有选择性的除草剂，以避免对幼树的伤害。随着植被的发育、幼树的生长，需要对树木进行修剪、整枝或间苗（间伐）。在很多情况下，食草动物的危害会降低幼树的存活和生长。

7.3.3　乔灌木幼苗的保护

新种植的苗木极易受到极端温度、大风、水分胁迫以及放牧活动的危害，预防幼苗遭受这些不利因素的干扰，对幼苗的成活和生长将具有决定性的作用（Whisenant et al.，1985；Bainbridge et al.，1995）。多种措施可以保护幼苗免受这些不利因素的影响，如树木遮罩、用麻绳缠绕树干、塑料网管、瓦楞面塑料管以及动物驱避剂，在适当条件下采用这些措施是很有效的。

1. 化学驱避剂

在退化的自然生境，新植的苗木是适口性最好的植物，它们会招引鼠类、草兔、昆虫、鹿和牲畜采食。通过对比研究发现，目前化学驱避剂对苗木的保护效果不尽相同，在有些情况下利用驱避剂是很有效的，但在另外一些情况下效果并不理想。化学驱避剂可以预防鸟类和啮齿动物盗食种子和啃食幼苗，因此可以显著提高苗木的存活率（Stoddard and Stoddard，1987）。倘若不采取措施防止动物对苗木种子的盗食，直播的松树和花旗松（*Pseudotsuga menziesii*）幼苗将处于遭受大量损失的风险之中。尽管肉食动物（天敌）粪便的气味和野狗（*Canis latrans*）的尿可以有效地减少黑尾鹿（*Odocoileus hemionus*）对树木的破坏（Sulliven，Nordstrom and Sullivan，1985），但是，只有当人工合成这些具有特殊气味的物质成为可能，这种措施才能应用于实际。在树干上涂肥皂沫可以防止（Scanlon et al.，1987）或减少（Swihant and Conover，1990）白尾鹿（*Odocoileus nirginiana*）对苹果树和日本红豆杉（*Taxus cuspidata*）的啃食（Swihart and Conover，1990；Scanlon et al.，1987）。然而，通过对鸡蛋、狗尿、福美双（杀菌药）、肥皂，以及三种商业化的产品的对比研究结果显示，如果黑尾鹿处于中度饥饿状态，则这些方法是不起作用的，这时就应该考虑采用栅栏保护的方法（Andet et al.，1991）。所以，驱避剂防止鹿对幼树危害的相对作用效果，取决于鹿的饥饿程度、受保护树种的相对适口性以及处理树木所用驱避剂的浓度。

2. 防护管

采用防护管可以减少食草动物对幼苗的伤害（图 7.6）。实壁防护管不仅可以减少食草动物采食，同时还可以改善幼苗周围的微环境条件。防护管的类型和生产方法有几种，但最常用的是不同高度和直径的实壁、瓦楞面塑料管。实壁管在干旱生态系统条件下很有效，因为它可以减少光照、降低风速、增加幼苗周围的相对湿度（Bainbridge et al.，1995）。由塑料网构成的防护管用于防止动物啃食，对苗木周围的微环境条件影响不大。

图 7.6 采用防护管和防护网以减轻草食动物危害，增加新植幼苗的成活与生长。实壁防护管具有调节幼苗生长发育微环境条件的作用

在新墨西哥北部的矿区，塑料网管和实壁、瓦楞面塑料管的使用显著地提高了单种繁殖的杜松幼苗的成活率和生长（Fisher et al.，1990）。在另外一些研究中，美国白蜡（*Fraxinus americana*）、美国梧桐（*Platanus occidentalis* L.）、黑胡桃（*Juglas nigra*）幼苗的成活率，以实壁管防护措施下为最高，达到61%；网状管居中为43%；没有防护的为28%（Kost et al.，1997）。内径为5cm的塑料网管可以有效避免动物啃食对花旗松幼苗造成的危害，特别是在下述地区：①严重危害频繁发生区；②受多种动物危害，且一年四季均有危害发生的植被恢复区；③由于前期缺苗常常需要补栽苗木的植被恢复区（Campbell and Evans，1975）。

第8章　自然景观修复规划

在完成对每个生境单元的现状评价和制定出以修复受扰生态过程并调控植被变化为目标的各项技术措施之后，我们仍然需要再度评价生态修复目标并制定总体的景观修复规划（图1.5）。由于大多数自然生境的修复受到经济的限制，这就要求我们通过强化管理来尽量降低能源的消耗。因此，修复的目标应使得自然景观具有较强的自我修复能力，在后续投入较低时，具有较强的自我发展能力。修复项目，诸如保护与管理项目，应当是目标多样、适应性强、可自我调整并能与变化的生态条件相协调（Lister，1998）。

除了功能完备和具有自我修复能力外，自然景观还需具有能提供物质产品和服务的综合功能。要达到这些综合目标，则需对景观设计仔细斟酌，并精心组织规划实施，同时还需认真对待监测工作，以了解规划实施情况并发现实施过程中存在的问题。这要求工作人员清楚景观间存在怎样的生态作用、设计的原则，以便设计出功能完全的生态景观。规模大且复杂的项目需有系统的决策程序，以便有效地整理和比较相关信息。

8.1　对景观的认识

自然生境的结构和功能影响其发展和自我修复的能力。如没有认识到修复地是一个较大且具有内在联系的完整景观组成的话，就不可能建立内部稳定的生态景观。我们面临的最大挑战就是不仅要评估和修复特定生境（site-specific）功能的损坏（第2章和第3章），还需强调景观范围上的相互作用。景观范围内的问题一般不显著，但一些潜在的问题还是容易发现的（表8.1）。虽然多数景观功能缺失的表现是结构性的，但我们更需注重功能性相互作用。这些均要求对景观结构和功能有清楚的认识。

8.1.1　景观结构

景观结构是指与景观要素大小、形状、数量、种类、构成有关的能量、物质和物种的分布情况（Forman and Godron，1986）。从外表上看，景观各部分各不相同或与周围环境存在明显差异。环境不同或者独特的干扰史导致不同景观在植物高度、年龄或物种组成方面存在差异。环境资源的块状分布是由水分利用的有效性、坡度、坡向、土壤类型或其他环境条件的不同引起的。塑造景观的因素既可能是自然的（火灾、龙卷风、一般刮风），也可能是人为的（伐木、耕作、水文要素改变，或者过度放牧)。

表 8.1　因地而异的生境问题及修复地与景观相互作用的表现

因地而异的生境问题	破坏景观的作用
植被、枯落物减少	沟道下切(从修复地上坡或下坡)
土壤结构退化(地表结皮,压实,孔隙率、团聚体稳定性、下渗能力降低)	泥沙过度沉积
土壤有机质含量降低	水位发生变化(水位升高、降低或水质下降)表明水文过程受到干扰(蒸腾、盐渍、蒸发)
持水能力降低	水质变差导致盐渍化加剧
风蚀与水蚀	迁徙种子品种和数量减少
保肥能力降低	肥力加速流失到附近的景观要素(水、空气、地表下层)
营养耗尽	动物过度破坏(物理破坏,放牧时种子采食)
功能降低,生物多样性降低	花粉不足导致种源地不良
种子库多样性消失	景观多样性降低
土壤微生物活性和多样性降低	景观破碎
土壤盐渍层高度上升	

来源：根据 Whisenant (1993) 资料修订

8.1.2　景观功能

景观的功能是指能量、物质、水和物种在景观内不同组分之间的流动。功能缺失的景观改变资源调节机制，引起土壤、养分及水分流失，这种流失以不可持续的速率进行，并主要与自然生境有关，此时物质生产和部分景观破坏过程会影响其他部分的稳定性。与未受破坏的自然景观组成要素相比，农业生态系统和退化的生态系统养分易于流失 (Allen and Hoekstra，1992)，它们与修复地间的相互作用更应受到密切的监测。对于这些系统，通过影响能量吸收、水文状况、养分循环、微环境特征、动物迁移、繁殖扩散、授粉过程和景观结构，来影响它们的功能。对将有限资源控制在景观内流动的过程的评价，有助于了解什么是限制景观恢复的因子。

8.2　景观设计的原则

在对有关自然景观格局的文献进行整理和总结后，Hobbs (1993) 发现能直接用于景观修复工作的指导原则很少。事实上，他认为自早期提出自然保护的理论(Diamod，1975b；Willis，1975) 后，这项工作就驻足不前。该理论认为自然保护范围越大越好，且相互间联系越少越好。自 Hobbs 后，其他指导原则也提出了很多(Saunders and Hobbs，1991；Aronson et al.，1993a、1993b、1993c；Hobbs and

Saunders, 1993; Hobbs et al., 1993; Saunders et al., 1993a; Whisenant, 1993; Bullock and Webb, 1995; Whisenant, 1995; Whisenant and Tongway, 1995; Aronson and Le Floc'h, 1996; Hobbs and Norton, 1996; Ludway and Tongway, 1996; Tongway and Ludwig, 1996; Ludwig et al., 1997)，但仍需进行多方面研究。

我们现在还缺乏定量地确定景观规模究竟多大算是合适的，景观是如何联系的等指导原则（Hobbs and Norton, 1996）。对自然景观结构如何影响其功能的认识也是有限的，更不用说设计功能完善的自然景观的能力。每个修复地的条件、历史和恢复目标不同，故每个景观修复地间的组合和联系将是独特的。因此，死板的设计模式难以得到广泛应用。我们必须具体问题具体分析，因地制宜地设计修复规划。幸运的是，新近提出的若干指导原则可供我们在自然景观设计时应用（表 8.2）。由于景观内部的相互作用是前面所有章节隐含的主题，故这些指导原则再次强调这些概念。新提出的原则为考虑景观内部的相互作用提供了系统的结构，但不是特定生境条件的定量设计。

表 8.2　功能性自然景观设计的指导原则

指导原则	评价	备注
修复目标		
治本而非治表	修复策略不重视受损原因，则难以实现长远目标	第 1～4 章（Brown and Lugo, 1994; Milton et al., 1994）
注重生态过程修复优于景观结构性替换	相对于物种，景观过程的恢复和维护才是生态系统修复的关键。景观过程的恢复和维护并不阻止某些物种的恢复，除非其被赋予景观功能修复作用 设计中采用自我修复和自我发展的方法以利用太阳能，可有效利用资源，并能减少维护费用	第 1～5 章（Breedlow et al., 1998; Mitsch and Cronk, 1992）
留足时间、空间，让内因性生态过程发挥作用	自然过程是值得推崇的，因为它不需要成本，且可自然持续进行，并可能在更大范围得到应用，但在某些环境条件下，这一过程将十分缓慢	第 3、4、7 章（Mitsch and Cronk, 1992; Mitsch and Gssselink, 1993; Bradshaw, 1996）
修复项目应着眼于景观过程破坏最大的区域	在某一范围内，景观过程的破坏影响所有较小范围，大范围问题评估不足或仅在很小范围修复也会产生同样结果	第 1、2、3、4、8 章（Saunders et al., 1993; Lewis et al., 1996; Rabeni and Sowa, 1996）
生境稳定和主要生态过程修复		
保护有限资源	充分利用地形特征，提高资源保护的能力。必要时，采用生物控制方法保护资源	第 1、2、3、5、6 章（Whisenant and Tongway, 1995; Hobbs and Norton, 1996; Ludwin, 1996; Tongway and Ludwig, 1997b）

续表

指导原则	评价	备注
用阻隔篱的方法将空间变化(方法、景观斑块、种植日期及物种组成)融入景观设计中	若某一景观组成方法失败,阻隔篱可将其受损情况控制在一定程度,因为邻近区域可能会成功并扩展 多样性策略可为将来采用合适的管理方式提供额外资料	第8章(Pastorok et al., 1997)
维持基本生态过程的完整性	恢复和维持过程的完整性可使水文、营养循环和能量吸收功能正常。保护并使斑块尽快恢复	第1、2、3、4、5、8章(Haila et al., 1993; Saunders et al., 1993b; Saunders et al., 1993a; Hobbs and Norton, 1996; Ludwing and Tongway, 1996)
注意景观的内在联系并考虑景观连通性情况	当廊道作为某些物种通道时,它同时又是其他物种传播的障碍	
等殖体传播、动物的作用及授粉要求		
景观中要设计种源斑块	种源地能为周围景观源源不断地提供种子	第4～8章(Robinson and Handel, 1983; Janzen, 1988b; McClanahan and Wolfe, 1993; Whisenant, 1993; Debussche and Isenmann, 1994; Kollmann and Schill, 1996; Lamb et al., 1997; Parrotta et al., 1997)
加强动物对目标种的传播作用	评估不宜物种动物传播的潜在影响,并考虑调整景观组成以减少不宜物种传播采用设置吸引动物的斑块地、人造鸟窝或提高采食措施传播目标种	
加强风对目标种的传播作用	有计划地布设种源地以利于增加风对目标种的传播 评估不宜物种风传播的潜在影响,并考虑调整景观组成以减少由风传播的不宜物种	第4～6章(Jackson, 1992; Whisenant, 1993; Greene and Johnson, 1996; Schwarzenbach, 1996; Timoney and Peterson, 1996; Hodkinson and Thompson, 1997)
设计的景观应增强动物的正面作用,减少其负面影响	蚯蚓、白蚁、蚂蚁、甲虫和一些脊椎动物通过掘巢等活动使土壤混合、透气和疏松食草动物及一些以种子为食的动物严重影响景观重建成功的可能	第4～6章(Humphreys, 1981; crawley, 1983; Majer, 1989; Archer and Pyke, 1991)
设计的景观,应满足濒危物种授粉的要求	当修复地小并孤立于其他植物,靠种群繁殖但又不能在周围物种中找到,这时靠动物授粉繁殖就存在很多困难	第4～6章(Majer, 1989; Menges, 1991)

续表

指导原则	评价	备注
微环境的改善		
在修复地采用能够改善微环境条件的物种	选择具有改善不良环境条件的物种	第 3～5 章（Allen and ManMahon，1985；Farrell，1990；Brooks et al.，1991；Satterlund and adams，1992；Vetaas，1992；Whisenant et al.，1995）
在较大范围内调整景观构成以改善微环境条件	采用隔离带或高大植物斑块以改善大面积内通风和光照条件	第 3、4、5、7、8 章（Bird et al.，1992；Ryszkowski，1995；Mohammed et al.，1996；Grant and Nickling，1998）

注：并不是所有的原则对每种具体情况都适用，但应仔细斟酌以便找出可适用者

8.2.1　治本胜于治表

由于只针对生态退化的表象而不重视其产生的根本原因，导致修复失败，是自然景观修复工程中一再出现的问题。长期过度放牧的地区被重新种草，然后采用旧的模式进行管护，会产生同样的问题，这种修复只能短期获益。

我们必须从评价现在和过去管理方法开始。为什么这些生态过程会遭到破坏？森林采伐、耕作、开矿等都是显而易见的破坏方式，其他方式则不那么明显。不可预测的火灾（过于频繁或过于稀少）也会导致环境的严重退化。生态退化是景观内其他管理活动导致的结果吗？

弄清产生破坏的原因，景观修复设计思路也就简化了，设计成功的可能性也将提高。通过改进管理水平即可消除导致生物组成损害的原因。然而，主要生态过程的损坏需要采用物理方法修复（如改善表层土壤和微环境），而不能仅靠生物方法（如种草和植树）。想要扭转由于资源退化和获取资源能力降低而造成的影响是相当困难的（Brown and Lugo，1994；Milton et al.，1994）。在主要生态过程破坏尚不严重的区域（第 5、6、7 章），植被调控或造林将是有效的对策（表 1.1）。

8.2.2　生态过程修复优于结构重置

提高生态系统自组能力的关键是管理者应当去培植原有系统，而不是去控制系统发展（Hollick，1993）。在生态修复方案中，应把自然界看作一个灵活多变、适应能力强的客体，这样才能低投入、高回报，方案才有希望实施。

传统的自然生境修复项目，往往强调替换物种或营养结构，但现在人们已达

成共识，即相对于景观结构而言，景观过程的维持才是生态修复的关键。本书认同全方位修复受损主要生态过程的观点。这一观点要求人们在制定修复方案时，应注重植被发展的总体目标，而不是狭义的或事先确定的目标。

8.2.3 修复措施的适宜尺度

以相同的方法去解决不同时空尺度上出现的问题将导致许多修复工程失败。在进行大型修复项目时，为评估和强调存在的问题，必须界定一个合适的尺度。因为只有在多尺度下才能清楚生态过程和结构的特性，所以我们观察的尺度将非常重要（Lewis et al.，1996）。一个区域生态受损将会影响除此之外的所有较小区域（Lewis et al.，1996）。如果在大尺度景观中使用非常小尺度的数据资料和方法，将导致对大尺度景观内出现的问题估计不充分或者难以完全修复，因此，在景观修复项目中应注重受损严重的大尺度范围存在的问题（Rabeni and Sowa，1996）。无论在哪种尺度上实施生态修复，我们都需进行大尺度调查以了解区域内的相互影响，而在较小尺度内弄清楚内在机制（Lewis et al.，1996）。虽然修复措施可能在某一地区或全国范围内开展，但通常在生态破坏地区实施（Lewis et al.，1996）。在解决大尺度范围存在的问题时，需先从小尺度着手。

8.2.4 提高对有限资源的保持能力

在某些情况下，流域界线既是最理想的景观管理边界（Oyebande and Ayoade，1986；Thurow and Juo，1991；Korte and Kearl，1993；Thurow and Juo，1995），也是控制水文过程、地球化学过程的理想边界（Thurow and Juo，1991）。生态系统是一个开放的系统，隔离带、地域行政界线、地域权属界线都不能限制其主要生态过程，所以在流域界线内进行景观修复较为理想。虽然修复工作可能局限于某些具体的地方，而非整个流域或大范围景观，但仍需重视与自然生境破坏有关的景观尺度内的问题。地形或生物控制了有限的资源（第2章），故我们必须跨越景观尺度，了解地形和生物对资源的影响，增加景观内资源的持有量。

首先，我们必须考虑每种地形在获取、过滤和保持土壤、水分及有机物质方面的能力。通过对较大景观中斑块位置的地貌分析，可以完全弄清楚景观范围内资源保持的机制（图2.1）。根据该机制，可判定斑块在产流和沉积过程中水分、土壤和养分是否流失。景观内斑块的位置决定径流特征和大小。景观中各部分阻力不同，而且很大程度上取决其在景观内的位置。斑块的位置影响产流率、蓄水量（如闭合集水坑）、侵蚀潜力和从景观内其他部分获取资源的潜力。例如，处于长坡坡脚的凹陷斑块从外部获得的资源比平坦地域凹斑块要多。

其次，我们必须明确生物对水分、养分流动和有机物质的影响。生物控制能力随资源控制斑块（粉砂粒土壤）数量的增加、斑块规模的扩大和斑块间距的减小而增强（Ludwig and Tongway，1995）。通过景观功能分析，可评估每种生物控制的规模。进行景观功能分析，需通过样地调查收集植被和土壤表层信息。样地沿环境梯度（如坡向或风向）布设。通过比较叶子与枯枝落叶地表覆盖情况，以及受损斑块与相关受损斑块上坡（或上风向）障碍物间距离，可大致估计资源调节机制对每个斑块的作用情况，并可充分了解最合理的资源调节机制及其作用范围。可采用边界分析的方法（Ludwig and Cornelius，1987）分析以上数据以量化非斑块和界定斑块的大小（500m 为景观范围，或 1m 作为土壤表层特征）（Ludwig and Tongway，1995）。

大小合适的斑块分解或景观破碎会引发景观功能问题（Sxhlesinger et al.，1990；Ludwig and Tongway，1995；Schlesinger et al.，1996；Huston，1997）。在生物调控的小面积景观中，虽然资源保持通常非常好，但当资源有限时，资源块状分布可能更为理想。例如，在干旱地区，资源量相同时，资源块状分布（如水）比资源均匀分布生产力更强（Noy-Meir，1973）。这是因为在均一景观中，耕作或过度放牧会降低水资源、土壤养分和有机质的有效性，资源在空间内均一退化，使原本有限的资源低于维持植物种生存的阈值（Whisenant，1993）。在平均资源量有限的景观中，聚集资源的措施可以维持植物斑块的生存发展。虽然会消耗一部分资源，但有助于在空地上构建新的植物斑块（Whisenant，1993；Tongway and Ludwig，1996；Hwrrick et al.，1997；Tongway and Ludwig，1997a、1997b）。资源块状分布被称为“劫贫济富”现象，因为它将贫瘠地区的资源聚至丰富地区（Tongway and Ludwig，1997a）。自发过程可能扩大植被斑块的规模、聚集资源。采用聚集资源的方法保持资源和促进景观自我发展，尽管会使景观斑块增加，但资源消耗非常严重。

不同斑块流失资源的数量不同。养分流失随斑块的大小和斑块存在的时间（patch duration）而增加（Ewel，1997）。在群落交错区，景观多样性可能导致养分流失较少（Ryszkowski，1992），故要达到修复目标，需要调节资源流。植物间的小块空地，因周围植物根系会延伸到其中大部分地方，所以养分流失很少。短期的空地，养分会保存在有机物中（地上和地下）。当空地扩展到周围植物根系难以达到的规模，或者旧有空地有机物质业已分解时，养分流失将进一步加大。降雨量大大高于蒸散的地区，养分流失特别高。在蒸散大于降雨量区域的空地，或功能齐全的生态系统内的部分裸地，养分流失（通过淋溶或地表径流）可能仅限于特别湿润的情况或降水量高的地区（Ewel，1997）。在风蚀区，无植被的空地上养分流失非常严重。

8.2.5　设计景观空间变化

景观中斑块之间边界的大小和形状影响其演替方向和速率。由于该方面知识欠缺，我们才注重于空间多样性。与大斑块比较，小斑块似乎更易受到非目标物种的入侵（Ewel，1997），所以斑块的大小非常重要。对于内陆物种来说，它们适合生长在边际效应微小的较大斑块中。生长在新泽西矿区里的植被，它们的扩张速度体现了边界形状对斑块扩展的影响（Hardt and Forman，1989）。经调查，生长在凹陷森林边缘生境中的植株数比生长在凸起森林边缘生境中的多 2.5 倍以上，并且处于凹陷森林边缘的植株高度超过 61m，而在凸起森林边缘的植株很少长过 13m（Hardt and Forman，1989）。在森林边缘，靠动物传播的物种植株密度较大，靠风力传播的物种却不存在这种现象。森林边缘为直线时，斑块扩展方式介于上述两者之间。

8.2.6　维持景观主要生态过程的整合性

受干扰的自然植被斑块或耕地斑块易发生养分流失，因为每年它们几乎没有养分投入（Allen and Hoekstra，1992）。在被严重改造了的景观中，零星、随机分布的小斑块在整个景观修复过程中起主要作用（Hansen et al.，1992；Haila et al.，1993）。保持景观主要生态过程的整合性，则会减少以上问题的影响。精心设计景观有助于保持有限的资源，即使在耕地或受干扰的斑块上也是如此。

植被结构及其配置影响其对太阳能的利用（Ryszkowski，1989），进而影响较大景观范围的水文状况和养分积累（Vurel et al.，1993；Hobbs，1993）。林地比草地或耕地蒸腾量大，这将改变根区及其周围（毛细管现象）地下水的化学组成（Ryszkowski，1992）。在波兰的农田和林地景观中，每年输入农地的氮、磷养分大部分都会流失掉（Bartoszkowski and Ryszkowski，1989），但其附近林地每年的输入氮仅流失 10%，磷流失 20%。在农田中，养分流失到溪流中的途径为：磷主要通过地表径流，而氮则通过地下径流。若附近没有濒水林地，溪流中的氮将增加到 2 倍。大多数情况下，60%～75%养分都在向河道侧流时被近河 19m 范围内的树木所吸收。因此，林带和残存的天然林可以控制养分流动并提高景观保持养分的能力。

8.2.7　设置景观间的关联性

修复的景观斑块应当怎样分隔与联系？虽然没有唯一答案，但它取决于斑块的空间分布和区域内生物与景观相互作用的模式（Keitt et al.，1997）。景观虽然可以与传播较好的物种连接，但也可出现与传播不良的物种极度分裂。景观结构是大范围依赖的过滤器，对物种的移动会产生不同影响。边界渐变的景观与边界骤变的碎块状景观比较，过滤作用影响更微妙。虽然未经实践证实，但常常建议通过建立缓冲区和把残余斑块与相似斑块联系起来以保护残余斑块。缓冲区可降低外力对残留小斑块的负面影响（Haila et al.，1993；Saunders et al.，1993a）。相似物种间的廊道有助于物种迁移（Saunders et al.，1993a）和保持生态过程的完整性，但目前很少有可以应用的相关原则。干扰的频繁性和周长——面积比较大使廊道管理更加复杂。对于廊道，外力的干扰大于内力的影响，除非景观宽度大到边缘效应对其内部没有影响（Hobbs et al.，1990）。廊道设计的关键是物种，任何一个廊道不可能对所有生物都有效（Hobbs et al.，1990）。廊道对于一些物种来说是迁移的通道，但对另外一些物种可能会成为障碍。

8.2.8　设置种源斑块

尽管需要修复范围较大，可来自经济、社会和政治的限制使大规模的修复行为难以在多数自然生境实施。因此，利用种子自然生产和自然传播机制（动物、风和水）进行景观修复就具有重要意义。提高种子自然传播的方法包括：①构建种源斑块；②加强繁殖体动物传播；③提高风媒传播的有效性。

需修复的受损自然生境的尺度以及在修复时资源的逐渐短缺均表明，在景观尺度修复过程中，构建种源斑块是非常重要的（Whisenant，1993）。这些种源斑块可以持续地向周围斑块提供种子，种子发芽成为种苗并逐渐融入生态系统。在5～10年形成一茬自然种苗的地方，人工种苗修复成功的可能性很低。因此应在整个景观范围内分散构建大量种源地，持续提供种子（Whisenant，1993）。多种理论和实践表明，多而小的星状布设的种源地比少而大的种源地在种子传播过程中更有效（Moody and mack，1988），但此方法是否成功最终由放牧方式（或其他土地利用方式）决定。

可加速种子迁移的设计会加速景观组分的持续变化。只依靠自然过程来构建植物种，过程很慢，且多变，主要受气候、土壤和繁殖体情况的影响。理想种源的匮乏将会使恢复过程难以启动或恢复周期太长。例如，在英格兰西北部，通过种子自然传播绿化工业废物堆，50～100年后植被仍然稀疏（Ash et al.，1994），距理想种源地的远近（40km）也限制了植被恢复。植被自然更新速率取决于地块的大小、距自然种源地的远近、前期耕作强度、植物竞争力、降水量、放牧强度和土壤侵蚀程度。例如，在英格兰Dorset，因为景观内具有种源地，或种子可以通过动物远距离迁入（Smith et al.，1991），在未受外界影响的情况下，生长在原贫瘠土地上的杜鹃属植被重建起来。当理想物种迁入条件不具备时，修复则需采用人工方法，如播种。在加拿大伍德布法罗国家公园，皆伐范围超出云杉自然传播距离，所以无法进行自然更新（Timoney and Peterson，1996）。

8.2.9　增强种子的动物传播

一些植物斑块能够吸引大量动物将种子传播到特定生境中去（Lamb et al.，1997）。与人工栽植方式相比，这些斑块中的植物能够为传播地增加更多新的物种，并为动物提供食物，成为动物的避难所与栖息地。在美国的东北部，大块的市区土地很少能发展成为物种多样性的林地（Robinson and Handel，1983）。在纽约，含有17个植物种（乔木和灌木）的人工林在建成后一年，新幼苗95%来自林外，其中大多数（71%）为林地附近的植物种，肉质果实，并靠鸟类传播种子。人工林中最初栽植的树木还没有开始结种，林地就吸引来了鸟类，并向林中传播了至少20种新种（Robinson and Handel，1983）。乔木比灌木占优势的林地，新种多，且与乔灌间的比例成正比。这表明，在吸引鸟类传播种子方面，高大的植物具有优势。

在将种子传播到修复地方面，频繁迁徙的食果鸟类传播效果非常好。老鼠传播种子的最大距离为10～20m（Kollmann and Schill，1996），鸟类则远得多。在修复规划中，有意识地利用鸟类将种子传播至目的地的修复方式无疑具有巨大潜力。在植物物种丰富的地区，鸟类对肉质果实物种的传播更为重要。鸟类传播种子多发生于开放性植被中的林斑和林中草斑内（Debussche and Isenmann，1994）。但林斑较小、自身种源耗尽、林斑间距离较远的情况也非常常见（McClanahan and Wolfe，1993）。因此，在破碎的景观中，利用鸟类引种修复受损生境是非常有利的方法。

依靠鸟类从周围景观向修复区传播种子的方法有一定的吸引力，但不一定总能达到预期效果。例如，在亚马逊废弃的铝土矿区，人工林建成10年以后，新物种仅局限于具有小粒种子的树木（Parrotta et al.，1997），这是因为矿区人工林中只有采食小粒种子的鸟类和哺乳动物，而采食大粒种子的鸟类和哺乳动物则很少出现。虽然造林工程可以为天然植物更新营造理想的环境，但有限的种子迁移限制了重要物种出现（Parrotta et al.，1997）。在这种情况或其他许多情况下，可能需要引进其他物种，或者将天然传入的某些物种移出。

在哥斯达黎加西北部干旱的热带森林区700km^{2}范围内，利用牲畜传播种子是长期生态恢复计划的部分内容（Janzan，1988a；Janzan，1998b）。牲畜传播，再加上多种本土动物的传播，使大范围内植物多样性增加，且花费甚微。牲畜休息、觅食以及定点排泄粪便的生活方式使种子沿山涧、凸岩和孤立木分布。在干旱区森林扩张过程中，草场中孤立木的作用非常重要。初期，孤立木可使由动物传播种子的木本植物向周围扩张。随着时间推移，林斑扩展并与其他斑块连接为一体。总之，孤立木的出现加速了森林的演替，又由于牛和马的传播，林木在开放牧场中大范围扩散（Janzan，1988a）。这样，牲畜启动了原生树木演替，而原生树木演替又加速森林的演替。牲畜还是种苗生存的必要条件。高度在1～2m

的茂密牧草遮挡阳光、吸取养分和引发火灾，这些均会阻碍干旱区的森林演替。当立地条件发展到牧草不再对森林演替产生严重威胁时，牲畜便会迁徙它处。

8.2.10 增强种子的风力传播

虽然风可以将种子传播很远，但不会选择性地将种子置于安全的生境，且传播的种子也包含非目标种。风力传播种子不但受种子成熟季节盛行风向的影响，还与种源地和受种地地形及其地面结构组成情况（林木、灌丛、岩石等）有关。地面结构组成情况不同，获得风媒传播种子的多少就存在差异。在考虑风媒传播种子期间盛行风的持续时间后，我们才能在总体上确定将种源地置于何处。种源地位置高，风媒传播种子的距离远。呈散点状和斑块状分布的植物年年结种，对种子生态重建的保证性增强，最终影响自然生境变化。

8.2.11 增强动物的积极作用

动植物间积极的相互作用对调节生态系统的演替和维持非常重要。动物通过食草、采食种子、传播种子、传授花粉、改变土壤结构、翻土、分解枯枝落叶和循环养分的作用影响生态演替。脊椎动物和无脊椎动物通过改善生态系统的结构和功能对修复工作产生巨大影响。在一些著作（Crawley，1983；Majer，1989）和综述性文献（Majer，1989；ArcherandPyke，1991；Jones et al.，1994；Pollock et al.，1995；Jones et al.，1997）中，都强调动物对演替的重要影响。

采用对一些动物有利而抑制另一些动物的策略，可使自然生境修复规划得以改进（Archer and Pyke，1991）。加强牧场管理，促进目标植物种繁殖体的传播，阻止种子采食和吸引传粉动物，将有助于修复的成功（第4章有更多讨论）。关于动物对自然演替和其他植被变化的影响，目前尚不能准确了解它们的潜在作用，但可以得出一些大致性的结论（generalization）（Whelan，1989）。高强度放牧会降低生物多样性并使适口性植物消失。中度的放牧则可以增加生物多样性。周边景观的结构特征和规模决定动物传播种子的数量。周边景观中，包含不同物种且演替好的地方，花粉传播更受到人们重视。动物掘洞和踩踏可使土壤翻动，为其他物种创造生长环境，有助于增加物种多样性。因此，动物掘洞和踩踏也具有很重要的意义。与周围环境相关的修复地的规划设计，将对以前的所有结论产生影响。修复斑块形状、大小、斑块的布设、周围植被均对种子传播、种子采食、放牧和传花授粉产生影响。

8.2.12 改善微环境

恶劣的微环境条件在局部（植物个体）和景观尺度上都可以得到改善。依靠木本植物来改善恶劣的微环境条件是生态学、生态恢复、混林农业上一个备受关注的课题，对经营管理有重要意义。例如，在加拿大安大略湖地区，栎树

(*Quercus rubra*) 树冠下的松树幼苗 (*Pinus strous* and *Pinus resinosa*) 密度比空旷地大 6 倍，但是这仅限于 35 年树龄以上的栎树林 (Kellman and Kading, 1992)。这种滞后效应表明物理高度的重要性 (如大树影响力大)。在干旱和半干旱生态系统中，木本植物通过调节风和温度来改善微环境条件 (Allen and MacMahon, 1985; Vetaas, 1992; Whisenant et al., 1995)。由低矮木本植被构成的防护篱斑块，在 4～8 倍林带高的范围内可降低蒸散率，而且在该范围内，水分利用效率高，生产力高。在亚马逊流域，森林边缘 100m 范围内，生物量比林内低 36% (Laurance et al., 1997)。当斑块面积小于 100～400hm^2 时，微环境斑块边缘的变化会导致林木死亡率增加。第 3～5 章和第 7 章介绍了用植物个体和景观斑块来改善恶劣微环境条件的几种方法。

8.3　决策程序

在完成所有点的修复方案后，为制定最终规划，我们需要一个系统性的决策过程 (approach)。生态修复规划需作出大量决策，涉及众多的信息。生态恢复项目规划和决策程序有助于开发出的项目在实施后获得期望的商品和服务 (Wyant et al., 1995)。环境恢复决策程序 (Pastorok et al., 1997) 注重其他的生态效果。规划和决策程序涉及环境关系 (context) 分析、风险评估和特殊立地规划开发，这种规划可用于实施管理干预 (图 8.1)。虽然决策过程涉及信息的组织，但是不需解释要发生什么，也不预测结果 (Wyant et al., 1995)。

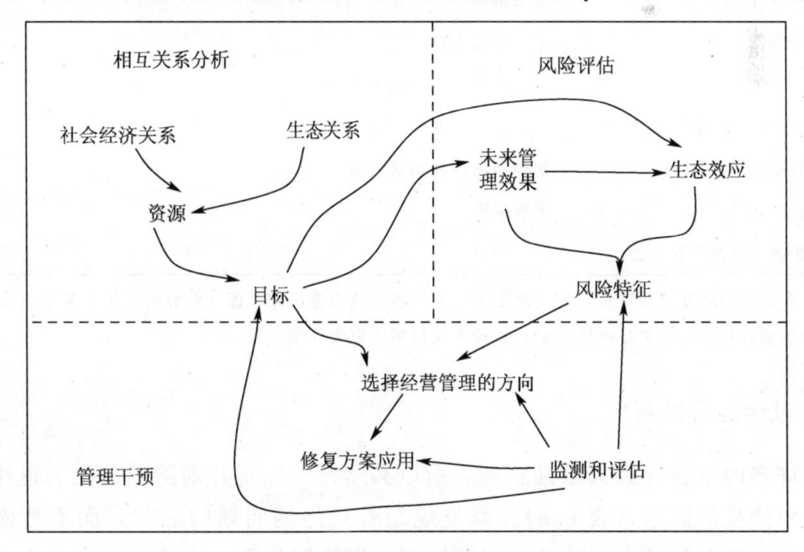

图 8.1　规划过程中的修复方案选择决策程序

来自 Wyant et al. (1995)，使用得到了 Springer-VerlagNew York 有限公司 (Environmental Management) 许可

相互关系分析（社会经济和生态关系）和风险评估（气候、技术和社会经济的不确定性）有助于修复方案选择，以便开发出景观尺度的综合修复规划，该规划还包含对特殊生境的修复。长期监测和评价方案必须条理清晰、可操作性强、目标具体。

8.3.1 环境关系分析

确定目标和制定自然生境修复规划（Wyant et al.，1995）要考虑很多生态和社会经济关系（表 8.3）。社会经济关系包括经济、美学、宗教和生活方面的问题。生态关系包括结构和功能两个方面，它是指系统的空间效应或者生态位点与其周围景观的空间联系。

表 8.3 影响自然生境修复的社会经济条件和环境生态特征

社会经济条件	周围环境生态特征
涉及的团体或项目利益	气候因素（光照、风、相对湿度、降水量）
土地所有制问题	景观组成中养分和水分流动情况
团体目标	修复地吸引大、小型食草动物的密度
人口密度	采食种子动物的情况
当地经济条件	繁殖体的活动（动物、风、水流的传播）
区域经济条件	周围环境的火烧情况（起火源、易燃性、易燃物数量和连续燃烧性）
国家经济条件	水文条件
全球经济条件	相关地形方位
政府政策	土壤侵蚀（风力或水力）
对修复地所提供产品和服务的需求	传授花粉者的可靠性
受益者的知识层次	物种多样性和景观斑块
行政管理问题	来水水质
政治、经济和社会不稳定性	

注：大规模的修复项周期长，涉及范围大、人口多，故需要事先考虑社会经济及生态关系。虽然小规模私人资金项目社会经济关系评价简单，但较大项目则应更为详细

1. 社会经济关系

有许多因素会导致灾难性管理，所以必须首先确定并消除引起生态退化的原因及妨碍修复的因素（表 8.3）。修复规划若只强调问题的症状，而不考虑引起生态退化的潜在的社会、政治、经济因素，则注定失败。在许多国家，人口压力或土地占有形式阻碍了退化生境的持续修复。

决策过程应广泛听取与修复计划有关的各界人士（受益者）的意见。私人领

地上小型的修复项目涉及受益者少，目标简单，周期短，故规划也简单。但是，大型项目涉及人口多，面积大，目标多，周期长，需要正式规划（Ffolliot et al.，1994t）。由于生态修复项目变得越来越复杂，所以良好的规划能提高劳动力和资源的利用效率，从而可以实现项目较高的目标。

社会经济关系包括群众团体的目标、传统的投资效益分析、土地所有制问题、政治问题、预期的项目结果形式及景观层面的行政管理工作阻力等。社会经济关系评价，对于小型的私人资助项目，可能既简单又快速，而大型项目则需要更加细致的评价。技术服务机构和国际金融组织（世界银行和中美洲发展银行）要求在项目规划过程中让有关社团评估社会经济后果。只有为数不多的受益者了解有关生态服务、自然资源基础和生态过程方面的知识是一个普遍现象（Wyant et al.，1995）。当地受益者提供关于受损生态系统修复意见的能力取决于他们对生态功能方面知识的掌握的程度。对生态过程的充分理解可以提高他们判断潜在利益的能力和明确与生态修复方案选择有关的风险。因此，社会影响分析常常包括受益者对有关问题理解的评价（Wyant et al.，1995）。这也要求实施团体培训项目，提高生态意识，以便使他们在关于修复目标和方案方面做出正确的决策。

生物保护专家是第一批基于社会经济协同发展基础上实施景观尺度自然生境修复的人员（Janzen，1988a、1988b）。在哥斯达黎加干旱热带林区，在倡导对退化残存林地及其周围农田进行自然恢复的项目中，生态和生物农业恢复受到了重视。这个方法成功的原因在于要求在景观和土地使用模式中重视当地居民的需要和要求。项目要获得成功，须使当地居民从中实际受益。

2. 生态关系

生态关系分析告诉我们，退化的自然生境镶嵌在多变的景观中，这些景观会影响修复地的演替结果（表8.3）。修复地的物理关系范围对修复地有较大的影响。与目前的条件相比，时间效应会涉及更长的时间周期，且随时间推移更加稳定。生态关系与所处状态和物种有关。在重要河流三角洲，水文功能的物理关系可涵盖数百万平方公里，但三角洲寄生植物正在发生作用的关系范围可能很小。

自然生境修复地存在固有的与诱发的限制因素。固有的限制因素取决于气候和地貌特征（如基底的化学状况影响养分状况），诱发的限制因素主要与退化有关（如侵蚀、毁林、过度放牧、次生盐渍化及其他由人类活动引起的问题）。与在前面的章节里提到的一样，评估一点的生态关系应考虑：①非生物环境；②养分循环；③水文；④植被群落演替。生态系统是开放的，其特征不但取决于系统内部发生的情况，还取决于景观与其他部分的相互作用（Allen and Hoekstra，1992；Pickett and Parker，1994）。因此，考虑景观不同部分间水文、种子传播、动物迁徙、能量流动和养分运移之间的相互作用非常重要。

有效的经营管理可以认定生态环境中所发生的损失，并能弥补这些丧失的服务功能（Allen and Hoekstra，1992）。企图恢复旧有关系进行修复通常被限定于某一种方式。小的修复地存在的限制因素则由生态关系决定，火、养分流和水流不过是可被这种关系控制的几个过程。火灾可能起源于外部，但由一个点向另一个点传播则取决于可燃物的燃烧持续时间。因而，相互关系决定了旧有火灾能否持续，还影响水与养分向坡面下部（或下风向）的流动。繁殖体向某一点的流动很大程度上受相互关系（邻近景观斑块的植被）和繁殖体传播机制的左右。

8.3.2 风险和不确定性

1. 评估风险和不确定性

风险评估（图 8.1）要求完全了解与修复项目有关的不确定性。风险与项目的生态（气候不确定性）和社会经济（经济不确定性）关系有关。这也要求我们要评估以后的管理行为（技术不确定性）对项目的重要影响（Wyant et al.，1995）。现在已有几种对于自然生境修复项目的失败/风险分析，但在此不作讨论（Wyant et al.，1995）。气候、技术和社会经济的不确定性导致自然生境修复项目规划十分复杂。在相对可预测环境中，小项目应用的技术成熟，受不确定性问题的影响较小。但当涉及以下情况时，对项目结果产生的潜在影响会显著增加：①面积更大；②时间更长；③未经验证的技术；④对社会经济体制的依赖性更大。当规划无法排除这些不确定性时，负面影响可用下述方式降低：①更丰富的知识；②项目更具灵活性；③鼓励管理创新。

2. 气候不确定性

当不能更精准预测气候时，我们可以应用适当的气象信息和技术减少气候限制因素的负面影响，这种方法可减少气候不确定性带来的风险。气候不确定性要求我们还需考虑偶然和极端事件，而不仅是规划时的正常条件。不要选择那些在预期 10～20 年周期内易受极端温度影响的物种。用正确的气候信息而不是最易获得的信息也是十分的重要。例如，干旱和半干旱环境下，60％～75％的年份降雨量低于平均值。使用平均降雨量失败的可能性更大，所以中值雨量对达到规划目的来说可能更有用。解决气候不确定性的影响，可从以下方面考虑：①物种多样化且适用性强；②采用整地和可降低气候（干旱、极端温度、风）影响的种植技术；③景观规划应有利于促进种间和与微环境之间的相互作用。

3. 技术不确定性

虽然规划者可粗略地估计出某一项技术的预期效益，但不确定性会随着新技术的采用而增加（Ffolliott et al.，1994）。当设备和技术被误用时，会产生不可预期的结果。不可预料的、负面的相互作用即使在采用合适技术时也可能产生。减少对单项技术依赖、加强劳动培训、做好设备前期维修工作也可降低不确定性。物种适应性信息很少时，多物种混合可降低完全失败的风险。监测有助于早期发现问题，基于监测结果采用恰当的管理方法可以改进或抛弃无效技术。大的自然生境修复项目应多年完成，因此要从早期工作吸取经验，改进后续工作（Pastorok et al.，1997）。在自然生境修复项目中，采用适应性强的管理策略，则要求设计和目标要灵活，此外还需长期进行监测。

4. 社会经济不确定性

社会经济不确定性通常较技术不确定性大。估计货币收入、财富和教育状况本已困难，将这些社会经济指标外推至将来则可靠性更差。发展中国家社会经济变化更为迅速，故这些问题尤为严重。贫困和食物不足的压力会使土地无法持续使用现象加剧。在这种条件下，生存是人们一直担心的问题（Kessler and Laban，1994），土地利用决策很少考虑长远后果。

5. 对风险和不确定性的规划

未来条件或修复结果本身具有的不确定性会阻止单一目标的实现。在设计中，考虑物理、化学、生物组分的异质性，“两面两手准备下注”是一种理想的对策（Pastorok et al.，1997）。该对策强调，在设计中应充分考虑空间多样性和灵活性，并作为建立系统的一种方法。由这种方法建立的系统较少受我们错误理解的影响，且适应未来条件的能力更强（Pastorok et al.，1997）。设计特征，如功能冗余（第 5 章）可降低与物种建立和受损过程修复有关的风险。在自然景观中考虑空间变化，至少有两方面重要作用：第一，具有不同组分的景观增加了可能性，即至少一个组分成功后可以扩展到相邻的在甚成功区域。在这些景观组分中，物种、物种比率、整地（seedbed preparation）和栽植技术可以不同，或者其他特征方面存在差异。第二，即使大部分次级设计失败，这种方法也会提供有用的管理信息，这将有助于改进以后的工作。

几种办法可降低不确定性对修复项目的影响（Ffolliott et al.，1994）。在项目实施前，了解更多未经验证技术的相关信息可以减少错误的发生。灵敏度分析可确定哪些因素对项目成功有重要影响，以便规划时重视这些最关键的因素。在规划中，关注未来变化（和后续影响）可减少突发情况和错误（Ffolliott et al.，

1994)。具有较大灵活性的生态修复项目对以后难以预测的变化适应性较好。通过短期规划保证多变性，监测影响，采用恰当的管理方法，将提高项目的灵活性(Ffolliott et al.，1994)。应急预案有助于应对新问题，然而详细的长期规划也并非无用，不确定性常常被有头脑和具有创新精神人士所重视。

8.3.3 管理干预

系统评估修复方案有助于斟酌修复地的相关信息。生态恢复学会（The Society for Ecological Restoration）（SER，1994）建议重建计划至少包括下述内容：

（1）待设计和修复生态系统的自然概况。

（2）恢复措施与区域景观其他部分融合成整体情况评估。

（3）所有在建修复地施工及施工准备详细计划安排。

（4）成熟和确切的项目执行评价标准。

（5）执行标准的监督条款。

（6）植物材料采办协议及其质量保证条款。

（7）施工后的及时维护和补救措施。

确定基本目标和实施方案后，我们就可着手找出优先目标和最终目标，并且从各种方案中选择实施方案以制定总的修复计划（图1.5）。以往不同章节中论述的修复方案有助于形成最终规划。建议通过启动自发过程向自我修复生态系统演替，初期应把重点放在修复地的稳定和修复主要受损过程上。优先修复方案应在提供期望商品和服务的同时，减少资源损失。人类活动引起的退化评估可不考虑正常循环周期时的不稳定性（Wyant et al.，1995）。虽然系统估算与自然和人类活动扰动有关的风险还不太精确（Wyant et al.，1995），但提供的近似数值可满足规划精度要求。有效监测和评价有利于反馈问题，可降低以后工作的风险。

8.3.4 监测与评估

监测包括数据采集、评价以及对采集数据的分析，这些数据则用于评估工程的成功与否。监测提供反馈信息，这些信息有利于改进修复方案。管理方式的不断变化，可在监测结果中反映出来，这有助于以后的修复工作（Ffolliott et al.，1994；Wyant et al.，1995）。因此，监测和评价是反复的过程，可提供反馈意见，对改进工作很有必要。评价有助于决定项目朝向哪一个重要目标，并能在早期对潜在问题提出警示（Ffolliott et al.，1994）。未能提出初始目标和方法的管理是有问题的（Wyant et al.，1995）。它同时反映了自然生态系统的复杂性，并表明了灵活性对长期项目的重要程度。监测和评价对于长期的大型发展项目十分重要。许多发展项目分多年度实施，而年度实施项目则依靠高度组织的监测工作反馈来进行正确管理（Wyant et al.，1995）。

监测包括直接监测、间接监测、成因监测或这三种监测的结合（Ffolliott et al.，1994），重要变量的直接监测是最常见的，根据输入、输出数据预测的关系产生间接监测，依据内部和外部变化指数的成因监测也有助监测数据的收集。

收集、存储、恢复、分析数据费用昂贵，最好在规划阶段的早期设计监测方案。信息使用者应当提出需要监测的信息和监测要求，以便据此作出合理的决策（Ffollitt et al.，1994）。有效的监测方案可收集足够的必要信息，但不必过度详细。确立何者优先对于及时获取重要资料和满足使用要求是很有必要的。规划监测方案应该包括获取资料的时间、人员培训要求、报告准备时间及其费用分析（Ffolliott et al.，1994）。

1. 设置对照（reference sites）

监测一个完全复制的生态系统是不太可能的。最普遍的两类参考资料分别是修复地的历史数据和相似地的现时数据（White and Walker，1997）。大量未监测因子导致对历史数据的解释变得复杂。找到与修复地非常相似的对照地非常困难。通常，唯一可能的估计办法就是对生境修复前后的生态和社会经济条件进行比较。如果可能，布设相似地块是一个不错的选择，这些相似地块要么没有受损，要么受损情况相似，但未被修复。前者提供总体目标，后者从项目开始就实施变化监测，两者均可提供修复项目效果的相关资料。

管理措施、自然恢复过程或修复措施的效果受修复地的历史、管理状况及与相邻景观联系的影响（Pickett and Parker，1994）。这样，强调过程和相互影响（图 8. 1）则成为描述偶发事件的一种方法，并使人们了解所有可能发生的结果成为可能。物种灭绝、物种入侵、前期管理、不可逆转的生境退化、环境条件的组合均使历史植物的恢复变得复杂。在某种程度上，即使我们知道过去的植被状况，但我们的目标应该反映出更有动态观点的生态系统结构和功能（White and Walker，1997）。虽然目标狭窄、具体，可能不太现实，但如果目标灵活到能充分发挥自然条件的潜力，则在修复项目实施过程中，地貌、土壤、生物、气候相似的参考生态系统便可提供重要指导。

2. 过程监测

应该优先获取与有限资源保持及基本生态过程功能有关的参数。例如，如果最初评估表明水文过程存在功能障碍，则监测应该重视这些参数，如下渗率、产流率、泥沙流失、水位变化、土壤表面特征和植被覆盖率。在监测时，关键的生态特征（Aronson et al.，1993a、1993b）和地形特征会提供有用的起点，可用于鉴定参数的正确与否（Hobbs and Norton，1996）。尽管所有的项目都包含生态因子，但许多项目还要求对达到社会经济目标的进程进行仔细地评估。

大量特征在自然生境修复可行性评价中已经提及（表 2.1～表 2.4），但并没有多少总结结果。对每一个特征，均采用相似性指标，对修复生态系统与参考生态系统进行比较（Berger，1991；Westman，1991；Kondolf，1995；Kondolf and Micheli，1995）。方案应根据结构、组成和用于生态系统健康评价的监测数据选择（Costanza et al.，1992）。方案评估还应对当前条件与预测的相关参数的自然变化范围进行对比（Hobbs and Norton，1996）。这种评价方法可以通过改变生态限制因素而得到扩展，因为这些限制因素限定了结构和功能状态的变化范围（Allen，1994）。这样，生境现状参数就可与参数预测的自然变化范围进行比较（Caraher and Knapp，1995）。

参考文献

Abbott I, Parker C A, Sills I D. 1979. Changes in the abundance of large soil animals and physical properties of soils following cultivation. *Australian Journal of Soil Research*, 17: 345-353

Aber J D, Melillo J M. 1982. Nitrogen immobilization in decaying hardwood leaf litter as a function of initial nitrogen and lignin content. *Canadian Journal of Botany*, 60: 2263-2269

Aerts R, Berendse F. 1988. The effect of increased nutrient availability on vegetation dynamics in wet heathlands. *Vegetatio*, 76: 63-69

Aerts R, Huiszoon A, Vanoostrum J H A et al. 1995. The potential for heathland restoration on formerly arable land at a site in Drenthe, The Netherlands. *Journal of Applied Ecology*, 32, 827-835

Aerts R, Peijl M J v d. 1993. A simple model to explain the dominance of low-productive perennials in nutrient-poor habitats. *OIKOS*, 66: 144-147

Agassi M, Shainberg I, Morin J. 1981. Effect of electrolyte concentration and soil sodicity on infiltration rate and crust formation. *Soil Science Society of America Journal*, 45: 848-851

Ahmed H A. 1986. Some aspects of dry land afforestation in the Sudan with special reference to *Acacia tortilis* (Forsk.) Hayne, *Acacia senegal* Wild. and *Prosopis chilensis* (Molina) Stutz. *Forest Ecology and Management*, 16: 209-221

Alban D H. 1982. Effect of nutrient accumulation by aspen, spruce, and pine on soil properties. *Soil Science Society of America Journal*, 46: 853-861

Alexander M. 1977. *Introduction to Soil Microbiology*. New York: John Wiley and Sons

Allaby M. 1994. *The Concise Oxford Dictionary of Ecology*. Oxford: Oxford University Press

Allen C D. 1994. Ecological perspectives in linking ecology, GIS, and remote sensing to ecosystem management. In: Sample V A ed. *Remote Sensing and GIS in Ecosystem Management*. Washington D C: Island Press, 111-139

Allen E. 1989. The restoration of disturbed arid landscapes with special reference to mycorrhizal fungi. *Journal of Arid Environments*, 17: 279-286

Allen E B. 1988a. *Introduction*. In: Allen E B ed. *The Reconstruction of Disturbed Arid Lands. An Ecological Approach*. Boulder, Colorado: Westview Press, 1-4

Allen M F. 1988b. Belowground structure: a key to reconstructing a productive arid ecosystem. In: Allen E B ed. *The Reconstruction of Disturbed Arid Lands: An Ecological Approach*. Boulder, Colorado: Westview Press, 113-135

Allen M F, MacMahon J A. 1985. Impacts of disturbance on cold desert fungi: a comparative microscale dispersion patterns. *Pedobiologia*, 28: 215-224

Allen T F, Hoekstra T W. 1992. *Toward a Unified Ecology*. New York: Columbia University Press

Anable M E, McClaran M P, Ruyle G P. 1992. Spread of introduced Lehman lovegrass (*Eragrostis lehmanniana* Nees.) in southern Arizona, USA. *Biological Conservation*, 61: 181-188

Andelt W F, Burnham K P, Manning J A. 1991. Relative effectiveness of repellents for reducing mule deer damage. *Journal of Wildlife Management*, 55: 341-347

Andersen A N, Sparling G P. 1997. Ants as indicators of restoration success-relationship with soil microbial biomass in the Australian seasonal tropics. *Restoration Ecology*，5：109-114

Anderson D C，Harper K T，Holmgren R C. 1982. Factors influencing development of cryptogamic soil crusts in Utah deserts. *Journal of Range Management*，35：180-185

Anderson R. 1981. Technology for reversing desertification. *Rangelands*，3，48-50

Anderson R C，Roberts K J. 1993. Mycorrhizae in prairie restoration：response of three little bluestem (*Schizachyrium scoparium*) populations to mycorrhizal inoculum from a single source. *Restoration Ecology*，1：83-87

Andrews J H，Harris R F. 1986. R-and K-selection and microbial ecology. *Advances in Microbial Ecology*，9：99-148

Apfelbaum S I，Bader B J，Faessler F et al. 1997. Obtaining and processing seed. In：S Packard，Mutel C F ed. *The Tallgrass Restoration Handbook：for prairies，savannas，and woodlands*. Washington D C：Island Press，99-134

Archer S. 1989. Have southern Texas savannas been converted to woodlands in recent history? *American Naturalist*，134：545-561

Archer S，Pyke D A. 1991. Plant-animal interactions affecting plant establishment and persistence on revegetated rangeland. *Journal of Range Management*，44：558-565

Archer S，Smeins F E. 1991. Ecosystem-level processes. In：Heitschmidt R K，Stuth J W ed. *Grazing Management：an ecological perspective*，Portland，Oregon：Timber Press，109-139

Armbrust D V，Bilbro J D. 1997. Relating plant canopy characteristics to soil transport capacity by wind. *Agronomy Journal*，89：157-162

Aronson J，Dhillon S，Floc'h E L. 1995. On the need to select an ecosystem of reference，however imperfect：a reply to Pickett and Parker. *Restoration Ecology*，3：1-3

Aronson J，Floret C，Le Floc'h E et al. 1993a. Restoration and rehabilitation of degraded ecosystems in arid and semi-arid lands. I. A view from the south. *Restoration Ecology*，1：8-17

Aronson J，Floret C，Le Floc'h E et al. 1993b. Restoration and rehabilitation of degraded ecosystems in arid and semi-arid lands. Ⅱ. Case studies in southern Tunisia，Central Chile，and Northern Cameroon. *Restoration Ecology*，1：168-187

Aronson J，Le Floc'h E. 1996. Vital landscape attributes-missing tools for restoration ecology. *Restoration Ecology*，4：377-387

Aronson J，Ovalle C，Avendaño J. 1992. Early growth rate and nitrogen fixation potential in forty-four legume species grown in an acid and a neutral soil from central Chile. *Forest Ecology and Management*，47：225-244

Aronson J，Ovalle C，Avendano J. 1993c. Ecological and economic rehabilitation of degraded 'Espinales' in the subhumid Mediterranean-climate region of central Chile. *Landscape and Urban Planning*，24：15-21

Ashby W C. 1997. Soil ripping and herbicides enhance tree and shrub restoration on stripmines. *Restoration Ecology*，5：169-177

Ash H J，Gemmell R P，Bradshaw A D. 1994. The introduction of native plant species on industrial waste heaps：a test of immigration and other factors affecting primary succession. *Journal of Applied Ecology*，31：74-84

Ashton P M S，Gamage S，Gunatilleke I A U N et al. 1997. Restoration of a Sri Lankan rainforest-using Caribbean pine *Pinus caribaea* as a nurse for establishing late-successional tree species. *Journal of Ap-*

plied Ecology, 34: 915-925

Austin M P, Williams O. 1988. Influence of climate and community composition on the population demography of pasture species in semi-arid Australia. *Vegetatio*, 77: 43-49

Bainbridge D A, Fidelibus M, MacAller R. 1995. Techniques for plant establishment in arid ecosystems. *Restoration and Management Notes*, 13: 190-197

Bamforth S S. 1988. Interactions between Protozoa and other organisms. *Agriculture, Ecosystems and Environment*, 24: 225-234

Banerjee A K. 1990. Revegetation technologies. In: Doolette J B, Magrath W B ed. *Watershed Development in Asia: Strategies and Technologies*. Washington D C: The World Bank, 109-129

Barnett J P. 1991. *Production of shortleaf pine seedlings*. General Technical Report SO-90. Little Rock, Arkansas: U. S. Department of Agriculture, Forest Service, Southern Forest Experiment Station

Barnett J P, Baker J B. 1991. Regeneration methods. In: Duryea M L, Dougherty P M. ed. Forest Regeneration Manual. Boston: Kluwer Academic Publishers, 35-50

Barro S C , Conard S G. 1987. *Use of ryegrass seeding as an emergency revegetation measure in chaparral ecosystems*. General Technical Report PSW-102. Berkeley, California: U. S. Department of Agriculture, Forest Service, Pacific Southwest Forest and Range Experiment Station

Barrow C J. 1991. *Land Degradation*. New York: Cambridge University Press

Barrow J R, Havstad K M. 1992. Recovery and germination of gelatin-encapsulated seeds feed to cattle. *Journal of Arid Environments*, 22: 395-399

Bartholomew P W, Easson D L, Chestnutt D M B. 1981. A comparison of methods of establishing perennial and Italian ryegrasses. *Grass and Forage Science*, 36: 75-80

Barth R C, Klemmedson J O. 1978. Shrub-induced spatial patterns of dry matter, nitrogen and organic carbon. *Soil Science Society of America Proceedings*, 42: 804-809

Bartoszewica A, Ryszkowski L. 1989. Influence of shelterbelts and meadows on the chemistry of ground water. In: Ryszkowski L ed. *Dynamics of Agricultural Landscapes*. New York: Springer-Verlag

Bell M J, Bridge B J, Harch G R et al. 1997. Physical rehabilitation of degraded krasnozems using ley pastures. *Australian Journal of Soil Research*, 35: 1093-1113

Belnap J. 1993. Recovery rates of cryptobiotic crusts: inoculant use and assessment methods. *Great Basin Naturalist*, 53: 89-95

Belnap J, Gillette D A. 1997. Disturbance of biological soil crusts: impacts on potential wind erodibility of sandy desert soils in southeastern Utah. *Land Degradation and Development*, 8: 355-362

Bement R E, Barmington R D, Everson A C et al. 1965. Seeding of abandoned croplands in the central Great Plains. *Journal of Range Management*, 18: 53-59

Benjamin R W, Berkai D, Hofetz Y et al. 1988. *Standing biomass of three species of fodder shrubs planted at five different densities, three years after planting*. Annual Report, 6: 4-46. Beer-Sheva: Institute of Applied Research, Ben Gurion University of the Negev

Bentham H, Harris J A, Birch P et al. 1992. Habitat classification and soil restoration assessment using analysis of soil microbiological and physico-chemical characteristics. *Journal of Applied Ecology*, 29: 711-718

Berger J J. 1991. A generic framework for evaluating complex restoration and conservation projects. *Environmental Professional*, 13: 254-262

Berg W A. 1980. Nitrogen and phosphorus fertilization of mined lands. In: *Symposium on Adequate Recla-*

mation of Mined Lands, Billings, Montana: Soil Conservation Society of America, 201-208

Berg W A, Naney J W, Smith S J. 1991. Salinity, nitrate and water in rangeland and terraced wheatland above saline seeps. *Journal of Environmental Quality*, 20: 8-11

Berry C R. 1985. Subsoiling and sewage sludge aid loblolly pine establishment on adverse sites. *Reclamation and Revegetation Research*, 3: 301-311

Bertness M D, Callaway R. 1994. Positive interactions in communities. *TREE* (*Trends in Ecology and Evolution*), 9: 191-193

Bethlenfalvay G J, Dakessian S. 1984. Grazing effect on mycorrhizal colonization and floristic composition of the vegetation on a semiarid range in northern Nevada. *Journal of Range Management*, 37: 312-316

Bilbro J D, Fryear D W. 1994. Wind erosion losses as related to plant silhoutte and soil cover. *Agronomy Journal*, 86: 550-553

Biondini M, Klein D A, Redente E F. 1988. Carbon and nitrogen losses through root exudates by *Agropyron spicatum*, *A. smithii* and *Bouteloua gracilis*. *Soil Biology and Biochemistry*, 20: 477-482

Biondini M, Redente E F. 1986. Interactive effect of stimulus and stress on plant community diversity in reclaimed lands. *Reclamation and Revegetation Research*, 4: 211-222

Bird P R, Bicknell D, Bulman P A et al. 1992. The role of shelter in Australia for protecting soils, plants and livestock. *Agroforestry Systems*, 20: 59-86

Bishop S C, Chapin F S. 1989a. Establishment of *Salix alaxensis* on a gravel pad in artic Alaska. *Journal of Applied Ecology*, 26: 575-583

Bishop S C, Chapin F S. 1989b. Patterns of natural revegetation on abandoned gravel pads in artic Alaska. *Journal of Applied Ecology*, 26: 1073-1081

BLM. 1973. *Determination of erosion condition class*. Form 7310-12. Washington, D. C.: U. S. Bureau of Land Management, Department of the Interior

BLM. 1993. *Riparian area management: process for assessing proper functioning condition*. Technical Reference TR 1739-9 1993. Denver, Colorado: U. S. Department of Interior, Bureau of Land Management

Bloomfield H E, Handley J F, Bradshaw A D. 1982. Nutrient deficiencies and the aftercare of reclaimed derilict land. *Journal of Applied Ecology*, 19: 151-158

Bock C E, Bock J H, Jepsen K J et al. 1986. Ecological effects of planting African lovegrasses in Arizona. *National Geographic Research*, 2: 456-463

Boers T M, Ben-Asher J. 1982. A review of rainwater harvesting. *Agricultural Water Management*, 5: 145-158

Borchers S, Perry D A. 1987. Early successional hardwoods as refugia for ectomycorrhizal fungi in clearcut Douglas fir forests of southwest Oregon. In: Sylvia D M, Hung L L, Graham J H ed. *Mycorrhizae in the Next Decade: Practical Applications and Research Priorities*, Gainsville, Florida: University of Florida, 84

Bosatta E, Staaf H. 1982. The control of nitrogen turn-over in forest litter. *OIKOS*, 39, 143-151

Bowman R A, Reeder J D, Lober R W. 1990. Changes in soil properties in a central plains rangeland after 3, 20, and 60 years of cultivation. *Soil Science*, 150: 851-857

Bradshaw A D. 1983. The reconstruction of ecosystems. *Journal of Applied Ecology*, 20: 1-17

Bradshaw A D. 1996. Underlying principles of restoration. *Canadian Journal of Fisheries and Aquatic Sci-*

ence, 53: 3-9

Bradshaw A D. 1997. What do we mean by restoration? In: Urbanska K M, Webb N R, Edwards P J ed. *Restoration Ecology and Sustainable Development*, Cambridge: Cambridge University Press, 8-14

Bradshaw A D, Chadwick M J. 1980. *The Restoration of Land*. Oxford: Blackwell Scientific Publications

Bradshaw A D, Dancer W S, Handley J F et al. 1975. The biology of land revegetation and the reclamation of the china clay wastes of Cornwall. In: Chadwick M J, Goodman G T ed. *The Ecology of Resource Degradation and Renewal*. Oxford: Blackwell Scientific Publishers, 363-384

Brady N C. 1990. *The Nature and Properties of Soils*. New York: MacMillian Publishing Company

Brakensiek D L, Rawls W J. 1983. Agricultural management effects on soil water processes. Part II. Green and Ampt parameters for crusting soils. *Transactions of the American Society of Agricultural Engineers*, 26: 1753-1757

Breedlow P A, Voris P V , Rogers L E. 1988. Theoretical perspective on ecosystem disturbance and recovery. In: Rickard W H, Rogers L E, Vaughan B E et al. ed, *Shrub-Steppe: Balance and Change in a Semi-Arid Terrestrial Ecosystem*. New York: Elsevier. 257-269

Brissette J C, Barnett J P, Landis T D. 1991. Container seedlings. In: Duryea M L, Dougherty P M ed. *Forest Regeneration Manual*. Boston: Kluwer Academic Publishers. 117-141

Brooks K, Ffolliott P F, Gregersen H M et al. 1991. *Hydrology and the Management of Watersheds*, Ames, Iowa: Iowa State University Press

Brown J H, Heske E J. 1990. Control of a desert-grassland transition by a keystone rodent guild. *Science*, 250: 1705-1707

Brown J R, Archer S. 1987. Woody plant dispersal and gap formation in a North American subtropical savanna woodland: the role of domestic herbivores. *Vegetatio*, 73: 73-80

Brown R W, Johnston R S, Johnson D A. 1978. Rehabilitation of alpine tundra disturbances. *Journal of Soil and Water Conservation*, 33: 154-160

Brown S, Lugo A E. 1994. Rehabilitation of tropical lands: A key to sustaining development. *Restoration Ecology*, 2: 97-111

Bruns D. 1988. Restoration and management of ecosystems for nature conservation in West Germany. In: Cairns J. Jr. ed. *Rehabilitating Damaged Ecosystems*. Boca Raton, Florida: CRC Press, 183-186

Bryan R B. 1979. The influence of slope angle on soil entrainment by sheetwash and rainsplash. *Earth Surface Processes and Landforms*, 4: 43-58

Bryant J P, Chapin F S. 1986. Browsing-woody plant interactions during boreal forest plant succession. In: Van Cleve K, Chapin F S, Viereck P W et al. ed. *Forest Ecosystems in the Alaskan Taiga*. New York: Springer-Verlag, 213-225

Bryant J P, Reichardt P B, Clausen T P. 1992. Chemically mediated interactions between woody plants and browsing animals. *Journal of Range Management*, 45: 18-24

Bullock J M, Webb N R. 1995. A landscape approach to heathland restoration. In: Urbanska K M, Grodzinska K ed. *Restoration Ecology in Europe*. Zürich: Geobotanical Instutute SFIT Zürich, 71-91

Burel F, Baudry J, Lefeuvre J. 1993. Landscape structure and the control of water runoff. In: Bunce R G H, Ryszkowski L, Paoletti M G ed. *Landscape Ecology and Agroecosystems*. Boca Raton, Florida: Lewis Publishers, 41-47

Burke I C, Laurenroth W K, Coffin D P. 1995. Soil organic matter recovery in semiarid grasslands: implications for the conservation reserve program. *Ecological Applications*，5：793-801

Burrows W H. 1991. Sustaining productive pastures in the tropics. 11. An ecological perspective. *Tropical Grasslands*，25：153-158

Burton G W，Andrew J S. 1948. Recovery and viability of seed of certain southern grasses and lespedeza passed through bovine digestive tract. *Journal of Agricultural Research*，76：95-103

Burton G W，Hanna W W. 1985. Bermudagrass. In：Heath M E，Barnes R F，Metcalfe D S ed. *Forages：The Science of Grassland Agriculture*. Ames，Iowa：Iowa State University Press，247-254.

Cairns J Jr. 1988. Restoration Ecology：The new frontier. In：Cairns J Jr ed. *Rehabilitating Damaged Ecosystems*. Boca Raton，Florida：CRC Press，Inc. 1-12

Cairns J Jr. 1989. Restoring damaged ecosystems：is predisturbance condition a viable option? *Environmental Professional*，11：152-159

Cairns J Jr. 1991. The status of the theoretical and applied science of restoration ecology. *Environmental Professional*，13：1-9

Campbell D L，Evans J. 1975. *"Vexar" seedling protectors to reduce wildlife damage to Douglas-fir*. Wildlife Leaflet 508. Washington，DC：United States Department of the Interior，Fish and Wildlife Service

Caraher D，Knapp W H. 1995. *Assessing ecosystem health in the Blue Mountains*. General Technical Report SE-88. Hendersonville，North Carolina：U. S. Department of Agriculture，Forest Service，Southeast Forest Experiment Station

Carr W W，Ballard T M. 1980. Hydroseeding forest roadsides in British Columbia for erosion control. *Journal of Soil and Water Conservation*，35：33-35

Carson W P，Barrett G W. 1988. Succession in old-field communities：effects of contrasting types of nutrient enrichment. *Ecology*，69：984-994

Casenave A，Valentin C. 1992. A run off capability classification system based on surface features criteria in semi-arid areas of West Africa. *Journal of Hydrology*，130：231-249

Chambers J C. 1989. *Native species establishment on an oil drill pad site the Unitah Mountains，Utah：effects of introduced grass density and fertilizer*. Research Paper INT-402. Ogden，Utah：U. S. Department of Agriculture，Forest Service，Intermountain Research Station

Chambers J C. 1995. Relationships between seed fates and seedling establishment in an alpine ecosystem. *Ecology*，76：2124-2133

Chapin F S，Ⅲ. 1980. The mineral nutrition of wild plants. *Annual Review of Ecology and Systematics*，11：233-260

Chapin F S，Ⅲ，Vitousek P M，Cleve K V. 1986. The nature of nutrient limitation in plant communities. *The American Naturalist*，127：48-58

Chapin F S，Ⅲ，Walker B H，Hobbs R J et al. 1997. Biotic control over the functioning of ecosystems. *Science*，277：500-504

Chase R，Boudouresque E. 1987. Methods to stimulate plant regrowth on bare Sahelian forest soils in the region of Niamey，Niger. *Agriculture，Ecosystems and Environment*，18：211-221

Chen Y，Tarchitzky J，Bower J et al. 1980. Scanning electron microscope observations on soil crusts and their formation. *Soil Science*，130：49-55

Chepil W S. 1955. Factors that influence clod structure and erodibility of soil by wind. V. Organic matter at various stages of decomposition. *Soil Science*，80：413-421

Chepil W S, Woodruff N P. 1963. The physics of wind erosion and its control. *Advances in Agronomy*, 15: 211-302

Chiarello N, Hichman J C, Mooney H A. 1982. Endomycorrhizal role for interspecific transfer of phosphorus in a community of annual plants. *Science*, 217: 941-943

Choi Y D, Wali M K. 1995. The role of *Panicum virgatum* (switchgrass) in the revegetation of iron-mine tailings in northern New York. *Restoration Ecology*, 3: 123-132

Christy E J, Mack R N. 1984. Variation in demography of juvenile *Tsuga hererophylla* across the substratum mosaic. *Journal of Ecology*, 72: 75-91

Clarke C T. 1997. Role of soils in determining sites for lowland heathland reconstruction in England. *Restoration Ecology*, 5: 256-264

Clary W P. 1989. *Revegetation by land imprinter and rangeland drill*. Research Paper INT-397. Ogden, Utah: U. S. Department of Agriculture, Forest Service, Intermountain Research Station

Clements F E. 1916. *Plant succession: an analysis of the development of vegetation*. 242. Washington D C: Carnegie Institute

Clements F E. 1936. Nature and the structure of the climax. *Journal of Ecology*, 24: 252-284

Clewell A F, Lea R. 1990. Creation and restoration of forested wetland vegetation in the southeastern United States. In: Kusler J A, Kentula M E ed. *Wetland Creation and Restoration*. Washington D C: Island Press, 195-231

Coley P D. 1988. Effects of plant growth rate and leaf lifetime on the amount and type of anti-herbivore defense. *Oecologia*, 74: 531-536

Coley P D, Bryant J P, Chapin F S. 1985. Resource availability and plant antiherbivore defense. *Science*, 230: 895-899

Connell J H, Slatyer R O. 1977. Mechanisms of succession in natural communities and their role in community stability and organization. *American Naturalist*, 111: 1119-1144

Coppin N, Stiles R. 1995. Ecological principles for vegetation establishment and maintenance. In: Morgan R P C, Rickson R J ed. *Slope Stabilization and Runoff Control: A Bioengineering Approach*. New York: E & FN Spon, 59-93

Costanza R. 1992. Toward and operational definition of ecosystem health. In: Costanza R, Norton B G, Haskell B D ed. *Ecosystem Health: New Goals for Environmental Management*. Washington D C: Island Press, 239-256

Costanza R, Norton B G, Haskell B D. 1992. *Ecosystem health: new goals for environmental management*. Washington D C: Island Press

Cottam G. 1987. Community dynamics on an artificial prairie. In: Jordan W R, Gilpin M E, Aber J D ed. *Restoration ecology: a synthetic approach to ecological research*. Cambridge: Cambridge University Press, 257-270

Cotts N R, Redente E F, Schiller R. 1991. Restoration methods for abandoned roads at lower elevations in Grand Teton National Park, Wyoming. *Arid Soil Research and Rehabilitation*, 5: 235-249

Coughlin K J, Fox W E, Hughes J D. 1973. Aggregation in swelling clay soils. *Australian Soil Research*, 11: 133-141

Cox J R, Martin M H. 1984. Effects of planting depth and soil texture on the emergence of four lovegrasses. *Journal of Range Management*, 37: 204-205

Cox J R, Parker J M, Stroelein J L. 1984. Soil properties in creosote bush communities and their relative effects on the growth of seeded range grasses. *Soil Science Society of America Journal*, 48: 1442-1445

Crawley M J. 1983. *Herbivory: the dynamics of animal-plant interactions*, Berkeley, California: University of California Press

Crocker R L, Major J. 1955. Soil development in relation to vegetation and surface age at Glacier Bay, Alaska. *Journal of Ecology*, 43: 427-448

Cronk Q C B, Fuller J L. 1995. *Plant Invaders: The Threat to Natural Ecosystems*, New York: Chapman and Hall

Cubbage F W, Gunter J E, Olson J T. 1991. Reforestation economics, law, and taxation. In: Duryea M L, Dougherty P M ed. *Forest Regeneration Manual*. The Hague, Netherlands: Kluwer Academic Publishers, 9-31

Daley H E. 1991. *Steady-State Economics*. Washington D C: Island Press

Dalrymple J B, Blong R J, Conacher A J. 1968. A hypothetical nine-unit land surface model. *Zeitschrift für Geomorphologie*, 12: 60-76

Dancer W S, Handley J F, Bradshaw A D. 1977. Nitrogen accumulation in kaolin wastes in Cornwell. Ⅱ. Forage legumes. *Plant and Soil*, 48: 303-314

Danin A. 1991. Plant adaptations in desert dunes. *Journal of Arid Environments*, 21: 193-212

D'Antonio C M, Vitousek P M. 1992. Biological invasions by exotic grasses, the grass/fire cycle, and global change. *Annual Review of Ecology and Systematics*, 23: 63-87

Davenport D W, Breshears D D, Wilcox B P et al. 1998. Viewpoint: sustainability of piñion-juniper ecosystems-a unifying perspective of soil erosion thresholds. *Journal of Range Management*, 51: 231-240

Davidson D W. 1993. The effects of herbivory and granivory on terrestrial plant succession. *OIKOS*, 68: 23-35

Davidson D W, Inouye R S, Brown J H. 1984. Granivory in a desert ecosystem: experimental evidence for indirect facilitation of ants by rodents. *Ecology*, 65: 1780-1786

Davidson D W, Samson D A. 1985. Granivory in the Chihuahuan Desert: interactions within and between trophic levels. *Ecology*, 66: 486-502

Davies R, Younger A, Chapman R. 1992. Water availability in a restored soil. *Soil Use and Management*, 8: 67-73

Dawson J O. 1986. Actinorhizal plants: their use in forestry and agriculture. *Outlook on Agriculture*, 15: 202-208

DeAngelis D L, Post W M, Travis C C. 1986. *Positive feedback in natural systems*, Berlin: Springer-Verlag

DeAngelis D L, Waterhouse J C. 1987. Equilibrium and nonequilibrium concepts in ecological models. *Ecological Monographs*, 57: 1-21

Debussche M, Isenmann P. 1994. Bird-dispersed seed rain and seedling establishment in patchy Mediterranean vegetation. *OIKOS*, 69: 414-426

Decker A M, Taylor T H. 1985. Establishment of new seedings and renovation of old sods. In: Heath M E, Barnes R F, Metcalfe D S ed. *Forages: The Science of Grassland Agriculture*. Ames, Iowa: Iowa State University Press, 288-297

DeLeo G A, Levin S. 1997. The multifaceted aspects of ecosystem integrity. *Conservation Ecology*, [online] 1, 3

DePuit E J. 1988. Productivity of reclaimed lands-rangeland. In: Hossner L R ed. *Reclamation of Surface-Mined Lands*, Boca Raton, Florida: CRC Press, Inc, 93-129

De Vries J, Chow T L. 1978. Hydraulic behavior of a forested mountain soil in coastal British Columbia. *Water Resources Research*, 14: 933-935

Diamond J A. 1975a. Assembly of species communities. In: Cody M L, Diamond J A ed. *Ecology and Evolution of Communities*, Cambridge, MA: Harvard University Press, 342-444

Diamond J M. 1975b. The island dilemma: lessons of modern biogeographic studies for the design of nature reserves. *Biological Conservation*, 7: 129-146

Diboll N. 1997. Designing seed mixes. In: Packard S, Mutel C F ed. *The Tallgrass Restoration Handbook: for prairies, savannas, and woodlands*. Washington D C: Island Press, 135-149

Dickerson J D, Woodruff N P, Banbury E E. 1976. Techniques for improving tree survival and growth in semiarid areas. *Journal of Soil and Water Conservation*, 31: 63-66

Dixon R M. 1990. Land imprinting for dryland revegetation and restoration. In: J J Berger ed. *Environmental Restoration: Science and Strategies for Restoring the Earth*. Washington, D C: Island Press, 14-22

Dixon, R M, Peterson A E. 1971. Water infiltration control: a channel system concept. *Soil Science Society of America Proceedings*, 35: 968-973

Dobson A P, Bradshaw A D, Baker A J M. 1997. Hopes for the future-restoration ecology and conservation biology. *Science*, 277: 515-522

Doescher P S, Miller R F, Winward A H. 1984. Soil chemical patterns under eastern Oregon plant communities dominated by big sagebrush. *Soil Science of America Journal*, 48: 659-663

Dormaar J F, Nash M A, Williams W D. 1995. Effect of native prairie, crested wheatgrass (*Agropyron cristatum* (L.) Gaertn.) and Russian wildrye (*Elymus junceus* Fisch.) on soil chemical properties. *Journal of Range Management*, 48: 258-263

Downs J L, Rickard W H, Caldwell L L. 1993. Restoration of big sagebrush habitat in Southeastern Washington. *Wildland Shrub and Arid Land Restoration Symposium*, INT-GTR-315. Roundy B, McArthur E D, Haley J S. ed. Las Vegas, Nevada: U. S. Department of Agriculture, Forest Service, Intermountain Research Station, 74-77

Drees L R, Manu A, Wilding L P. 1993. Characteristics of aeolian dusts in Niger, West Africa. *Geoderma*, 59: 213-233

Duffy P D, McClurkin D C. 1967. Stabilizing gully banks with excelsior mulch and loblolly pine. *Journal of Soil and Water Conservation*, 22: 70-71

Eck H V, Dudley R F, Ford R H. 1968. Sand dune stabilization along streams in the southern Great Plains. *Journal of Soil and Water Conservation*, 23: 131-134

Edwards W M. 1991. Soil structure: processes and management. In: Lal R, Pierce F J ed. *Soil Management for Sustainability*, Ankeny, Iowa: Soil and Water Conservation Society, 7-14

Egler F E. 1954. Vegetation science concepts. I. Initial floristic composition-a factor in old-field vegetation development. *Vegetatio*, 4: 412-417

Eissenstat D M, Newman E I. 1990. Seedling establishment near large plants: effects of vesicular-arbuscular mycorrhizaes on the intensity of plant competition. *Functional Ecology*, 4: 95-99

El Asswad R L, Said A O, Mornag M T. 1992. Effect of olive oil cake on water holding capacity of sandy soils in Libya. *Journal of Arid Environments*, 24: 409-413

Eldridge D J. 1993a. Cryptogam cover and soil surface condition: effects on hydrology on a semiarid woodland soil. *Arid Research and Rehabilitation*, 7: 203-217

Eldridge D J. 1993b. Cryptogams, vascular plants, and soil hydrological relations: some preliminary findings from the semiarid woodlands of eastern Australia. *Great Basin Naturalist*, 53: 48-58

Eldridge D J, Tozer M E, Slangen S. 1997. Soil hydrology is independent of microphytic crust cover-further evidence from a wooded semiarid Australian rangeland. *Arid Soil Research & Rehabilitation*, 11: 113-126

Eliason S A, Allen E B. 1997. Exotic grass competition in suppressing native shrubland reestablishment. *Restoration Ecology*, 5: 245-255

Elkins N Z, Steinberger Y, Whitford W G. 1982. The role of microarthropods and nematods in decomposition in a semi-arid ecosystem. *Oecologia*, 55: 303-310

Elliot E T, Anderson R J, Coleman D C, et al. 1980. Habitable pore space and microbial trophic interactions. *OIKOS*, 35: 327-335

Ellis R H, Hong T D, Roberts E H. 1989. A comparison of the low-moisture content limit to the logarithmic relation between seed moisture and longevity in twelve species. *Annals of Botany*, 63: 601-611

Ellis R H, Hong T D, Roberts E H. 1990. An intermediate category of seed storage behavior? I. Coffee. *Journal of Experimental Botany*, 41: 1167-1174

Emmett W W. 1978. Overland flow. In: Kirby M J ed. *Hillslope Hydrology*. New York: John Wiley and Sons, 145-176

Engman E T. 1986. Roughness coefficients for routing surface runoff. *Journal of Irrigation and Drainage Division, American Society of Civil Engineering*, 112: 39-53

Evans J M. 1991. *Propagation of riparian species in southern California*. General Technical Report RM-211. Park City, Utah: U. S. Department of Agriculture, Forest Service, Rocky Mountain Forest and Range Experiment Station

Evans R A, Holbo H R, Eckert J R E et al. 1970. Functional environment of downy brome communities in relation to weed control and revegetation. *Weed Science*, 18: 154-162

Evans R A, Young J A. 1975. Enhancing germination of dormant seeds of downy brome. *Weed Science*, 23: 354-357

Evans R A, Young J A. 1978. Effectiveness of rehabilitation practices following wildfire in a degraded big sagebrush-downy brome community. *Journal of Range Management*, 31: 185-188

Evans R A, Young J A. 1984. Microsite requirements for downy brome (*Bromus tectorum*) infestation and control on sagebrush rangelands. *Weed Science*, 32: 13-17

Evans R D, Ehleringer J R. 1993. A break in the nitrogen cycle in aridlands? Evidence from d15N of soils. *Oecologia*, 94: 314-317

Everett R L, Meewig R O, Stevens R. 1978. Deer mouse preference for seed of commonly planted species, indigenous weed seed, and sacrifice foods. *Journal of Range Management*, 31: 70-73

Ewel J J. 1986. Designing agricultural ecosystems for the humid tropics. *Annual Review of Ecology and Systematics*, 17: 245-271

Ewel J J. 1997. Ecosystem processes and the new conservation theory. In: Pickett S T A, Ostfeld R S, Shachek M et al. ed. *The Ecological Basis of Conservation: heterogeneity, ecosystems, and biodiversity*. New York: Chapman & Hall, 252-261

Ewel J J, Mazzarino M J, Berish C W. 1991. Tropical soil fertility changes under monocultures and successional communities of different structure. *Ecological Applications*, 1: 289-302

Facelli J, Pickett S T A. 1991. Indirect effects of litter on woody seedlings subject to herb competition. *OIKOS*, 62: 129-138

FAO. 1989. *Arid zone forestry: a guide for field technicians*. FAO Conservation Guide 20. Rome, Italy: Food and Agriculture Organization of the United Nations

Farrell J. 1990. The influence of trees in selected agroecosystems in Mexico. In: Gliessman S R ed. *Agroecology: Researching the ecological basis for sustainable agriculture*. New York: Springer-Verlag, 167-183

Felker P, Wiesman C, Smith D. 1988. Comparison of seedling containers on growth and survival of *Prosopis alba* and *Leucaena leucocephala* in semi-arid conditions. *Forest Ecology and Management*, 24: 177-182

Ffolliott P F, Brooks K N, Gregersen H M et al. 1994. *Dryland Forestry: Planning and Management*. New York: John Wiley & Sons

Fimbel R A, Fimbel C C. 1996. The role of exotic conifer plantations in rehabilitating degraded tropical forest lands: a case study from the Kibale Forest in Uganda. *Forest Ecology and Management*, 81: 215-226

Finn J T. 1976. Measures of ecosystem structure and function derived from analysis of flows. *Journal of Theoretical Biology*, 56: 363-380

Fisher J T, Fancher G A, Aldon E F. 1990. Factors affecting establishment of one-seeded juniper (*Juniperus monosperma*) on surface-mined lands in New Mexico. *Canadian Journal of Forest Research*, 20: 880-886

Flanagan N E, Mitsch W J, Beach K. 1994. Predicting metal retention in a constructed mine drainage wetland. *Ecological Engineering*, 3: 135-159

Flanagan P W, Cleve K V. 1983. Nutrient cycling in relation to decomposition and organic matter quality in taiga ecosystems. *Canadian Journal of Forest Research*, 13: 95-817

Fleming L V. 1983. Succession of mycorrhizal fungi on birch: infection of seedlings planted around mature trees. *Plant and Soil*, 71: 263-267

Fleming L V. 1984. Effects of soil trenching and coring on the formation of ectomycorrhizas on birch seedlings grown around mature trees. *New Phytologists*, 98: 143-153

Floret C, Floc'h E L, Pontanier R. 1990. Principles of zone identification and of interventions to stabilize sands in arid mediterranean regions. *Arid Soil Research and Rehabilitation*, 4: 33-41

Forman R T T, Godron M. 1986. *Landscape Ecology*. New York: John Wiley and Sons, Inc

Fowler D K, Maddox J B. 1974. Habitat improvement along reservoir inundation zones by barge hydroseeding. *Journal of Soil and Water Conservation*, 29: 263-265

Fowler N L. 1986. Microsite requirements for germination and establishment of three grass species. *American Midland Naturalist*, 115: 131-145

Fox B J, Brown J H. 1993. Assembly rules for functional groups in North American desert rodent communities. *OIKOS*, 67: 358-370

Fox D, Bryan R B. 1992. Influence of a polyacrylamide soil conditioner on runoff generation and soil erosion: field tests in Baringo District, Kenya. *Soil Technology*, 5: 101-119

Franco A A, S M Defaria. 1997. The contribution of N_2-fixing tree legumes to land reclamation and sustainability in the tropics. *Soil Biology & Biochemistry*, 29: 897-903

Frankel O H. 1974. Genetic conservation: our evolutionary responsibility. *Genetics*, 78: 53-65

Fresquez P R, Aldon E F, Lindermann W C. 1987. Enzyme activities in reclaimed coal mine spoils and soils. *Landscape and Urban Planning*, 14: 359-364

Friedel M H. 1991. Range condition assessment and the concept of thresholds: a viewpoint. *Journal of Range Management*, 44: 422-426

Frost T M, Carpenter S R, Ives A R et al. 1995. Species compensation and complementarity in ecosystem functioning. In: Jones G G, Lawton J H ed. *Linking Species and Ecosystems*. London: Chapman and Hall, 224-239

Garcia-Moya, E, McKell C M. 1970. Contribution of shrubs to the nitrogen economy of a desert wash plant community. *Ecology*, 51: 81-88

Gardner C J. 1993. The colonization of a tropical grassland by *Stylosanthes* from seed transported in cattle feces. *Australian Journal of Agricultural Research*, 44: 299-315

Garner W, Steinberger Y. 1989. A proposed mechanism for the formation of "fertile islands" in the desert ecosystem. *Journal of Arid Environments*, 16: 257-262

Geber M, Dawson T E. 1993. Evolutionary responses of plants to global change. In: Kareiva P M, Kingsolver J G, Huey R B ed. *Biotic Interactions and Global Change*. Sunderland, Massachusetts: Sinaur Associates, 179-197

George M R, Brown J R, Clawson W J. 1992. Application of non-equilibrium ecology to management of Mediterranean grassland. *Journal of Range Management*, 45: 436-440

Gillette D A, Adams J, Smith D et al. 1980. Threshold velocities for input of soil particles into the air by desert soils. *Journal of Geophysical Research*, 85C: 5621-5630

Gillette D A, Dobrowolski J P. 1993. Soil crust formation by dust deposition at Shaartuz, Tadzhik, S. S. R. *Atmospheric Environment*, 27A: 2519-2525

Girard S, Clement A, Cochard H et al. 1997. Effects of desiccation on post-planting stress in bare-root Corsican pine seedlings. *Tree Physiology*, 17: 429-435

Gleason H A. 1939. The individualistic concept of the plant association. *American Midland Naturalist*, 21: 92-108

Goebel C J, Berry G. 1976. Selectivity of range grass seed by local birds. *Journal of Range Management*, 29: 393-395

Good L G, Smika D E. 1978. Chemical fallow for soil and water conservation in the Great Plains. *Journal of Soil and Water Conservation*, 33: 89-90

Gosling P G. 1991. Beechnut storage: a review and practical interpretation of the scientific literature. *Forestry*, 64: 51-59

GPAC. 1966. *A stand establishment survey of grass plantings in the Great Plains*. Great Plains Agricultural Council Report 23. Lincoln, Nebraska: Nebraska Agriculture Experiment Station

Grainger A. 1992. Characterization and assessment of desertification processes. In: Chapman G P ed. *Desertified Grasslands. Their Biology and Management*, New York: Academic Press, 17-33

Grant P F, Nickling W G. 1998. Direct field measurement of wind drag on vegetation for application to windbreak design and modeling. *Land Degradation and Development*, 9: 57-66

Greene D F, Johnson E A. 1996. Wind dispersal of seeds from a forest into a clearing. *Ecology*, 77: 595-609

Greenwood E A N. 1988. The hydraulic role of vegetation in the development and reclamation of dryland salinity. In: Allen, Boulder E B ed. *The Reconstruction of Disturbed Arid Lands: An Ecological Approach*, Colorado: Westview Press

Grime J P. 1977. Evidence for the expression of three primary strategies in plants and its relevance to ecological and evolutionary theory. *American Naturalist*, 111: 1169-1174

Grime J P. 1979. *Plant Strategies and Vegetation Processes*. New York: John Wiley and Sons

Grime J P. 1986. Manipulation of plant species and communities. In: Bradshaw A D Goode D A, Thorp E H P. ed. *Ecology and Design in Landscape*. London: Blackwell Scientific Publications

Grime J P. 1987. Mechanisms promoting floristic diversity in calcareous grasslands. In: Hiller S H, Walton D W H, Wells D A ed. *Proceedings of a joint British Ecological Society/Nature Conservancy Council Symposium*. Sheffield, England: Bluntisham Books, 51-56

Grime J P. 1989. The stress debate: symptom of impending synthesis? *Biological Journal of the Linnean Society*, 37: 3-17

Grime J P, Hunt R. 1975. Relative growth-rate: its range and adaptive significance in a local flora. *Journal of Ecology*, 63: 393-422

Grossman J. 1990. Mulch better. *Agrichemical Age*, 34: 4-5, 16-17

Guariguata M R, Dupuy J M. 1997. Forest regeneration in abandoned logging roads in lowland Costa Rica. *Biotropica*, 29: 15-28

Guariguata M R, Rheingans R, Montagnini F. 1995. Early woody invasions under tree plantations in Costa Rica: implications for forest restoration. *Restoration Ecology*, 3: 252-260

Guerrant E O Jr. 1996. Designing populations: demographic, genetic, and horticultural dimensions. In: Falk D A, Miller C I, Olwell M ed. *Restoring Diversity: Strategies for Reintroduction of Endangered Plants*. Washington, D C: Island Press, 171-207

Haila Y, Saunders D A, Hobbs R J. 1993. What do we presently understand about ecosystem fragmentation? In: Saunders D A, Hobbs R J, Erlich P R ed. *The Reconstruction of Fragmented Ecosystems*. Chipping Norton: Surrey Beatty & Sons, 45-55

Hall A E, Cannell G H, Lawton H W. 1979. *Agriculture in Semi-arid Environments*. Berlin: Springer-Verlag

Hansen A J, Risser P G, Castri F D. 1992. Epilogue: biodiversity and ecological flows across ecotones. In: Hansen A J, Castri F d ed. *Landscape Boundaries: Consequences for Biotic Diversity and Ecological Flows*. New York: Springer-Verlag, 423-438

Hardt R A, Forman R T T. 1989. Boundary effects on woody colonization of reclaimed surface mines. *Ecology*, 70: 1252-1260

Harmer R, Kerr G. 1995. Creating woodlands: to plant trees or not? In: Ferris-Kaan R ed. *The Ecology of Woodland Creation*. New York: John Wiley & Sons, 113-128

Harper J L. 1977. *Population Biology of Plants*. New York: Academic Press

Harper J L, Jones M, Hamilton N R S. 1992. The evolution of roots and the problems analysing their behavior. In: Atkinson D ed. *Plant Root Growth: An Ecological Perspective*. Oxford: British Ecological Society, 3-22

Harper J L, Williams J T, Sagar G R. 1965. The behaviour of seeds in the soil: I. The heterogeneity of soil surfaces and its role in determining the establishment of plants from seed. *Journal of Ecology*, 53: 273-286

Harrington J F. 1972. Seed storage and longevity. In: Kozlowski T T ed. *Seed Biology*. New York: Academic Press, 145-245

Harrington J F. 1973. Problems of seed storage. In: Heydecker W ed. *Seed Ecology*. University Park, Pennsylvania: Pennsylvania State University Press

Harris J，Bentham H，Birch P. 1991. Soil microbial community provides index to progress，direction and restoration. *Restoration and Management Notes*，9：133-135

Harris L D. 1984. *The Fragmented Forest：Island Biogeography Theory and the Preservation of Biotic Diversity*. Chicage：University of Chicago Press

Harrison P. 1992. *The Third Revolution：Population，Environment and a Sustainable World*，Middlesex，England：Penguin Books，Ltd

Hartmann H T，Kester D E，Davies F T et al. 1997. *Plant Propagation：principles and practices*，Upper Saddle River，New Jersey：Prentice Hall

Hart P B S，August J A，West A W. 1989. Long-term consequences of topsoil mining on biological and physical characteristics of two New Zealand loessial soils under grazed pasture. *Land Degradation and Rehabilitation*，1：77-88

Haselwandter K，Bowen G D. 1996. Mycorrhizal relations in trees for agroforestry and land rehabilitation. *Forest Ecology and Management*，81：1-18

Heady H F. 1975. *Rangeland Management*，New York：McGraw-Hill

Heede B H. 1976. *Gully development and control：the status of our knowledge*. Paper RM-169. Fort Collins，Colorado：U. S. Department of Agriculture，Forest Service，Rocky Mountain Forest and Range Experiment Station

Heichel G H. 1985. Symbiosis：nodule bacteria and leguminous plants. In：Barnes M E，Barnes R F，Metcalfe D S ed. *Forages：The Science of Grassland Agriculture*. Ames，Iowa：Iowa State University Press，64-71

Herbel C H，Abernathy G H，Yarbrough C C et al. 1973. Rootplowing and seeding arid rangeland in the southwest. *Journal of Range Management*，26：193-197

Herrera M A，Salamanca C P，Barea J M. 1993. Inoculation of woody legumes with selected arbuscular mycorrhizal fungi and rhizobia to recover desertified Mediterranean ecosystems. *Applied Environmental Microbiology*，59：129-133

Herrick J E，Havstad K M，Coffin D P. 1997. Rethinking remediation technologies for desertified landscapes. *Journal of Soil and Water Conservation*，52：220-225

Heske E J，Brown J H，Guo Q. 1993. Effects of kangaroo rat exclusion on vegetation structure and plant species diversity in the Chihuahuan Desert. *Oecologia*，95：520-524

Hirose T，Tateno M. 1984. Soil nitrogen patterns induced by colonization of *Polygonum cuspidatum* on Mt. Fuji. *Oecologia*，61：218-223

Hobbie S E. 1992. Effects of plant species on nutrient cycling. *TREE（Trends in Ecology and Evolution）*，7：336-339

Hobbs R A，Mooney H A. 1993. Restoration ecology and invasions. In：Saunders D A，Hobbs R J，Erlich P R ed. *Nature Conservation* 3：*Reconstruction of Fragmented Ecosystems*，*Global and Regional Perspectives*. Chipping Norton，New South Wales，Australia：Surrey Beatty and Sons，127-133

Hobbs R J. 1992a. Function of biodiversity in Mediterranean ecosystems in Australia：definitions and background. In：Hobbs R J ed. *Biodiversity of Mediterranean Ecosystems in Australia*. Chipping Norton，New South Wales：Surrey Beatty and Sons，1-25

Hobbs R J. 1992b. Is biodiversity important for ecosystem functioning? Implications for research and management. In：Hobbs R J ed. *Biodiversity of Mediterranean Ecosystems in Australia*. Chipping Norton，

New South Wales: Surrey Beatty and Sons, 211-245

Hobbs R J. 1993. Effects of landscape fragmentation on ecosystem processes in the western Australian wheatbelt. *Biological Conservation*, 64: 193-201

Hobbs R J, Atkins L. 1988. Effect of disturbance and nutrient addition on native and introduced annuals in plant communities in the western Australian wheatbelt. *Ecology*, 13: 171-179

Hobbs R J, Norton D A. 1996. Towards a conceptual framework for restoration ecology. *Restoration Ecology*, 4: 93-110

Hobbs R J, Saunders D A, 1993. *Reintegrating Fragmented Landscapes*. New York: Springer-Verlag

Hobbs R J, Saunders D A, Arnold G W. 1993. Integrated landscape ecology: a Western Australian perspective. *Biological Conservation*, 64: 231-238

Hobbs R J, Saunders D A, Hussey B M T. 1990. Nature conservation: the role of corridors. *AMBIO*, 19: 94-95

Hodkinson D J, Thompson K. 1997. Plant dispersal-the role of man. *Journal of Applied Ecology*, 34: 1484-1496

Hoitinek H A J, Watson M E. Sutton P. 1982. Reclamation of abandoned mine land with papermill sludge. In: Smeck N E, Sutton P ed. *Abandoned Mine Reclamation Symposium*. Columbus, Ohio: Ohio State University, 5-1 to 5-6

Holden M, Miller C. 1993. New arid land revegetation techniques at Joshua Tree National Monument. In: INT-GTR-315, Roundy B, McArthur E D, Haley J S ed. *Wildland Shrub and Arid Land Restoration Symposium*, Las Vegas, Nevada: U. S. Department of Agriculture, Forest Service, Intermountain Research Station, 99-101

Holechek J L, Pieper R D, Herbel C H. 1989. *Range Management: Principles and Practices*. Englewood Cliffs, New Jersey: Prentice-Hall, Inc.

Hollick M. 1993. SelfVorganizing systems and environmental management. *Environmental Management*, 17: 621-628

Holling C S. 1992. Cross-scale morphology, geometry, and dynamics of ecosystems. *Ecological Monographs*, 62: 447-502

Holmgren M, Scheffer M, Huston M A. 1997. The interplay of facilitation and competition in plant communities. *Ecology*, 78: 1966-1975

Hoogmoed W B, Stroosnijder L. 1984. Crust formation on sandy soils in the Sahel. I. Rainfall and infiltration. *Soil and Tillage Research*, 4: 5-24

Hooper D U, Vitousek P M. 1998. Effects of plant composition and diversity on nutrient cycling. *Ecological Monographs*, 68, 121-149

Howell D. 1976. Observations on the role of grazing animals in revegetating problem patches of veld. *Proceedings of the Grassland Society of South Africa*, 11: 59-63

Hudson N. 1995. *Soil Conservation*, Ames Iowa: Iowa State University Press

Huenneke L F, Hamburg S P, Koide R et al. 1990. Effects of soil resources on plant invasion and community structure in Californian serpentine grassland. *Ecology*, 71: 478-491

Hull A C Jr. 1959. Pellet seeding of wheatgrass on southern Idaho rangelands. *Journal of Range Management*, 12. 155-163

Hull A C Jr. 1970. Grass seedling emergence and survival from furrows. *Journal of Range Management*,

23: 421-424

Hull A C Jr. 1972. Seeding rates and spacings for rangelands in southeastern Idaho and northern Utah. *Journal of Range Management*, 25: 50-53

Hull A C Jr, Holmgren R C, Berry W H et al. 1963. *Pellet Seeding on Western Rangelands*. Miscellaneous publication 922. Washington D C: U. S. Department of Agriculture, Agriculature Research Service and Forest Service in cooperation with U. S. Department of Interior, Bureau of Land Management and Bureau of Indian Affairs

Hull A C Jr, Klomp G H. 1966. Longevity of crested wheatgrass in the sagebrush-grass type in southern Idaho. *Journal of Range Management*, 19: 257-262

Hull A C Jr, Klomp G J. 1967. Thickening and spread of crested wheatgrass stands on southern Idaho ranges. *Journal of Range Management*, 20: 222-227

Humphreys G S. 1981. The rate of ant mounding and earthworm casting near Syndey, New South Wales. *Search*, 12: 129-131

Huston M A. 1997. Hidden treatments in ecological experiments-re-evaluating the ecosystem function of biodiversity. *Oecologia*, 110: 449-460

Hyder D N, Booster D E, Sneva F A et al. 1961. Wheeltrack planting on sagebrush-bunchgrass range. *Journal of Range Management*, 14: 220-224

Ingram R E, Detling J K. 1984. Plant-herbivore interactions in a North American mixed-grass prairie. Ⅲ. Soil nematode populations and root biomass on *Cynomys ludovicianus* populations and adjacent uncolonized areas. *Oecologia*, 63: 307-313

Insam H, Domsch K H. 1988. Relationship between soil organic carbon and microbial biomass on chronosequences of reclamation sites. *Microbial Ecology*, 15: 177

Insam H, Haselwandter K. 1989. Metabolic quotient of the soil microflora in relationship to plant succession. *Oecologia*, 79: 147-178

Isichei A O. 1990. The role of algae and cyanobacteria in arid lands. A review. *Arid Soil Research and Rehabilitation*, 4: 1-17

IUCN. 1983. *World Conservation Strategy*, Gland, Switzerland: United Nations, International Union for the Conservation of Nature and Natural Systems

Jackson D R, Selvidge W J, Ausmus B S. 1978. Behaviour of heavy metals in forced microcosms. I. Effects on nutrient cycling processes. *Water Air and Soil Pollution*, 11: 13-18

Jackson L L. 1992. The role of ecological restoration in conservation biology. In: Fiedler P L, Jain S K ed. *Conservation Biology*. New York: Chapman and Hall, 433-451

Jacobson T L C, Welch B L. 1987. Planting depth of 'Hobble Creek' mountain big sagebrush seed. *Great Basin Naturalist*, 47: 497-499

Janos D P. 1980. Mycorrhizae influence tropical succession. *Biotripica*, 12: 56-64

Janzen D H. 1988a. Guanacaste national park: tropical ecological and biocultural restoration. In: J Cairns Jr ed, *Rehabilitating Damaged Ecosystems* . Boca Raton, Florida: CRC Press, 143-192

Janzen D H. 1988b. Tropical ecological and biocultural restoration. *Science*, 239: 243-244

Jarrell W M, Virginia R A. 1990. Soil cation accumulation in a mesquite woodland: sustained production and long-term estimates of water use and nitrogen fixation. *Journal of Arid Environments*, 18: 51-56

Jastrow J D. 1987. Changes in soil aggregation associated with tallgrass prairie restoration. *American Jour-*

nal of Botany, 74: 1656-1664

Jeffries R A, Bradshaw A D, Putwain P D. 1981. Growth, nitrogen accumulation and nitrogen transfer by legume species established on mine spoils. *Journal of Applied Ecology*, 18: 945-956

Jenkins F D, Ayanaba A. 1979. Decomposition of carbon-14 labelled plant material under tropical conditions. *Soil Science Society of America Journal*, 41: 912-916

Jenkins M B, Virginia R A, Jarrell W M . 1987. Rhizobial ecology of the woody legume mesquite (*Prosopis glandulosa*) in a Sonoran Desert arroyo. *Plant and Soil*, 105: 105-120

Jha A K, Singh J S. 1992. Influence of microsites on redevelopment of vegetation on coalmine spoils in a dry tropical environment. *Journal of Environmental Management*, 36: 95-116

Johnson D A, Asay K H, Tiezen L L et al. 1990. Carbon isotope discrimination: potential in screening cool-season grasses for water-limited environments. *Crop Science*, 30: 338-343

Johnson H B, Mayeux H S. 1992. Viewpoint: a view on species additions and deletions and the balance of nature. *Journal of Range Management*, 45: 322-333

Johnson K H, Vogt K A, Clark H J et al. 1996. Biodiversity and productivity and stability of ecosystems. *TREE* (*Trends in Ecology and Evolution*), 11: 372-377

Johnson R W, Tothill J C. 1985. Definition and broad geographic outline of savanna lands. In: Tothill J C, Mott J J ed. *Ecology and Management of the World's Savannas*. Canberra: Australian Academy of Science, 1-13

Jones C G, Lawton J H, Shachek M. 1994. Organisms as ecosystem engineers. *OIKOS*, 69: 373-386

Jones C G, Lawton J H, Shachek M. 1997. Positive and negative effects of organisms as physical ecosystem engineers. *Ecology*, 78: 1946-1957

Jones R M, Noguchi M , Bunch G A, 1991. Levels of germinable seed in topsoil and cattle feces in legume-grass and nitrogen-fertilized pastures in south-east Queensland. *Australian Journal of Agricultural Research*, 42: 953-968

Jones R M, SimeoNeto M. 1987. Recovery of pasture seed ingested by ruminants. 3. The effects of the amount of seed in the diet and of diet quality on seed recovery from sheep. *Australian Journal of Experimental Agriculture*, 27: 253-256

Jones T A. 1997. Genetic considerations for native plant materials. In: Shaw N T, Roundy B A ed. *Using Seeds of Native Species on Rangelands*. General Technical Report INT-GTR-372, Rapid City, South Dakota: U. S. Department of Agriculture, Forest Service, Intermountain Research Station, 22-25

Jordan G L. 1981. *Range seeding and brush management on Arizona rangelands*. No. T81121. Tucson, Arizona: University of Arizona Agricultural Experiment Station

Jørgensen S E, Mitsch W J. 1989. Ecological engineering principles. In: Mitsch W J, Jørgensen S E ed. *Ecological Engineering: an Introduction to Ecotechnology*. New York: John Wiley & Sons, 21-37

Kavia Z D, Harsh L N. 1993. Proven technology of sand dune stabilization-a step to combat desertification. In: Dwivedi A P, Gupta G N ed. *Afforestation of Arid Lands*. Jodhpur, India: Scientific Publishers, 79-86

Keddy P A. 1992. Assembly and response rules: two goals for predictive community ecology. *Journal of Vegetation Science*, 3: 157-164

Keitt T H, Urban D L, Milne B T. 1997. Detecting critical scales in fragmented landscapes. *Conservation Ecology*, 1 (online), 4

Kellman M, Kading M. 1992. Facilitation of tree seedling establishment in a sand dune succession. *Journal of Vegetation Science*, 3: 679-688

Kelrick M I, MacMahon J A. 1985. Nutritional and physical attributes of seeds of some common sagebrush-steppe plants: some implications for ecological theory and management. *Journal of Range Management*, 38: 65-69

Kelrick M I, MacMahon J A Parmenter R R et al. 1986. Native seed preferences of shrub-steppe rodents, birds and ants: the relationships of seed attributes and seed use. *Oecologia*, 68: 327-337

Kemper D, Dabney S, Kramer L et al. 1992. Hedging against erosion. *Journal of Soil and Water Conservation*, 47: 284-288

Kennenni L, E v d Maarel. 1990. Population ecology of *Acacia tortilis* in the semi-arid region of Sudan. *Journal of Vegetation Science*, 1: 419-424

Kerley G I H. 1991. Seed removal by rodents, birds and ants in the semi-arid Karoo, South Africa. *Journal of Arid Environments*, 20: 63-69

Kessler J J, Laban P. 1994. Planning strategies and funding modalities for land rehabilitation. *Land Degradation and Rehabilitation*, 5: 25-32

Kilcher M R, Heinrichs D H. 1968. Rates of seeding Rambler alfalfa with dryland pasture grasses. *Journal of Range Management*, 21: 248-249

Kilsgaard C W, Greene S E, Stafford S G. 1987. Nutrient concentrations in litterfall from some western conifers with special reference to calcium. *Plant and Soil*, 102: 223-227

Kira T, Ogawa H, Shinozaki K. 1953. Intraspecific competition among higher plants. I. Competition-density-yield inter-relationships in regularly dispersed populations. *Journal of Institute Polytechnical Osaka City University*, 4: 1-16

Kishk M A. 1986. Land degradation in the Nile valley. *Ambio*, 15: 226-230

Klein D A, Frederick B A Biondini M et al. 1988. Rhizosphere microorganism effects on soluble amino acids, sugars and organic acids in the root zone of *Agropyron cristatum*, *A. smithii*, and *Bouteloua gracilis*. *Plant and Soil*, 110: 19-25

Klopatek J M, Stock W D. 1994. Partitioning of nutrients in *Acanthosicyos horridus*, a keystone species in the Namib desert. *Journal of Arid Environments*, 26: 233-240

Klugman S L, Stein W I, Schmitt D M. 1974. Seed biology. In: Schopmeyer C S ed. *Seeds of Woody Plants in the United States*. Washington, DC: U. S. Department of Agriculture, Forest Service, 5-40

Knapp E E, Rice K J. 1994. Starting from seed: genetic issues in using native grasses for restoration. *Restoration* and *Management Notes*, 12: 40-45

Knoop W T, Walker B H. 1985. Interactions of woody and herbaceous vegetation in a southern African savanna. *Journal of Ecology*, 67: 565-577

Knowles P, Grant M C. 1981. Genetic patterns associated with growth variability in Ponderosa pine. *American Journal of Botany*, 68: 942-946

Knutsen G, Meeting B. 1991. Microalgal mass culture and forced development of biological crust in arid lands. In: Skujins J ed. *Semiarid Lands and Deserts: Soil Resource and Reclamation*. New York: Marcel Dekker, Inc, 487-506

Kollmann J, Schill H P. 1996. Spatial patterns of dispersal, seed predation and germination during colonization of abandoned grassland by *Quercus petraea and Corylus avellana*. *Vegetatio*, 125: 193-205

Kondolf G M. 1995. Five elements for effective evaluation of stream restoration. *Restoration Ecology*, 3:

133-136

Kondolf G M, Micheli E R. 1995. Evaluating stream restoration projects. *Environmental Management*, 19: 1-15

Korte N, Kearl P. 1993. Should restoration of small western watersheds be public policy in the United States? *Environmental Management*, 17: 729-734

Kost D A, Boutelle D A, Larson M M et al. 1997. Papermill sludge amendments, tree protection, and tree establishment on an abandoned coal minesoil. *Journal of Environmental Quality*, 26: 1409-1416

Kotanen P M. 1997. Effects of gap area and shape on recolonization by grassland plants with differing reproductive strategies. *Canadian Journal of Botany*, 75: 352-361

Kouwen N, Li R M . 1980. Biomechanics of vegetative channel linings. *Journal of the Hydraulics Division, American Society of Civil Engineering*, 106: 1085-1103

Krebs C J. 1985. Ecology. In: *The Experimental Analysis of Distribution and Abundance*, New York: Harper and Row

Laflen J M, Colvin T S. 1981. Effect of crop residue on soil loss from continuous row cropping. *Transactions of the American Society of Agricultural Engineers*: 24: 605-609

Lal R. 1990. *Soil Erosion in the Tropics: Principles and Management*, New York: McGraw-Hill, Inc.

Lal R. 1992. Restoring land degraded by gully erosion in the tropics. In: Lal R, Stewart B A ed. *Soil Restoration: Advances in Soil Science*. New York: Springer-Verlag, 123-152

Lal R. 1996. Deforestation and land-use effects on soil degradation and rehabilitation in Western Nigeria. 1. Soil physical and hydrological properties. *Land Degradation & Development*, 7: 19-45

Lal R, Cummings D J. 1979. Clearing a tropical forest. I. Effects on soil and microclimate. *Field Crops Research*, 2: 91-197

Lal R, Hall G F, Miller F P. 1989. Soil degradation: I. Basic processes. *Land Degradation and Rehabilitation*, 1: 51-69

Lal R, Stewart B A. 1992. *Soil Restoration: Advances in Soil Science*. New York: Springer-Verlag

Lamb D, Parrotta J, Keenan R et al. 1997. Rejoining habitat remnants: restoring dagraded rainforest lands. In: Laurance W F, Bierregaard R O, Jr. ed. *Tropical Forest Remnants: Ecology, Management, and Conservation of Fragmented Communities*. Chicago: The University of Chicago Press, 366-385

Langkamp P J, Dalling M J. 1983. Nutrient cycling in a stand of *Acacia holosericea*. *Australian Journal of Botany*, 31: 141-149

Launchbaugh J L. 1970. Seeding rate and first-year stand relationships for six native grasses. *Journal of Range Management*, 23: 414-417

Laurance W F, Laurance S G, Ferreira L V et al. 1997. Biomass collapse in Amazonian forest fragments. Science, 278: 1117-1118

Laursen S B, Hunter H E. 1986. *Windbreaks for Montana*. Bulletin 366. Bozeman, Montana: Montana Cooperative Extensive Service

Lawrence D B, Schoenike R E, Quispel A et al. 1967. The role of *Dryas drummondii* in vegetation development following ice regression at Glacier Bay, Alaska, with special reference to its nitrogen fixation by root nodules. *Journal of Ecology*, 55: 793-813

Laycock W A. 1991. Stable states and thresholds of range conditions on North American rangelands: a viewpoint. *Journal of Range Management*, 44: 427-433

Lee K E, Prankhurst C E. 1992. Soil organisms and sustainable productivity. *Australian Journal of Soil Research*, 30: 855-892

Lefroy E C, Hobbs R J, Atkins L J. 1991. *Revegetation Guide to the Central Wheatbelt*. Bulletin 4231. Perth: Department of Agriculture Western Australia

Le Houérou H N. 1984. Rain use efficiency: a unifying concept in arid-land ecology. *Journal of Arid Environments*, 7: 213-247

Le Houérou H N. 1992. The role of saltbushes (*Atriplex* spp.) in arid land rehabiltation in the Mediterranean Basin: a review. *Agroforestry Systems*, 18: 107-148

Leopold D J, Wali M K. 1992. The rehabilitation of forest ecosystems in the eastern United States and Canada. In: Wali M K ed. *Ecosystem Rehabilitation. 2: Ecosystem Analysis and Synthesis*. The Hague, The Netherlands: SPB Academic Publishers, 187-231

Lesica P, DeLuca T H. 1996. Long-term harmful effects of crested wheatgrass on Great Plains grassland ecosystems. *Journal of Soil and Water Conservation*, 51: 408-409

Lewis C A, Lester N P, Bradshaw A D et al. 1996. Considerations of scale in habitat conservation and restoration. *Canadian Journal of Fisheries and Aquatic Sciences*, 53: 440-445

Leyshon A J, Kilcher M R, McElgunn J D. 1981. Seeding rates and row spacings for three forage crops grown alone or in alternate grass-alfalfa rows in southwestern Saskatchewan. *Canadian Journal of Plant Science*, 61: 711-717

Linhart Y B. 1993. Restoration, revegetation, and the importance of genetic and evolutionary perspectives. In: Roundy B, McArthur E D, Haley J S et al. ed. *Wildland Shrub and Arid Land Restoration Symposium*, INT-GTR-315. Las Vegas, Nevada: U. S. Department of Agriculture, Forest Service, Intermountain Research Station, 271-287

Lister N M E. 1998. A systems approach to biodiversity conservation planning. *Environmental Monitoring and Assessment*, 49: 123-155

Lodge D M. 1993. Biological invasions: lessons for ecology. *TREE* (*Trends in Ecology and Evolution*), 8: 133-137

Logan T J. 1992. Reclamation of chemically degraded soils. In: Lal R, Stewart B A ed. *Soil Restoration: Advances in Soil Science*. New York: Springer-Verlag, 13-35

Lohrey R E. 1974. *Site preparation improves survival and growth of direct-seeded pines*. Research Note SO-185. New Orleans, Louisiana: U. S. Department of Agriculture, Forest Service, Southern Forest Experiment Station

Long A J. 1991. Proper planting improves performance. In: Duryea M L, Dougherty P M. ed. *Forest Regeneration Manual*. Boston: Kluwer Academic Publishers, 303-320

Lonsdale W M. 1994. Inviting trouble: introduced pasture species in northern Australia. *Australian Journal of Ecology*, 19: 345-354

Loomis R S, Connor D J. 1992. *Crop Ecology*, Cambridge, England: Cambridge University Press

Loope W L, Gifford G F. 1972. Influence of a soil micro-floral crust on select properties of soils under pinyon-juniper in southeastern Utah. *Journal of Soil and Water Conservation*, 27: 164-167

Loreau M. 1994. Material cycling and the stability of ecosystems. *The American Naturalist*, 143: 508-513

Louda S M. 1982. Distribution ecology: variation in plant recruitment over a gradient in relation to insect seed predation. *Ecological Monographs*, 52: 25-41

Lovell P H, Lovell P J. 1985. The importance of plant form as a determining factor in competition and habitat exploitation. In: White J ed. *Studies on Plant Demography: A Festschrift for John L. Harper*. New York: Academic Press, 209-221

Lovett Doust L. 1981. Population dynamics and local specialization in a clonal perennial (*Ranunculus repens*). I. The dynamics of ramets in contrasting habitats. *Journal of Ecology*, 69: 743-755

Lowery R F, Gjerstad D H. 1991. Chemical and mechanical site preparation. In: Duryea M L, Dougherty P M ed. *Forest Regeneration Manual*. Boston: Kluwer Academic Publishers, 251-261

Luce C H. 1997. Effectiveness of road ripping in restoring infiltration capacity of forest roads. *Restoration Ecology*, 5: 265-270

Ludwig J A, Cornelius J M. 1987. Locating discontinuities along ecological gradients. *Ecology*, 68: 448-450

Ludwig J A, Tongway D J. 1995. Spatial organisation of landscapes and its function in semi-arid woodlands, Australia. *Landscape Ecology*, 10: 51-63

Ludwig J A, Tongway D J. 1996. Rehabilitation of semiarid landscapes in Australia. 2. Restoring vegetation patches. *Restoration Ecology*, 4: 398-406

Ludwig J, Tongway D, Freudenberger D et al. 1997. *Landscape Ecology Function and Management: Principles for Australia's Rangelands*, Collingwood, Victoria: CSIRO Publishing

Lugo A E. 1992. Tree plantations for rehabilitating damaged forest lands in the tropics. In: Wali M K ed. *Ecosystem Rehabilitation. 2: Ecosystem Analysis and Synthesis*. The Hague, The Netherlands: SPB Academic Publishing, 247-255

Lugo A E. 1997. The apparent paradox of reestablishing species richness on degraded lands with tree monocultures. *Forest Ecology & Management*, 99: 9-19

Luken J O. 1990. *Directing Ecological Succession*. New York: Chapman and Hall

Lusk C H. 1995. Seed size, establishment sites and species coexistence in a Chilean rain forest. *Journal of Vegetation Science*, 6: 249-256

Mabutt J A. 1984. A new global assessment of the status and trends of desertification. *Environmental Conservation*, 11: 103-113

MacDicken K G, Vergara N T. 1990. *Agroforestry: Classification and Management*, New York: John Wiley and Sons

Mack R N. 1981. Invasion of *Bromus tectorum* into western North America: an ecological chronicle. *Agro-Ecosystems*, 7: 145-165

Mack R N. 1996. Predicting the identity and fate of plant invaders-emergent and emerging approaches. *Biological Conservation*, 78: 107-121

MacMahon J A. 1987. Disturbed lands and ecological theory: an essay about a mutualistic association. In: Jordan W R, Gilpin M E, Aber J D ed. *Restoration Ecology*. Cambridge: Cambridge University Press, 221-237

Majer J D. 1989. Fauna studies and land reclamation technology-a review of the history and need for such studies. In: Majer J D ed. *Animals in Primary Succession: the Role of Fauna in Reclaimed Lands*. New York: Cambridge University Press, 5-33

Malcolm C V. 1991. Establishing shrubs in saline habits. In: Choukr-Allah R ed. *International Conference on Agricultural Management of Salt-affected Areas*, 1. Agadir, Morrocco, 351-361

Malik N, Waddington J. 1990. No-till pasture renovation after sward suppression by herbicides. *Canadian Journal of Plant Science*, 70: 261-267

Marlette G M, Anderson J E. 1986. Seed banks and propagule dispersal in crested wheatgrass stands. *Journal of Applied Ecology*, 23: 161-175

Marquez V J, Allen E B. 1996. Ineffectiveness of two annual legumes as nurse plants for establishment of *Artemisia californica* in coastal sage scrub. *Restoration Ecology*, 4: 42-50

Marrs R H. 1993. Soil fertility and nature conservation in Europe: theoretical considerations and practical management solutions. *Advances in Ecological Research*, 24: 241-300

Marrs R H, Gough M W. 1989. Soil fertility-a potential problem for habitat restoration. In: Buckley G P ed. *Biological Habitat Reconstruction*. London: Belhaven Press, 29-44

Marrs R H, Roberts R D, Skeffington R A et al. 1983. Nitrogen and the development of ecosystems. In: Lee J A, McNeill S, Rorison I H ed. *Nitrogen as an Ecological Factor*. Oxford: Blackwell Science Publications, 113-136

Marshall A H, Naylor R E L. 1984. Reasons for poor establishment of direct reseeded grassland. *Annals of Applied Biology*, 105: 87-96

Martin A R, Moomaw R S, Vogel K P. 1982. Warm-season grass establishment with atrazine. *Agronomy Journal*, 74: 916-920

Masters R A. 1995. Establishment of big bluestem and sand bluestem cultivars with metolachlor and atrazine. *Agronomy Journal*, 87: 592-596

Masters R A, Nissen S J, Gaussoin R E et al. 1996. Imidazolinone herbicides restoration of Great Plains grasslands. *Weed Technology*, 10: 392-403

Matlock W G, Dutt G R. 1986. *A primer on water harvesting and runoff farming*. Tucson, Arizona: Agricultural Engineering Department, University of Arizona

McArthur E D. 1988. New plant development in range management. In: Tueller P T ed. *Vegetation Science Applications for Rangeland Analysis and Management*. Boston: Kluwer Academic Publishers, 81-112

McArthur E D. 1991. Shrub genetic diversity and development. In: Gaston A, Kernick M, Houérou H N L ed. *IVth International Rangeland Congress*. 1. Montpellier, France: Association Francaise de Pastoralisme, 392-396

McArthur E D, Mudge J, Buren R V et al. 1998. Randomly amplified polymorphic analysis (RAPD) of *Artemesia subgenus Tridentatae* species and hybrids. *Great Basin Naturalist*, 58: 12-27

McChasney C J, Koch J M, Bell D T. 1995. Jarrah Forest restoration in Western Australia: canopy and topographic effects. *Restoration Ecology*, 3: 105-110

McClanahan T R, Wolfe R W. 1993. Accelerating forest succession in a fragmented landscape: the role of birds and perches. *Conservation Biology*, 7: 279-288

McCook L J. 1994. Understanding ecological succession: causal models and theories. *Vegetatio*, 110: 115-147

McDonald P M, Fiddler G O, Harrison H R. 1994. *Mulching to regenerate a harsh site: effect on Douglas-fir seedlings, forbs, grasses, and ferns*. Research Paper PSW-RP-222 Albany, California: U. S. Department of Agriculture, Forest Service, Pacific Southwest Research Station

McFarland M L, Ueckert D N, Hartmann S. 1987. Revegetation of oil well reserve pits in west Texas. *Journal of Range Management*, 40: 122-127

McGinnis W J. 1987. Effects of hay and straw mulches on the establishment of seeded grasses and legumes on rangeland and a coal strip mine. *Journal of Range Management*, 40: 119-121

McLendon T, Redente E F. 1991. Nitrogen and phosphorus effects on secondary succession dynamics on a semi-arid sagebrush site. *Ecology*, 72: 2016-2024

Meeting B. 1990. Soil algae. In: Lynch J M ed. *The Rhizosphere*. New York: Wiley Interscience, 355-368

Menges E S. 1991. Seed germination percentages increases with population size in fragmented prairie species. *Conservation Biology*, 5: 158-164

Mertia R S. 1993. Role of management techniques for afforestation in arid regions. In: Dwivedi A P, Gupta G N ed. *Afforestation of Arid Lands*. Jodhpur: Scientific Publishers, 73-77

Meyer J L. 1997. Conserving ecosystem function. In: Pickett S T A, Ostfeld R S, Shachek M et al. ed. *The Ecological Basis of Conservation: heterogeneity, ecosystems, and biodiversity*. New York: Chapman & Hall, 136-145

Middleton N J. 1990. Wind erosion and dust-storm control. In: Goudie A S ed. *Techniques for Desert Reclamation*, New York: John Wiley & Sons, 87-108

Miles J, Kinnaird J W. 1979. The establishment and regeneration of birch, juniper and Scots pine in the Scottish Highlands. *Scottish Forestry*, 33: 102-119

Miller R M. 1987. Mycorrhizae and succession. In: Jordan W R, Gilpin M E, Aber J D ed. *Restoration Ecology*. Cambridge, England: Cambridge University Press, 205-219

Milton S J, Dean W R J, duPlessis M A et al. 1994. A conceptual model of arid rangeland degradation. *BioScience*, 44: 70-76

Mitsch W J. 1992. Applications of ecotechnology to the creation and rehabilitation of temperate wetlands. In: Wali M K ed. *Ecosystem Rehabilitation. 2. Ecosystem Analysis and Synthesis*. The Hague, The Netherlands: SPB Academic Publishing, 309-331

Mitsch W J, Cronk J K. 1992. Creation and restoration of wetlands: some design consideration for ecological engineering. In: Lal R, Stewart B A. ed. *Advances in Soil Science*. New York: Springer-Verlag, 217-259

Mitsch W J, Gosselink J G. 1993. *Wetlands*. New York: Van Nostrand Reinhold

Mitsch W J, Jørgensen S V. 1989. Introduction to ecological engineering. In: Mitsch W J, Jørgensen S V ed. *Ecological Engineering: An Introduction to Ecotechnology*. New York: John Wiley and Sons, 3-12

Mitsch W J, Reeder B C, Klarer D M. 1989. The role of wetlands in the control of nutrients with a case study of western Lake Erie. In: Mitsch W J, Jørgensen S E ed. *Ecological Engineering: An Introduction to Ecotechnology*. New York: John Wiley & Sons, 129-158

Mittlebach G G, Gross K L. 1984. Experimental studies of seed predation in old-fields. *Oecologia*, 65: 7-13

Mohammed A E, Stigter C J, Adam H S. 1996. On shelterbelt design for combating sand invasion. *Agriculture, Ecosystems and Environment*, 57: 81-90

Monsen S B. 1983. *Plants for revegetation of riparian sites within the Intermountain Region*. General Technical Report INT-157. Ogden, Utah: U. S. Department of Agriculture, Forest Service, Intermountain Forest and Range Experiment Station

Monsen S B. 1985. *Seed harvesting*. Annual Report of the Vegetative Rehabilitation and Equipment Workshop 39. Washington D C: U. S. Department of Agriculture, Forest Service

Moody M E, Mack R N. 1988. Controlling the spread of plant invasions: the importance of nascent foci. *Journal of Applied Ecology*, 25: 1009-1021

Morgan J P. 1994. Soil impoverishment: a little-known technique holds potential for establishing prairie. *Restoration and Management Notes*, 12: 55-56

Morgan R P C. 1995. Wind erosion control. In: Morgan R P C, Rickson R J ed. *Slope Stabilization and Runoff Control: A Bioengineering Approach*. New York: E & FN Spon, 191-220

Morgan R P C, Rickson R J. 1995a. Conclusions. In: Morgan R P C, Rickson R J ed. *Slope Stabilization and Runoff Control: A Bioengineering Approach*, New York: E & FN Spon, 265-271

Morgan R P C, Rickson R J. 1995b. *Slope Stabilization and Runoff Control: A Bioengineering Approach*. New York: E & FN Spon

Morgan R P C, Rickson R J. 1995c. Water erosion control. In: Morgan R P C, Rickson R J ed. *Slope Stabilization and Runoff Control: A Bioengineering Approach*. New York: E & FN Spon, 133-190

Morgenson G. 1991. *Vegetative propagation of popular and willow*. *General Technical Report* RM-211. Park City, Utah: U. S. Department of Agriculture, Forest Service, Rocky Mountain Forest and Range Experiment Station

Morin J, Benyamini Y, Michaeli A. 1981. The effect of raindrop impact on the dynamics of soil surface crusting and water movement in the profile. *Journal of Hydrology*, 52: 321-326

Morrison D. 1987. Landscape restoration in response to previous disturbance. In: Turner M G ed. *Landscape Heterogeneity and Disturbance*, New York: Springer-Verlag

Morris W F, Wood D M. 1989. The role of Lupine in succession on Mount St. Helens: facilitation or inhibitation? *Ecology*, 70: 697-703

Mott J B, Zuberer D A. 1991. Natural recovery of microbial populations in mixed overburden surface-mined spoils of Texas. *Arid Soil Research and Rehabilitation*, 5: 21-34

Mowforth M A, Grime J P. 1989. Intra-population variation in nuclear DNA amount, cell size and growth rate in *Poa annua* L. *Functional Ecology*, 3: 289-295

Mueggler W F, Blaisdell J P. 1955. Effect of seeding rate upon establishment and yield of crested wheatgrass. *Journal of Range Management*, 8: 74-76

Mueller D M, Bowman R A, McGinnies W J. 1985. Effects of tillage and manure on emergence and establishment of Russian wildrye in a saltgrass meadow. *Journal of Range Management*, 38: 497-500

Munda B D, Smith S E. 1993. Genetic variation and revegetation strategies for desert rangeland ecosystems. In: Roundy B, McArthur E D, Haley J S et al. ed. *Wildland Shrub and Arid Land Restoration Symposium*, INT-GTR-315. Las Vegas, Nevada: U. S. Department of Agriculture, Forest Service, Intermountain Research Station, 288-291

Munshower F F. 1994. *Practical Handbook of Disturbed Land Revegetation*, Boca Raton, Florida: Lewis Publishers

Murcia C. 1997. Evaluation of Andean alder as a catalyst for the recovery of tropical cloud forests in Colombia. *Forest Ecology & Management*, 99: 163-170

Murdoch A J, Ellis R H. 1992. Longevity, viability and dormancy. In: Fenner M ed. *Seeds: the Ecology of Regeneration in Plant Communities*. Wallingford, UK: C A B International, 193-229

Myers N. 1996. Environmental services of diversity. *Proceedings of the National Academy of Science*, 93: 2764-2769

Myers R J K, Robbins G B. 1991. Sustaining productive pastures in the tropics. 5. Maintaining productive sown grass pastures. *Tropical Grasslands*, 25: 104-110

Nair P K R. 1993. *An Introduction to Agroforestry*, London: Kluwer Academic Publishers

Nelson J R, Wilson A M, Goebel C J. 1970. Factors influencing broadcast seeding in bunchgrass range. *Journal Range Management*, 23: 163-170

Nepstad D C, Uhl C, Serro E A S. 1991. Recuperation of a degraded Amazonian landscape: forest recovery and agricultural restoration. *Ambio*, 20: 248-255

Newman E J. 1988. Mycorrhizal links between plants: their functioning and ecological significance. *Advances in Ecological Research*, 18: 420-422

Noy-Meir I. 1973. Desert ecosystems: environment and producers. *Annual Review of Ecology and Systematics*, 4: 25-51

NRC. 1974. *Rehabilitation potential of western coal lands*. Cambridge Massachusetts: U. S. National Research Council, Ballinger Publishing Company

NRC. 1994. *Rangeland Health: New Methods to Classify, Inventory, and Monitor Rangelands*, Washington DC: Committee on Rangeland Classification, U. S. National Research Council, National Academy Press

Ocumpaugh W R, Archer S, Stuth J W. 1996. Switchgrass recruitment from broadcast seed vs. seed fed to cattle. *Journal of Range Management*, 49: 368-371

Odum E P. 1969. The strategy of ecosystem development. *Science*, 164: 262-270

Odum H T. 1989. Ecological engineering and self-organization. In: Mitsch W J, Jørgensen S E ed. *Ecological Engineering: An Introduction to Ecotechnology*. New York: John Wiley & Sons, 79-101

Odum H Y. 1962. Man in the ecosystem. *Lockwood Conference on the Suburban Forest and Ecology*, 652. Storrs, Connecticut: Connecticut Agricultural Experiment Station, 57-75

Oomes M J, Elberse W T. 1976. Germination of six grassland herbs in microsites with different water contents. *Journal of Ecology*, 64: 743-755

OTA. 1993. *Harmful Non-Indigenous Species in the United States*. U. S. Government Printing Office OTA-F-565. Washington DC: U. S. Congress, Office of Technology Assessment

Owen-Smith N, Cooper S M. 1987. Palatability of woody plants to browsing ruminants in a South African Savanna. *Ecology*, 68: 319-331

Oyebande L, Ayoade J O. 1986. The watershed as a unit for planning and land development. In: Lal R, Sanchez P A, Cummings J R W ed. *Land Clearing and Development in the Tropics*. Boston: A. A. Balkema, 37-52

Packham J R, Cohn E V J, Millett P et al. 1995. Introduction of plants and manipulation of field layer vegetation. In: Ferris-Kaan R ed. *The Ecology of Woodland Creation*,. New York: John Wiley & Sons, 129-148

Pahl-Worstl C. 1995. *The dynamic nature of ecosystems: chaos and order entwined*. New York: John Wiley & Sons

Pakeman R J, Hay E. 1996. Heathland seedbanks under bracken *Pteridium aquilinum* (L.) Kuhn and their importance for revegetation after bracken control. *Journal of Environmental Management*, 47: 329-339

Palmer J P. 1992. *Nutrient cycling: the key to reclamation success*? General Technical Report NE-164. Radnor, Pennsylvania: U. S. Department of Agriculture, Forest Service, Northeastern Forest Experiment Station

Palmer J P, Chadwick M J. 1985. Factors affecting the accumulation of nitrogen in colliery spoil. *Journal of*

Applied Ecology, 22: 249-257

Palmer J P, Iverson L R. 1983. Factors affecting nitrogen fixation by white clover (*Trifolium repens*) on colliery spoil. *Journal of Applied Ecology*, 20: 287-301

Palmer J P, Williams P J, Chadwick M J et al. 1986. Investigations into nitrogen sources and supply in reclaimed colliery spoil. *Plant and Soil*, 91: 181-184

Parker L W, Freckman D W, Steinberger Y et al. 1984. Effects of simulated rainfall and litter quantities on desert soil biota: soil respiration, microflora and protozoa. *Pedobiologia*, 26: 267-274

Parrotta J A, Knowles O H, Wunderle J M. 1997. Development of floristic diversity in 10-year old restoration forests on a bauxite mined site in Amazonia. *Forest Ecology & Management*, 99: 21-42

Pashke M W, McLendon T, Klein D K et al. 1996. Effects of nitrogen availability on plant and soil communities during secondary succession on a shortgrass steppe. *Bulletin of the Ecological Society of America (Supplement)*, 77: 342

Pastorok R A, Macdonald A, Sampson J R et al. 1997. An ecological decision framework for environmental restoration projects. *Ecological Engineering*, 9: 89-107

Pavelic P, Narayan K A, Dillon P J. 1997. Groundwater flow modelling to assist dryland salinity management of a coastal plain of southern Australia. *Australian Journal of Soil Research*, 35: 669-686

Pendery B M, Provenza F D. 1987. Interplanting crested wheatgrass with shrubs and alfalfa: effects of competition and preferential clipping. *Journal of Range Management*, 40: 514-520

Perry D A, Amaranthus M P. 1990. The plant-soil bootstrap: microorganisms and reclamation of degraded ecosystems. In: Berger J J ed. *Environmental Restoration: Science and Strategies for Restoring the Earth*, Washington D C: Island Press, 94-102

Perry D A, Amaranthus M P, Borchers J G et al. 1989. Bootstrapping in ecosystems. *BioScience*, 39: 230-237

Pickett S T A, Collins S L, Armesto J J. 1987a. A heriarchical consideration of causes and mechanisms of succession. *Vegetatio*, 69: 109-114

Pickett S T A, Collins S L, Armesto J J. 1987b. Models, mechanisms and pathways of succession. *The Botanical Review*, 53: 335-371

Pickett S T A, Parker V T. 1994. Avoiding the old pitfalls: opportunities in a new discipline. *Restoration Ecology*, 2: 75-79

Pickett S T A, Parker V T, Fiedler P G. 1992. The new paradigm in ecology: implications for conservation biology above the species level. In: Fiedler P G, Jain S K ed. *Conservation Biology: the theory and practice of nature conservation, preservation and management*. London: Chapman & Hall, 65-88

Pollock M M, Naiman R J, Erickson H E et al. 1995. Beaver as engineers: influences on biotic and abiotic characteristics of drainage basins. In: Jones C G, Lawton J H ed. *Linking Species & Ecosystems*. New York: Chapman & Hall, 117-126

Poorter H, Remkes C. 1990. Leaf area ratio and net assimilation rates of 24 wild species differing in relative growth rate. *Oecologia*, 83: 553-559

Poorter H, Remkes C, Lambers H. 1990. Carbon and nitrogen economy of 24 wild species differing in relative growth rate. *Plant Physiology*, 94: 621-627

Potter K N, Zobeck T M, Hagan L J. 1990. A microrelief index to estimate soil erodibility by wind. *Transactions of the American Society of Agricultural Engineers*, 33: 151-155

Powell C L. 1980. Mycorrhizal infectivity of eroded soils. *Soil Biology and Biochemistry*, 12: 247-250

Prajapati M C, Bhushan L S. 1993. Afforestation of ravines. In: Dwivedi A P, Gupta G N ed. *Afforestation of Arid Lands*. Jodhpur, India: Scientific Publishers, 243-256

Prasad R. 1993. Reclamation of degraded lands through aerial seeding. In: Dwivedi A P, Gupta G N ed. *Afforestation of Arid Lands*. Jodhpur, India: Scientific Publishers, 239-243

Prat D. 1992. Effect of inoculation with *Frankia* on the growth of Alnus in the field. *Acta Œcologica*, 13: 463-467

Rabeni C F, Sowa S P. 1996. Integrating biological realism into habitat restoration and conservation strategies for small streams. *Canadian Journal of Fisheries and Aquatic Sciences*, 53 (Supplement 1): 252-259

Radosevich S R, Holt J S. 1984. *Weed Ecology: Implications for Vegetation Management*, New York: John Wiley and Sons

Ray G J, Brown B J. 1995. Restoring Caribbean dry forests: evaluation of tree propagation techniques. *Restoration Ecology*, 3: 86-94

Read D J, Francis R, Finlay R D. 1985. Mycorrhizal mycelia and nutrient cycling in plant communities. In: Fitter A H ed. *Ecological Interactions in Soil*. Oxford, England: Blackwell Scientific Publications, 193-217

Reddell P, Diem H G, Dommergues Y R. 1991. Use of actinorhizal plants in arid and semiarid environments. In: Skujins J ed. *Semiarid Lands and Deserts: Soil Resource and Reclamation*. Logan, Utah: Marcel Dekker, Inc. , 469-485

Reddy K R, Gale P M. 1994. Wetland processes and water quality: a symposium overview. *Journal of Environmental Quality*, 23: 875-877

Reeves F B, Wagner D, Moorman T et al. 1979. The role of endomycorrhizae in revegetation practices in the semi-arid. I. A comparison of incidence of mycorrhizae in severely disturbed versus natural environments. *American Journal of Botany*, 66: 6-13

Reij C, Mulder P, Bergermann L. 1988. *Water harvesting for plant production*. Technical Paper 91. Washington D C: The World Bank

Reiners W A, Bouman A F, Parsons W F J et al. 1994. Tropical rain forest conversion to pasture: changes in vegetation and soil properties. *Ecological Applications*, 4: 363-377

Rhoades C C. 1997. Single-tree influences on soil properties in agroforestry-lessons from natural forest and savanna ecosystems. *Agroforestry Systems*, 35: 71-94

Rice K J, Knapp E E. 1997. Genes on the range: ecological genetics of restoration on rangelands. In: Shaw N L, Roundy B A ed. *Using Seeds of Native Species on Rangelands*, *General Technical Report* INT-GTR-372. Rapid City, South Dakota: U. S. Department of Agriculture, Forest Service, Intermountain Research Station. 21

Rice R C, Bowman R S. 1988. Effect of sample size on parameter estimates in solute-transport experiments. *Soil Science*, 146: 108-112

Ries R E, Hofmann L. 1996. Perennial grass establishment in relationship to seeding dates in the Northern Great Plains. *Journal of Range Management*, 49: 504-508

Rietkerk M, Vandekoppel J. 1997. Alternate stable states and threshold effects in semi-arid grazing systems. *OIKOS*, 79: 69-76

Roberts D W. 1987. A dynamical system perspective on vegetation theory. *Vegetatio*, 69: 27-33

Roberts E H. 1973. Predicting the storage life of seeds. *Seed Science and Technology*, 1: 499-514

Roberts R D, Bradshaw A D. 1985. The development of hydraulic seeding techniques for unstable sand slopes. Field evaluation. *Journal of Applied Ecology*, 22: 979-994

Roberts R D, Marrs R H, Skeffington R A et al. 1981. Ecosystem development on naturally colonized china clay wastes. I. Vegetation changes and overall accumulation of organic matter and nutrients. *Journal of Ecology*, 69: 153-161

Robinson G R, Handel S N. 1983. Forest restoration on a closed landfill: rapid addition of new species by bird dispersal. *Conservation Biology*, 7: 271-278

Rosenberg D B, Freedman S M. 1984. Application of a model of ecological succession to conservation and land-use management. *Environmental Management*, 11: 323-329

Rosenweig M L. 1987. Restoration ecology: a tool to study population interactions? In: Jordan W R J, Gilpin M E, Aber J D ed. *Restoration Ecology: A Synthetic Approach to Ecological Research*. New York: Campridge University Press, 189-203

Ross M A, Harper J L. 1972. Occupation of biological space during seedling establishment. *Journal of Ecology*, 60: 77-88

Roundy B A. 1987. Seedbed salinity and the establishment of range plants. In: Frasier G W, Evans R A ed. *Seed and Seedbed Ecology of Rangeland Plants*. Springfield, Virginia: U. S. Department of Agriculture, Agriculture Research Service, National Technical Information Service, 68-81

Roundy B A, Abbott L B, Livingston M. 1997. Surface soil water loss after summer rainfall in a semi-desert grassland. *Arid Soil Research and Rehabilitation*, 11: 49-62

Roundy B A, Call C A. 1988. Revegetation of arid and semiarid rangelands. In: Tueller P T ed. *Vegetation Science Applications for Rangeland Analysis and Management*. Boston: Kluwer Academic Publishers, 607-635

Roundy B A, Keys R N, Winkel V K. 1990. Soil response to cattle trampling and mechanical seedbed preparation. *Arid Soil Research and Rehabilitation*, 4: 233-242

Roundy B A, Winkel V K, Cox J R et al. 1993. Sowing depth and soil water effects on seedling emergence and root morphology of three warm-season grasses. *Agronomy Journal*, 85: 975-982

Rubio H O, Wood M K, Cardenas M et al. 1989. Effect of polyacrylamide on seedling emergence of three grass species. *Soil Science*, 148: 355-360

Rubio H O, Wood M K, Cardenas M et al. 1990. Seedling emergence and root elongation of four grass species and evaporation from bare soil as affected by polyacrylamide. *Journal of Arid Environments*, 18: 33-41

Rubio H O, Wood M K, Cardenas M et al. 1992. The effect of polyacrylamide on grass emergence in south-central New Mexico. *Journal of Range Management*, 45: 296-300

Rumbaugh M D, Semeniuk G, Moore R et al. 1965. *Travois-an alfalfa for grazing*. Bulletin 525. Brookings, south Dakota: South Dakota Agricultural Experiment Station

Ruprecht J K, Schofield N J. 1991. Effects of partial deforestation on hydrology and salinity in high salt storage landscapes. I. Extensive block clearing. *Journal of Hydrology*, 129: 19-38

Ruyle G B, Roundy B A, Cox J R. 1988. Effects of burning on germinability of Lehmann lovegrass. *Journal of Range Management*, 41: 404-406

Ruzek L. 1994. Bioindication of soil fertility and a mathematical model for restoration assessment. Restoration Ecology, 2: 112-119

Ryszkowski L. 1989. Control of energy and matter fluxes in agricultural landscapes. Agriculture, Ecosystems and Environment, 27: 107-118

Ryszkowski L. 1992. Energy and material flows across boundaries and ecological flows. In: Hansen A J, Castri F D ed. *Landscape Boundaries: Consequences for Biotic Diversity and Ecological Flows*. New York: Springer-Verlag, 270-284

Ryszkowski L. 1995. Managing ecosystem services in agriculural landscapes. *Nature and Resources*, 31: 27-36

Sackett S, Haase S, Harrington M G. 1994. Restoration of southwestern ponderosa pine ecosystems with fire. In: Covington W W, DeBano L F ed. *Sustainable Ecological Systems: Implementing and ecological approach to land management*, General Technical Report RM-247. Flagstaff Arizona: US Department of Agriculture, Forest Service, Rocky Mountain Forest and Range Experiment Station, 115-121

Samson D A, Phillippi T. 1992. Granivory and competition as determinants of annual plant diversity in the Chihuahuan desert. *OIKOS*, 65: 61-80

Sandoval F M, Reichman G A. 1971. Some properties of solonetzic (sodic) soil in western North Dakota. *Canadian Journal of Soil Science*, 51: 143-155

Santos P F, Phillips J, Whitford W G. 1981. The role of mites and nematodes in early stages of buried litter decomposition in a desert. *Ecology*, 62: 664-669

Santos P F, Whitford W G. 1981. Litter decomposition in the desert. *BioScience*, 31: 145-146

Santruckova H. 1992. Microbial biomass, activity and soil respiration in relation to secondary succession. *Pedobiologia*, 36: 341-350

Satterlund D R, Adams P W. 1992. *Wildland Watershed Management*, New York: John Wiley & Sons, Inc.

Saunders D A, Hobbs R J. 1991. The role of corridors in conservation: what do we know and where do we go? In: Saunders D A, Hobbs R J ed. *Nature Conservation 2: The Role of Corridors*. Chipping Norton, New South Wales: Surrey Beatty & Sons, 421-427

Saunders D A, Hobbs R J, Erlich P R. 1993a. Reconstruction of fragmented ecosystems: problems and possibilities. In: Saunders D A, Hobbs R J, Erlich P R ed. *Nature Conservation 3: Reconstruction of Fragmented Ecosystems*. Chipping Norton, New South Wales: Surrey Beatty & Sons, 305-313

Saunders D A, Hobbs R J, Erlich P R. 1993b. *Repairing a Damaged World: An Outline for Ecological Restoration*. Chipping Norton, New South Wales: Surrey Beatty & Sons Limited

Savill P S. 1976. The effect of drainage and ploughing of surface water gleys on rooting and wind throw of sitka spruce in Northern Ireland. *Forestry*, 49: 133-141

Scanlon P F, Byers R E, Moss M B. 1987. Protection of apple trees from deer browsing by a soap. *Virginia Journal of Science*, 38: 63

Schaeffer D J, Herricks E E, Kerster H W. 1988. Ecosystem health: I. Measuring ecosystem health. *Environmental Management*, 12: 445-455

Schaller F W, Sutton P. 1978. *Reclamation of drastically disturbed lands*. Madison, Wisconsin: American Society of Agronomy

Schlesinger W H, Raikes J A, Hartley A E et al. 1996. On the spatial pattern of soil nutrients in desert ecosystems. *Ecology*, 77: 364-374

Schlesinger W H, Reynolds J F, Cunningham G L et al. 1990. Biological feedbacks in global desertification. *Science*, 247: 1043-1048

Schofield N J. 1992. Tree planting for dryland salinity control in Australia. *Agroforestry Systems*, 20: 1-23

Schuman G E, Taylor J E M, Rauzi F et al. 1980. Standing stubble versus crimped straw mulch for establishing grass on mined lands. *Journal of Soil and Water Conservation*, 35: 25-27

Schwarzenbach F H. 1996. Revegetation of an airstrip and dirt roads in central east Greenland. *Arctic*, 49: 194-199

Scowcroft P G. 1991. Role of decaying logs and other organic seedbeds in natural regeneration of Hawaiian forest species on abandoned montane pasture. In: Conrad C E, Newell L A ed. *Session on Tropical Forestry for People of the Pacific, XVII Pacific Science Congress*. Honolulu, Hawaii: U. S. Department of Agriculture, Forest Service, Pacific Southwest Research Station, 67-73

SCSA. 1982. *Resource conservation glossary*. Ankeny, Iowa: Soil Conservation Society of America

Seneviratne G, Holm L H J V, Kulasooriya S A. 1998. Quality of different mulch materials and their decomposition and N release under low moisture regimes. *Biology and Fertility of Soils*, 26: 136-140

SER. 1994. Project policies of the Society for Ecological Restoration. *Restoration Ecology*, 2: 132-133

Shanan L, Tadmor N H, Evenari M et al. 1970. Runoff farming in the desert. III. Microcatchments for improvement of desert range. *Agronomy Journal*, 62: 445-449

Shaver G R, Melillo J M. 1984. Nutrient budgets of marsh plants: efficiency concepts and relation to availability. *Ecology*, 65: 1491-1510

Sheldon J D, Bradshaw A D. 1977. The development of a hydraulic seeding technique for unstable sand slopes. I. Effects of fertilizers, mulches and stabilizers. *Journal of Applied Ecology*, 14: 905-918

Shirley S. 1994. *Restoring the Tallgrass Prairie: An Illustrated Manual for Iowa and the Upper Midwest*, Iowa City, Iowa: University of Iowa Press

Siddoway F H, Chepil W S, Armbrust D W. 1965. Effect of kind, amount, and placement of residue on wind erosion. *Transactions of the American Society of Agricultural Engineers*, 8: 327-331

Siddoway F H, Ford R H. 1971. Seedbed preparation and seeding methods to establish grassed waterways. *Journal of Soil and Water Conservation*, 26: 73-76

Simao-Neto M, Jones R H, Ratcliff D. 1987. Recovery of pasture seed ingested by ruminants. I. Seed of six tropical pasture species fed to cattle, sheep and goats. *Australian Journal of Agricultural Research*, 27: 239-246

Singh S B, Prasad K G. 1993. Use of mulches in dry land afforestation programme. In: Dwivedi A P, Gupta G N ed. *Afforestation of Arid Lands*. Jodhpur, India: Scientific Publishers, 181-190

Skiffington R A, Bradshaw A D. 1981. Nitrogen accumulation in kaolin wastes in Cornwall. IV. Sward quality and the development of a nitrogen cycle. *Plant and Soil*, 62: 439-451

Slayback R D, Cable D R. 1970. Larger pits aid reseeding of semidesert rangeland. *Journal of Range Management*, 23: 333-335

Smith D M. 1986. *The Practice of Silviculture*, New York: John Wiley & Sons

Smith E M, Taylor T H, Casada J H et al. 1973. Experimental grassland renovator. *Agronomy Journal*, 65: 506-508

Smith F. 1996. Biological diversity, ecosystem stability and economic development. *Ecological Economics*, 16: 191-203

Smith R E N, Webb N R, Clarke R T. 1991. The establishment of heathland on old fields in Dorset, England. *Biological Conservation*, 57: 221-234

Smith S T, Stoneman T C. 1970. *Salt movement in bare saline soils*. Technical Bulletin 4. Perth: Western

Australia Department of Agriculture

Smith T, Houston M. 1989. A theory of the spatial and temporal dynamics of plant communities. *Vegetatio*, 83: 49-69

Sneva F A, Rittenhouse L R. 1976. *Crested wheatgrass production: impacts on fertility, row spacing, and stand age*. Technical Bulletin 135. Corvallis, Oregon: Oregon Agricultural Experiment Station

Snow C S R, Marrs R H. 1997. Restoration of Calluna heathland on a bracken Pteridium-infested site in North West England. *Biological Conservation*, 81: 35-42

Sopper W E. 1992. Reclamation of mine land using municipal sludge. In: Lal R, Stewart B A ed. *Advances in Soil Science*. New York: Springer-Verlag, 351-431

Spitzer H A. 1993. Antelope Valley emergency soil erosion control. *Land and Water*, 37: 20-24

Springfield H W. 1970. *Emergence and survival of winterfat seedlings from four planting depths*. Research Note TM-162. Ft. Collins, Colorado: US Department of Agriculture, Forest Service, Rocky Mountain Forest and Range Experiment Station

Sprugel D G. 1991. Disturbance, equilibrium, and environmental variability: what is 'natural' vegetation in a changing environment. *Biological Conservation*, 58: 1-18

St. Clair L L, Johansen J R, Webb B L. 1986. Rapid stabilization of fire-disturbed sites using a soil crust slurry: innoculation studies. *Reclamation and Revegetation Research*, 4, 261-269

St. John T V. 1990. Mycorrhizal inoculation of container stock for restoration of self-sufficient vegetation. In: Berger J J ed. *Environmental Restoratino: Science and Strategies for Restoring the Earth*. Washington, D. C.: Island Press, 103-112

Stanton N L. 1983. The effect of clipping and phytophagous nematodes on net primary production of blue grama, *Bouteloua gracilis*. *OIKOS*, 40: 249-257

Stanton N L. 1988. The underground in grasslands. *Annual Review of Ecology and Systematics*, 19: 573-589

Stanton N L, Allen M, Campion M. 1981. The effect of the pesticide carbofuron on soil organisms and root and shoot production in shortgrass prairie. *Journal of Applied Ecology*, 18: 417-431

Starchurski A, Zimka J R. 1975. Methods of studying forest ecosystems: leaf area, leaf production, and withdrawal nutrients from leaves of trees. *Ekologia Poland*, 23: 637-648

Steenbergh W F, Lowe C H. 1969. Critical factors during the first years of life of the saguaro (*Cereus giganteus*) at Saguaro National Monument, Arizona. Ecology, 50: 825-834

Steffen J F. 1997. Seed treatment and propagation methods. In: Packard S, Mutel C F ed. *The Tallgrass Restoration Handbook: for prairies, savannas, and woodlands*. Washington D C: Island Press, 151-162

Steinberger Y, Freckman D W, Parker L W et al. 1984. Effects of simulated rainfall and litter quantities on desert soil biota: nematodes and microarthropods. *Pedobiologia*, 26: 267-274

Stephenson G R, Veigel A. 1987. Recovery of compacted soil on pastures used for winter cattle feeding. *Journal of Range Management*, 40: 46-48

Stevens F R W, Thompson D A, Gosling P G. 1990. *Research experience in direct sowing for lowland plantation establishment*. Rorestry Commission Research Information Note 184. Edinburgh, Scotland: Forestry Commission

Stevenson M J, Bullock J M, Ward L K. 1995. Re-creating semi-natural communities: effect of sowing rate on establishment of calcareous grassland. *Restoration Ecology*, 3: 279-289

Stevenson M J，Ward L K，Pywell R F. 1997. Re-creating semi-natural communities-vacuum harvesting and hand collection of seed on calcareous grassland. *Restoration Ecology*，5：66-76

Stoddard C H，Stoddard G H. 1987. *Essentials of Forestry Practice*，New York：John Wiley & Sons

Stuth J W，Dahl B E. 1974. Evaluation of rangeland seedings following mechanical brush control in Texas. *Journal of Range Management*，27：146-149

Stutz H C. 1982. Broad gene pools required for disturbed lands. In：Aldon E F，Oaks W R ed. *Reclamation of Mined Land in the Southwest* . Albuquerque，New Mexico：Soil Conservation Society of America

Stutz H C，Carlson J F. 1985. Genetic improvement of saltbush（*Atriplex*）and other chenopods. In：*Range Plant Improvement Symposium. 38th Annual Meeting*，*Society for Range Management*，Salt Lake City，Utah：Society for Range Management

Styczen M E，Morgan R P C. 1995. Engineering properties of vegetation. In：Morgan R P C，Rickson P J ed. *Slope Stabilization and Erosion Control*：*A Bioengineering Approach*. New York：E & FN Spon，5-58

Sullivan R P. 1979. The use of alternative foods to reduce conifer seed predation by the deer mouse（*Peromyscus maniculatus*）. *Journal of Applied Ecology*，16：475-495

Sullivan T P，Nordstrom L O，Sullivan D S. 1985. Use of predator odors as repellents to reduce feeding damage by herbivores. *Journal of Chemical Ecology*，11：921-935

Sullivan T P，Sullivan D S. 1982. The use of alternative foods to reduce lodgepole pine seed predation by small mammals. *Journal of Applied Ecology*，19：33-45

Susheya L M，Parfenov V I. 1982. The impact of drainage and reclamation on the vegetation and animal kingdoms on Byelo-Russian bogs. In：*Proceedings of International Scientific Workshop on Ecosystem Dynamics in Freshwater Wetlands and Shallow Water Bodies*. 1. Moscow：UNEP and SCOPE，218-226

Swanson F J，Kratz T K，Caine N et al. 1988. Landform effects on ecosystem patterns and processes：geomorphic features of the earths surface regulate the distribution of organisms and processes. *BioScience*，38：92-98

Swihart R K，Conover M R. 1990. Reducing deer damage to yews and apple trees：testing Big Game Repellent®，Ro-pel®，and soap as repellents. *Wildlife Society Bulletin*，18：156-162

Szabolcs I. 1987. The global problem of salt-affected soils. *Acta Agronomica Hungarica*，36：159-172

Szewczyk J，Szwagrzyk J. 1996. Tree regeneration on rotten wood and on soil in old-growth stand. *Vegetatio*，122：37-46

Tembe S K. 1993. Afforestation on arid lands. In：Dwivedi A P，Gupta G N ed. *Afforestation of Arid Lands*. Jodhpur，India：Scientific Publishers，39-44

Thomas D S G. 1992. Desert dune activity：concepts and significance. *Journal of Arid Environments*，22：31-38

Thomas D S G，Middleton N J. 1993. Salinization：a new perspective on a major desertification issue. *Journal of Arid Environments*，24：95-105

Thompson J R. 1992. *Prairies*，*Forests & Wetlands*：*The Restoration of Natural Landscape Commmunities in Iowa*，Iowa City，Iowa：University of Iowa Press

Thurow T L. 1991. Hydrology and erosion. In：Heitschmidt R K，Stuth J W ed. *Grazing Management*：*an ecological perspective*. Portland，Oregon：Timber Press，141-159

ThurowT L，Blackburn W H，Taylor C A. 1988. Infiltration and interill erosion responses to selected livestock grazing strategies，Edwards Plateau，Texas. *Journal of Range Management*，41：296-302

Thurow T L，Juo A S R. 1991. Integrated management of agropastoral watershed landscape：a Niger case study. In：Gaston A，Kernick M，Houérou H N L ed. *IVth International Rangeland Congress*，2. Montpellier，

France: Association Francaise de Pastoralisme, 765-768

Thurow T L, Juo A S R. 1995. The rationale for using a watershed as the basis for planning and development. In: Juo A S R , Freed R D ed. *Agriculture and Environment: Bridging Food Production and Environmental Protection in Developing Countries*. Madison, Wisconsin: American Society of Agronomy, Crop Science Society of America, Soil Science Society of America, 93-116

Tiedemann A R, Klemedson J O. 1977. Effect of mesquite trees on vegetation and soils in the desert grassland. *Journal of Range Management*, 30: 361-367

Tilman D. 1984. Plant dominance along an experimental nutrient gradient. *Ecology*, 65: 1445-1453

Tilman D. 1987. Secondary succession and the pattern of plant dominance along experimental nitrogen gradients. *Ecological Monographs*, 57: 189-214

Tilman D. 1996. Biodiversity: population versus ecosystem stability. *Ecology*, 77: 350-363

Timoney K P, Peterson G. 1996. Failure of natural regeneration after clearcut logging in Wood Buffalo National Park, Canada. *Forest Ecology & Management*, 87: 89-105

Tisdale J M, Oades J M. 1982. Organic matter and water stable aggregates in soils. *Journal of Soil Science*, 33: 141-163

Tivy J. 1990. *Agricultural ecology*. New York: Longman Scientific and Technical

Toky O P, R P Bisht. 1992. Observations on the rooting patterns of some agroforestry trees in an arid region of north-western India. *Agroforestry Systems*: 18: 245-263

Tongway D. 1994. *Rangeland Soil Condition Assessment Manual*, Canberra, Australia: CSIRO Publications

Tongway D. 1995. *Manual for Soil Condition Assessment of Tropical Grasslands*, Canberra, Australia: CSIRO Publications

Tongway D J. 1991. Functional analysis of degraded rangelands as a means of defining appropriate restoration techniques. In: Gaston A, Kernick M, Houérou H N L ed. *IVth International Rangeland Congress*. 1. Montpellier, France: Association Francaise de Pastoralisme, 166-168

Tongway D J, Ludwig J A. 1994. Small-scale resource heterogeneity in semi-arid landscapes. *Pacific Conservation Biology*, 1: 201-208

Tongway D J, Ludwig J A. 1996. Rehabilitation of semiarid landscapes in Australia. I. Restoring productive soil patches. *Restoration Ecology*, 4: 388-397

Tongway D J, Ludwig J A. 1997a. The conservation of water and nutrients within landscapes. In: Ludwig J, Tongway D, Freudenberger D ed. *Landscape Ecology Function and Management: Principles for Australia's Rangelands*. Collingwood, Victoria Australia: CSIRO Publishing, 13-22

Tongway D J, Ludwig J A. 1997b. The nature of landscape dysfunction in rangelands. In: Ludwig J, Tongway D, Freudenberger D ed. *Landscape Ecology Function and Management: Principles for Australia's Rangelands*. Collingwood, Victoria Australia: CSIRO Publishing, 49-62

Toy T J, Hadley R F. 1987. *Geomorphology and reclamation of disturbed lands*. New York: Academic Press

Trappe J M. 1981. Mycorrhizae and productivity of arid and semi-arid rangelands. In: Manassah J T, Briskey E J ed. *Advances in Food Producing Systems for Arid and Semi-Arid Lands*. New York: Academic Press, 753

Tsoar H. 1990. The ecological background, deterioration and reclamation of desert dune sand. *Agriculture, Ecosystems and Environment*, 33: 147-170

Turner R M, Alcorn S M, Olin S M et al. 1966. The influence of shade, soil and water on saguaro seedling establishment. *Botanical Gazette*, 127: 95-102

Ueckert D N. 1979. Impact of white grub (*Phyllophaga crinita*) on a shortgrass community and evaluation of selected rehabilitation practices. *Journal of Range Management*, 32: 445-448

Uhl C. 1988. Restoration of degraded lands in the Amazonian Basin. In: Wilson E O, Peter F M ed. *Biodiversity*. Washington, D. C.: National Academy Press, 326-332

UNEP. 1977. *United Nations Conference on Desertification-Desertification: an overview*, Nairobi, Kenya: United Nations Environment Program

UNEP. 1984. *General assessment of progress in the implementation of the plan of action to combat desertification 1978-1984*. Nairobi, Kenya: United Nations Environment Program

UNEP. 1987. *Our common future*, New York: United Nations World Commission on Environment and Development, Oxford University Press

Urbanska K M. 1995. Biodiversity assessment in ecological restoration above the timberline. *Biodiversity & Conservation*, 4: 679-695

Urbanska K M. 1997. Safe sites-interface of plant population ecology and restoration ecology. In: Urbanska K M, Webb N P, Edwards P J ed. *Restoration Ecology and Sustainable Development*. Cambridge: Cambridge University Press. 81-110

Ursic K A, Kenkel N C, Larson D W. 1997. Revegetation dynamics of cliff faces in abandoned limestone quarries. *Journal of Applied Ecology*, 24: 289-303

Vallentine J F. 1989. *Range Developments and Improvements*, New York: Academic Press

van de Koppel J, Rietkerk M, Weissing F J. 1997. Catastrophic vegetation shifts and soil degradation in terrestrial grazing systems. *TREE* (*Trends in Ecology and Evolution*), 12: 352-356

Vandermeer J. 1989. *The Ecology of Intercropping*, New York: Cambridge University Press

Vander Wall S B. 1993. Cache site selection by chipmunks (*Tamias* spp.) and its influence on the effectiveness of seed dispersal in Jeffrey pine (*Pinus jeffeyii*). Oecologia, 96: 246-252

Van Lear D H, Waldrop T A. 1991. Prescribed burning for regeneration. In: Duryea M L, Dougherty P M ed. *Forest Regeneration Manual*. Boston: Kluwer Academic Publishers, 235-250

Van Epps G A, McKell C M. 1978. Major criteria and procedure for selecting and establishing range shrubs as rehabilitators of disturbed lands. In: *First International Rangeland Congress*, 1. Denver, Colorado, 352-354

Van Epps G A, McKell C M. 1980. *Revegetation of disturbed sites in the salt desert range of the Intermountain West*. Land Rehabilitation Series 5. Logan, Utah: Utah Agricultural Experiment Station

Van Voris P, O'Neill R V, Emanual W R et al. 1980. Functional complexity and ecosystem stability. *Ecology*, 61: 1352-1360

Vasek F C, Lund L L. 1980. Soil characteristics associated with a primary succession on a Mojave Desert dry lake plant community. *Ecology*, 61: 1013-1018

Vetaas O R. 1992. Micro-site effects of trees and shrubs in dry savannas. *Journal of Vegetation Science*, 3: 337-344

Vinton M A, Burke I C. 1995. Interactions between individual plant species and soil nutrient status in shortgrass steppe. *Ecology*, 76: 1116-1133

Virginia R A. 1986. Soil development under legume tree canopies. *Forest Ecology and Management*, 16: 69-79

Virginia R A, Jarrell W M. 1983. Soil properties in a mesquite-dominated Sonoran Desert ecosystem. *Soil Science Society of America Journal*, 47: 138-144

Vitousek P M. 1990. Biological invasions and ecosystem processes: toward an integration of population biology and ecosystem studies. *OIKOS*, 57: 7-13

Vitousek P M, Farrington H. 1997. Nutrient limitation and soil development: experimental test of a biogeochemical theory. *Biogeochemistry*, 37: 63-75

Vitousek P M, Reiners W A. 1975. Ecosystem succession and nutrient retention: a hypothesis. *BioScience*, 25: 376-381

Vitousek P M, Walker L R, Whiteaker L D et al. 1987. Biological invasion *by Myrica faya* alters ecosystem development in Hawaii. Science, 238: 802-804

Vogel W G. 1984. Planting and species selection for revegetation of abandoned acid spoils. *Conference on Reclamation of Abondoned Acid Spoils*. Osage Beach, Missouri, 70-83

Von Carlowitz P G, Wolf G V. 1991. Open-pit sunken planting: a tree establishment technique for dry environments. *Agroforestry Systems*, 15: 17-29

Vough L R, Decker A M. 1983. No-till pasture renovation. *Journal of Soil and Water Conservation*, 38: 222-223

Waddington J. 1992. A comparison of drills for direct seeding alfalfa into established grasslands. *Journal of Range Management*, 45: 483-487

Waddington J, Bowren K E. 1976. Pasture renovation by direct drilling after weed control and sward suppression by herbicides. *Canadian Journal of Plant Science*, 56: 985-988

Wade G L. 1989. Grass competition and establishment of native species from forest soil seed banks. *Landscape and Urban Planning*, 17: 135-149

Wali M K. 1992. Ecology of the rehabilitation process. In: Wali M K ed. *Ecosystem Rehabilitation*, *1*: *Policy Issues*. The Hague, The Netherlands: SPB Academic Publishers, 3-23

Walker B H. 1992. Biological and ecological redundancy. *Conservation Biology*, 6: 18-23

Walker B H. 1993. Rangeland ecology: understanding and managing change. *Ambio*, 22: 80-87

Walker L S, Chapin F S. 1986. Physiological controls over seedling growth in primary succession on an Alaskan floodplain. *Ecology*, 67: 1508-1523

Walker T W, Syers J K. 1976. The fate of phosphorus during pedogenesis. *Geoderma*, 15: 1-19

Wallace A, Wallace G A. 1986. Effect of very low rates of synthetic soil conditioners on soils. *Soil Science*, 141: 324-327

Wallace L L. 1987. Mycorrhizae in grasslands: interactions of ungulates, fungi and drought. *New Phytologist*, 105: 619-632

Ward S C, Koch J M, Ainsworth G L. 1996. The effect of timing of rehabilitation procedures on the establishment of a Jarrah Forest after bauxite mining. *Restoration Ecology*, 4: 19-24

Watson A. 1990. The control of blowing sand and mobile desert dunes. In: Goudie A S ed. *Techniques for Desert Reclamation*. New York: John Wiley & Sons, 35-86

Watson M E, Hoitinek H A J. 1985. Long-term effects of papermill sludge in stripmine reclamation. *Ohio Report*, 70: 19-21

Watts J F, Watts G D. 1990. Seasonal change in aquatic vegetation and its effect on river channel form. In: Thornes J B ed. *Vegetation and Erosion*. Chichester: Wiley, 257-267

Weber F R. 1986. *Reforestation in Arid Lands*, Arlington, Virginia: Volunteers in Technical Assistance

Weihor F, Keddy P A. 1995. The assembly of experimental wetland plant communities. *OIKOS*, 73: 323-335

Weiner J. 1990. Plant population ecology in agriculture. In: Carrol C R, Vandermeer J H, Rosset P M ed. *Agroecology*. New York: McGraw-Hill, 235-262

Welch T G, Rector B S, Alderson J S. 1993. *Seeding Rangeland*. Extension Bulletin B-1379. College Station, Texas: Texas Agricultural Extension Service

Westman W A. 1990. Managing for biodiversity. *BioScience*, 40: 26-33

Westman W E. 1991. Ecological restoration projects: measuring their performance. *Environmental Professional*, 13: 207-215

West N E. 1993. Biodiversity of rangelands. *Journal of Range Management*, 46: 2-13

West N E, Caldwell M M. 1983. Snow as a factor in salt desert shrub vegetation patterns in Curlew Valley, Utah. *American Midland Naturalist*, 109: 376-379

Whelan R J. 1989. The influence of fauna on plant species composition. In: Majer J J ed. *Animals in Primary Succession: The Role of Fauna in Reclaimed Lands*. New York: Cambridge University Press, 107-142

Whisenant S G. 1990. Postfire population dynamics of Bromus japonicus. *American Midland Naturalist*, 123: 301-308

Whisenant S G. 1993. Landscape dynamics and aridland restoration. In: *Wildland Shrub and Arid Land Restoration Symposium*, INT-GTR-315, Roundy B, McArthur E D, Haley J S et al ed. Las Vegas, Nevada: U. S. Department of Agriculture, Forest Service, Intermountain Research Station, 26-34

Whisenant S G. 1995. Initiating autogenic restoration on degraded arid lands. In: West N E ed. *Fifth International Rangeland Congress*, I. Salt Lake City, Utah: Society for Range Management, 597-598

Whisenant S G, Hartmann S H. 1997. Oil-field pits and pads: changing eyesores to assets. *International Petroleum Environmental Conference*, 4, ed. K. Sublette, San Antonio, Texas: University of Tulsa

Whisenant S G, Thurow T L, Maranz S J. 1995. Initiating autogenic restoration on shallow semiarid sites. *Restoration Ecology*, 3: 61-67

Whisenant S G, Tongway D. 1995. Repairing mesoscale processes during restoration. In:, West N E ed. *Fifth International Rangeland Congress*. Ⅱ. Salt Lake City, Utah: Society for Range Management, 62-64

Whisenant S G, Ueckert D N, Huston J E. 1985. Evaluation of selected shrubs for arid and semiarid game ranges. *Journal of Wildlife Management*, 49: 524-527

Whisenant S G, Wagstaff F J. 1991. Successional trajectories of a grazed salt desert shrubland. *Vegetatio*, 94: 133-140

White J, Harper J L. 1970. Correlated changes in plant size and number in plant populations. *Journal of Ecology*, 58: 467-485

White P S, Walker J L. 1997. Approximating natures variation-selecting and using reference information in restoration ecology. *Restoration Ecology*, 5: 338-349

Whitford W G. 1978. Foraging in seed-harvester ants *Pogonomyrmex spp*. *Ecology*, 59: 185-189

Whitford W G. 1988. Decomposition and nutrient cycling in disturbed arid ecosystems. In: Allen E B ed. *The Reconstruction of Disturbed Arid Lands: An Ecological Approach*. Boulder, Colorado: Westview Press, 136-161

Whitford W G. 1996. The importance of the biodiversity of soil biota in arid ecosystems. *Biodiversity and Conservation*, 5: 185-195

Whitford W G, Aldon E F, Freckman D W et al. 1989. Effects of organic amendments on soil biota on a degraded rangeland. *Journal of Range Management*, 42: 56-60

Whitman A A, Brokaw N V L, Hagan J M. 1997. Forest damage caused by selection logging of mahogany (*Swietenia macrophylla*) in Northern Belize. *Forest Ecology & Management*, 92: 87-96

Whittaker R H. 1970. Communities and environments. In: Hossner L R ed. *Reclamation of Surface-Mined Lands. Volume* Ⅱ., Boca Raton, Florida: CRC Press, 93-129

Wicklow D T, Zak J C. 1983. Viable grass seed in herbivore dung from a semi-desert grassland. *Grass and Forage Science*, 38: 25-26

Wiedemann H T, Cross B T. 1990. *Disk-Chain-Diker implement selection and construction*. Center Technical Report 90-1. Vernon, Texas: Texas Agricultural Experiment Station, Chillicothe-Vernon Agricultural Research and Extension Center

Wight J R, Siddoway F H. 1972. Improving precipitation-use efficiency on rangeland by surface modification. *Journal of Soil and Water Conservation*, 27: 170-174

Williams J D, Dobrowolski J P, West N E. 1997. Microphytic crust influence on interrill erosion and infiltration capacity. *Transactions of the American Society of Agricultural Engineers*, 38: 139-146

Wilson E O, Willis E O. 1975. Applied biogeography. In: Cody M L, Diamond J M ed. *Ecology and Evolution of Communities*. Cambridge, Massachusetts: Harvard University Press, 522-534

Wilson G P M, Hennessy D W. 1977. The germination of excreted kikuyu grass seed in cattle dung pats. *Journal of Agricultural Science Cambridge*, 88: 247-249

Wilson J B, Allen R B, Lee W G. 1995a. An assembly rule in the ground and herbaceous strata of a New Zealand rain forest. *Functional Ecology*, 9: 61-64

Wilson J B, Peet R K, Sykes M T. 1995b. Time and space in the community structure of a species-rich limestone grassland. *Journal of Vegetation Science*, 6: 729-740

Wilson J B, Roxburgh S H. 1994. A demonstration of guild-based assembly rules for a plant community, and determination of intrinsic guilds. *OIKOS*, 69: 267-276

Wilson S D, Gerry A D. 1995. Strategies for mixed-grass prairie restoration: herbicide, tilling, and nitrogen manipulation. *Restoration Ecology*, 3: 290-298

Wilson S D, Tilman D. 1991. Interactive effects of fertilization and disturbance on community structure and resource availability in an old-field plant community. *Oecologia*, 88: 61-71

Winkel V K, Medrano J C, Stanley C et al. 1993. Effects of gravel mulch on emergence of galleta grass seedlings. In: Roundy B, McArthur E D, Haley J S et al ed. *Wildland Shrub and Arid Land Restoration Symposium*, INT-GTR-315, Las Vegas, Nevada: U. S. Department of Agriculture, Forest Service, Intermountain Research Station, 130-134

Winkel V K, Roundy B A, Cox J R. 1991. Influence of seedbed microsite characteristics on grass seedling emergence. *Journal of Range Management*, 44: 210-214

Wischmeier W H, Smith D D. 1978. *Predicting rainfall erosion losses-a guide to conservation planning*. Agriculture Handbook 537. Washington D C: U. S. Department of Agriculture

Wood M K, Eckert R E, Jr., Blackburn W H et al. 1982. Influence of crusting soil surfaces on emergence and establishment of crested wheatgrass, squirreltail, thurber needlegrass and fourwing saltbush. *Journal of Range Management*, 35: 282-287

Woodruff N P, Siddoway F H. 1965. A wind erosion equation. *Soil Science Society of America Proceedings*, 29: 602-608

WRI. 1992. *World Resources 1992-1993*. Washington D. C: World Resources Institute

Wyant J G, Maganck R A, Ham S H. 1995. A planning and decision-making framework for ecological restoration. *Environmental Management*, 19: 789-796

Yamada T, Kawaguchi T. 1972. Dissemination of pasture plants by livestock. II. Recovery, viability, and emergence of some pasture plant seeds passed through the digestive tract of dairy cows. *Journal of Japanese Grassland Science*, 18: 8-15

Yates C J, Hobbs R J, Bell R W. 1994. Landscape-scale disturbances and regeneration in semi-arid woodlands of southwestern Australia. *Pacific Conservation Biology*, 1: 214-221

Young A. 1974. Some aspects of tropical soils. *Geography*, 59: 233-239

Young J A, Blank R R, Longland W S et al. 1994. Seeding indian ricegrass in an arid environment in the Great Basin. *Journal of Range Management*, 47: 2-7

Young J A, Clements C D, Blank R R. 1997. Influence of nitrogen on antelope bitterbrush seedling establishment. *Journal of Range Management*, 50: 536-540

Young J A, McKenzie D. 1982. Rangeland drill. *Rangelands*, 4: 108-113

Zak J M, Wagner J. 1967. Oil-base mulches and terraces as aids to tree and shrub establishment on coastal sand dunes. *Journal of Soil and Water Conservation*, 22: 198-201

Zinke P J, Crocler R L. 1962. The influence of giant sequoa on soil properties. *Forest Science*, 8: 2-11

Zink T A, Allen M F, Heindl-Tenhunen B et al. 1995. The effect of a disturbance corridor on an ecological reserve. *Restoration Ecology*, 3: 304-310

Zitzer S F, Archer S R, Boutton T W. 1996. Spatial variability in the potential for symbiotic N_2 fixation by woody plants in a subtropical savanna ecosystem. *Journal of Applied Ecology*, 33: 1125-1136